3ステップでしっかり学ぶ

Java入門 ［改訂2版］

株式会社アンク ［著］

技術評論社

●ご利用前に必ずお読みください

本書に記載された内容は、情報の提供のみを目的としています。したがって、本書を用いた運用は、必ずお客様自身の責任と判断によって行ってください。これらの情報の運用の結果、いかなる障害が発生しても、技術評論社および著者はいかなる責任も負いません。

また、本書記載の情報は、2017年11月現在のものを掲載しております。ご利用時には、変更されている可能性があります。

本書で仕様したサンプルファイルは下記のサイトより入手できます。
詳しくは「サンプルファイルの使い方」をお読みになった上でご利用ください。

　　http://gihyo.jp/book/2018/978-4-7741-9462-2/support

本書の内容およびサンプルファイルは、次の環境にて動作確認を行っています。

- OS　　　　　　　　Windows 10 Enterprise 64ビット版
- Webブラウザ　　　Microsoft Edge 40.15063.0.0
- JDK　　　　　　　Java SE Development Kit 9 Update 18
- Eclipse　　　　　Eclipse IDE for Java Developers Oxygen.1a
　　　　　　　　　　（Build id：20171005-1200）

以上の注意事項をご承諾いただいた上で、本書をご利用願います。これらの注意事項に関わる理由に基づく、返金、返本を含む、あらゆる対処を、技術評論社および著者は行いません。あらかじめ、ご承知おきください。。

※本文中に記載されている社名、商品名、製品等の名称は、関係各社の商標または登録商標です。
　本文中に™、®、©は明記しておりません。

はじめに

Java言語が初めて世に出てきたのは1995年。既に20年以上経ってなお、プログラミングの第一線で使われ続けている言語です。Java言語には非常に多くの機能が用意されており、デスクトップ上で利用するアプリケーションからサーバー環境、最近ではAndroidアプリの開発など、幅広く利用されています。

本書は初めてJava言語を学習する方に向けた入門書です。そのため、Javaで利用できる多彩な機能には切り込みません。
その代わりに、さまざまなサンプルプログラムを作成していくことで、Javaプログラムの基本的な書き方からプログラミングツールでのバグやエラーのチェックなどを一通り実際に体験してもらうことができるようになっています。また、ほぼすべてのサンプルプログラムに完成版を用意しています。もし自分で書いたプログラムがうまく動かない時には、そちらのコードをお手本にして何が違うのか考えてみましょう。

この改訂版は2017年9月にリリースされたJava9に対応しています。それに伴い、初版では全篇通して開発環境をEclipseとして解説していましたが、本書の序盤ではJava9でリリースされたばかりのREPLツールJShellを用いて、手軽にコードを実行しながらプログラミングの基礎的な要素を学べるように解説しています。

それでは、Java言語のプログラミングへの扉を開いてみてください。

2017年11月
佐藤悠妃　（株式会社アンク）

Contents

目次

◉ はじめに 3

◉ サンプルファイルの使い方 9

◉ 本書の使い方 10

第0章 Javaプログラミングの準備

0-1 JDKのインストール 12

0-2 環境変数を設定する 15

0-3 Eclipseをインストールする 19

0-4 Eclipseを日本語化する 22

第1章 プログラムとは何か？

1-1 プログラムとは 26

1-2 Javaとは何か 32

1-3 Javaでの開発手順 38

>>> 第1章 練習問題 42

第2章 データ型を知ろう

2-1 JShellを起動する 44

2-2	変数とは	48
2-3	数値を扱う型	56
2-4	数値型の変換	62
2-5	文字を扱う型	68
2-6	文字列と参照型	72

>>> 第2章　練習問題　78

第3章　式と演算

3-1	式と文について理解しよう	80
3-2	計算をする（四則演算）	84
3-3	計算をする（代入演算子）	90
3-4	計算をする（インクリメント演算子とデクリメント演算子）	96
3-5	比較する	102
3-6	真偽を判断する	106
3-7	演算の優先度	112

>>> 第3章　練習問題　116

第4章　プログラムを作成しよう

4-1	プロジェクトを作る	118
4-2	画面に文字を表示してみる	122
4-3	できたファイルを確認する	128

>>> 第4章　練習問題　132

Contents

第5章 プログラムの構成要素を知る

5-1	クラス	134
5-2	メソッド	140
5-3	フィールド	146
5-4	コメント	154
5-5	ブレークポイント	158
5-6	ステップ実行	162
>>> 第5章	練習問題	168

第6章 配列

6-1	配列を利用する	170
6-2	複雑な配列	176
6-3	配列の要素数	182
>>> 第6章	練習問題	186

第7章 制御文

7-1	if	188
7-2	条件式	192
7-3	else	198
7-4	if文のネスト	204
7-5	文字列を比較する条件式	210

| 7-6 | 入力内容で分岐する | 218 |

第7章 練習問題 226

第8章 繰り返し文

8-1	while	228
8-2	for	236
8-3	2重ループ	242
8-4	break	248
8-5	continue	256

第8章 練習問題 262

第9章 クラスとオブジェクト

9-1	オリジナルのクラスを作る	264
9-2	オブジェクトを作る	270
9-3	コンストラクタを使う	276

第9章 練習問題 282

第10章 メソッド

10-1	メソッドを作る	284
10-2	引数	292
10-3	メソッドを呼び出す	300
10-4	既存のメソッドを使う	308

第10章 練習問題 316

Contents

第11章 継承

11-1 継承とは	318
11-2 private修飾子	324
11-3 オーバーライド	330
11-4 抽象クラス	336
>>> 第11章　練習問題	342

●練習問題解答	343
●索引	349

サンプルファイルの使い方

● サンプルファイルのダウンロード
本書で利用しているサンプルファイルは、以下のURLのサポートページからダウンロードすることができます。ダウンロード直後は圧縮ファイルの状態なので、適宜展開してから使用してください。

 http://gihyo.jp/book/2018/978-4-7741-9462-2/support

● サンプルコードフォルダの見方
サンプルコードフォルダには、3章以降で解説するサンプルプログラムのソースファイルを収録しています。サンプルコードフォルダ以下のフォルダ構成は、次のようになっています。

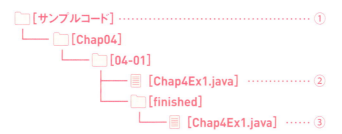

① 本書で解説しているサンプルプログラムのソースファイル
②「体験」で使用するファイル
③ この項の完成ファイル

この項の「体験」の作業には、②のファイルを使用します。「体験」の作業を完了したときの見本が、③のファイルです。

本書に沿って学習を進めるには、開発プログラムをインストールする必要があります。インストール手順、日本語化、最新のバージョンの有無を確認するには「**第0章 Javaプログラムの準備**」を参照してください。

本書の使い方

本書は、JDK（Java SE Development Kit）およびEclipseを使ってJavaを学ぶ書籍です。
各節では、次の3段階の構成になっています。
本書の特徴を理解し、効率的に学習を進めてください。

Step1 予習　その節で解説する内容を簡単にまとめています

Step2 体験　実際にJavaでプログラムを作成します

Step3 理解　キーワードや、プログラムのコードの内容を
　　　　　　文章とイラストで分かりやすく解説しています

練習問題　各章末には、
　　　　　学習した内容を確認する練習問題が付いています
　　　　　解答は、巻末の343ページに用意されています

第 0 章
Javaプログラミングの準備

- 0-1　JDKのインストール
- 0-2　環境変数を設定する
- 0-3　Eclipseをインストールする
- 0-4　Eclipseを日本語化する

第 0 章 Javaプログラミングの準備

JDKのインストール

Javaプログラムを動かすためには、Javaのソースコード以外にもコンパイラやJavaVM（Java Virtual Machine）といった様々なものが必要です。こうした開発に必要なものをまとめたものがJDKで、Oracle社のWebサイトへ行ってインストーラを手に入れることができます。最新版はJDK9で以下の英語サイトのみです（2017年11月現在）。

 http://www.oracle.com/technetwork/java/javase/downloads/index.html

1 JDKをダウンロードする①

日本語の公式サイトから［こちら（USサイト）］のリンクをクリックして、
英語版のダウンロードサイトへアクセスできます❶。

2 JDKをダウンロードする ②

英語版サイトにアクセスし、[JDK]の下にある[DOWNLOAD]をクリックすると❶、
次のように画面が遷移します。

3 JDKをダウンロードする ③

ダウンロードしたいバージョン（今回はJDK 9.0.1）の箇所にある使用許諾契約の文書を確認して、
同意できるのであれば、[Accept License Agreement]にチェックを入れて、
自分のPCに対応するOSを選んでダウンロードを開始します。

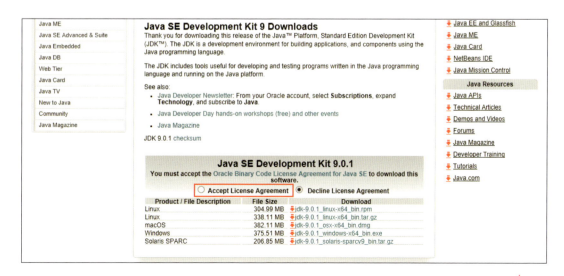

0-1 JDKのインストール　13

4 JDKをインストールする①

ダウンロードしたJDKを展開してインストールします。展開したフォルダの中にある[jdk-9.0.1_windows-x64_bin.exe]をクリックして起動すると次の画面が表示されます。[次]をクリックします 1 。

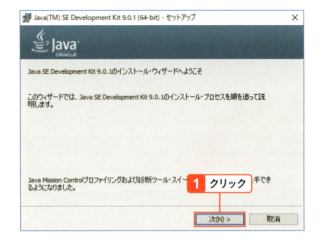

5 JDKをインストールする②

機能のインストールオプションと、JDKをインストールするフォルダを選択します。特に変更がなければ、このまま[次]をクリックします 1 。クリックするとインストールが始まります。

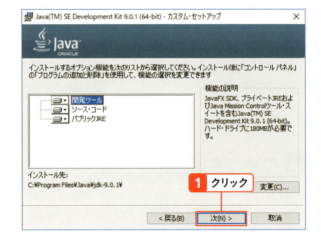

6 JDKをインストールする③

インストールが正常に完了すると、左図のような画面になります。特に問題なければこのまま[閉じる]をクリックします 1 。

> **>>> Tips**
> 必要があれば、[次のステップ]をクリックしてドキュメント(英文)を参照してください。

第 0 章 Java プログラミングの準備

2 環境変数を設定する

JDKを利用するときには、環境変数を設定しておく必要があります。環境変数とは、コンピュータのシステムに必要な情報をとっておくための変数のことを指し、環境変数を設定しないとJavaはうまく動きません。ここではWindows 10での設定方法を説明します。

1 Java.exeのパスを調べる

はじめに、Javaプログラムを実行するために必要な「Java.exe」が、どこにあるかを調べます。「パス（Path）」とは、ファイルのある場所を示す表記のことです。「JDK 9.0.1」を初期設定のままでインストールした場合には、「C:¥Program Files¥Java¥jdk-9.0.1¥bin」内にexeファイルが置いてあります。これがJava.exeのパスになります。このパス情報を、メモ帳などにコピーしておきます。

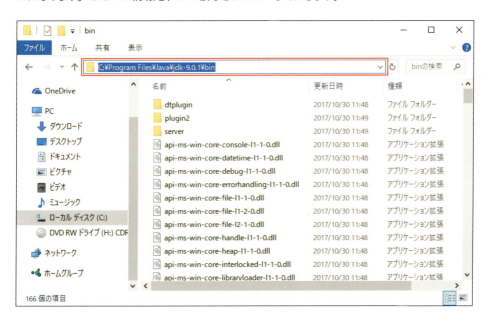

0-2 環境変数を設定する　15

2 システムのプロパティを表示する

[スタートメニュー]のアイコン上で右クリックして[システム]❶→[システム情報]❷→[システムの詳細設定]❸の順にクリックします。

3 [環境変数]ダイアログを表示する

「システムのプロパティ」のダイアログボックスが表示されるので、[詳細設定]タブを選択し、[環境変数]をクリックします❶。

4 [システム環境変数]を設定する①

「環境変数」ダイアログボックスの下側にある「システム環境変数」の下部にある[新規]ボタンをクリックします❶。

5 [システム環境変数]を設定する②

新しいシステム変数を入力するダイアログボックスが表示されます。[変数名]には「JAVA_HOME」、[変数値]にはJDKがインストールされたディレクトリを入力します❶。

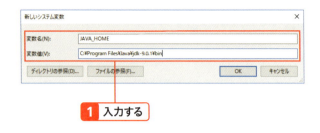

>>> Tips

ディレクトリは、[変数値]の記述の最後に「;(セミコロン)」を入力して、その後ろに手順❶で調べたJava.exeのパス「C:¥Program Files¥Java¥jdk-9.0.1¥bin」を記述します。

6 「ユーザー環境変数」を設定する①

「環境変数」ダイアログボックスに戻り、「ユーザー環境変数」を編集します。「Path」という項目を選択して[編集]ボタンをクリックします❶。

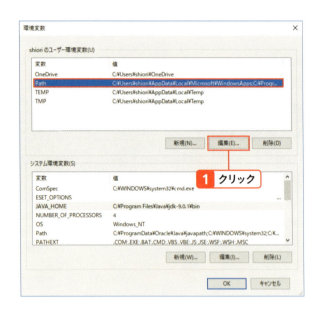

7 「ユーザー環境変数」を設定する②

「ユーザー変数の編集」ダイアログが表示されるので、「変数値」の欄の末尾に手順❶で調べたJava.exeのパス「C:¥Program Files¥Java¥jdk-9.0.1¥bin」を記述します。

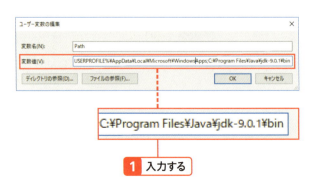

第0章 Javaプログラミングの準備

3 Eclipseをインストールする

Eclipseは、IDE（統合開発環境）と呼ばれるものの一つです。JDKはJavaを動かすための最低限のものをまとめたものですが、IDEはJavaを含めてプログラムを動かすための様々なツールが含まれた便利なツールです。

2017年11月現在の最新バージョンをインストールします。最新バージョンのEclipseは、配布サイトから無償でダウンロードできます。

 http://www.eclipse.org/

1 Eclipseをダウンロードする ①

Eclipseの公式トップページのから [IDE & Tools] **1** →[Java IDE] **2** とクリックしていくと、[Eclipse IDE for Java Developers] というページにたどり着きます。
このページ内の [Download Links] 下のリンクから自分のPCのOSにあったものを選択します **3**。

0-3 Eclipseをインストールする 19

2 Eclipseをダウンロードする②

[DOWNLOAD]をクリックします（今回はWindows 64bitを選択します）。

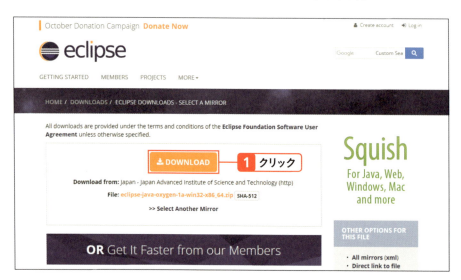

3 Eclipseをインストールする①

ダウンロードが終わったら、自分のPCにインストールします。ダウンロードしたファイルはzip形式の圧縮ファイルになっているので、解凍（展開）を行います。
右クリックして❶、メニューから［すべて展開］を選択します❷。

4 Eclipseをインストールする②

圧縮ファイルの中にはフォルダ構成が保存されているので、解凍を行うと「¥eclipse」フォルダが作成されます。ここでは圧縮ファイルの解凍先として「C:¥」と指定し❶、［展開］ボタンをクリックします❷。このように指定するとCドライブのすぐ下に「¥eclipse」フォルダが作成され、ファイルが解凍されます。これで「C:¥eclipse¥eclipse.exe」を起動するだけで利用することができます。

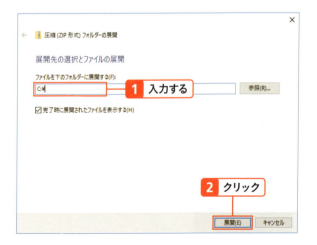

0-3 Eclipseをインストールする 21

第 0 章 Javaプログラミングの準備

4 Eclipseを日本語化する

Eclipse は、インストール時の状態のままだと英語での操作になります。日本語で使うためには Pleiades という日本語化ツールを追加します。Pleiades は、以下の Web サイトへ行ってインストーラを手に入れることができます。

 http://mergedoc.osdn.jp/

1 Pleiades をダウンロードする①

サイトにアクセスし、左の項目から [Pleiades プラグイン日本語化プラグイン] を選択します❶。
ページ内の [Pleiades プラグイン・ダウンロード] の下にある [Windows] をクリックします❷。

2 Pleiadesをダウンロードする②

zipファイルのダウンロードメニューが出てくるので、任意の場所にデータを保存します。

3 PleiadesをEclipseに適用する①

ダウンロードしたzipファイル上で右クリックし❶、メニューから［すべて展開］を選択します❷。

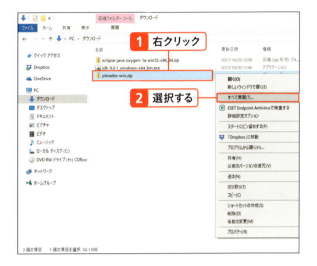

4 PleiadesをEclipseに適用する②

展開したフォルダの中身は左図のようになっています。この中から［features］フォルダ、［plugins］フォルダ、「eclipse.exe -clean.cmd」の3つをコピーして、［eclipse］フォルダに追加・上書きします。

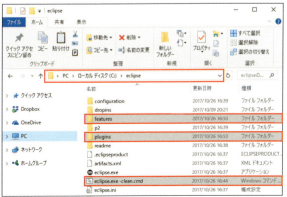

0-4 Eclipseを日本語化する 23

5 PleiadesをEclipseに適用する ③

最後に「eclipse.ini」ファイルの修正をします。メモ帳など「eclipse.ini」を開き、最後の行に以下の2文を追加します。

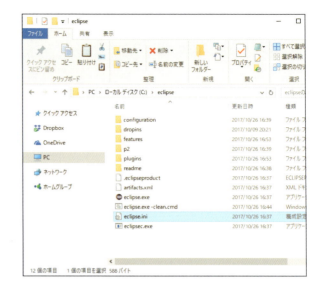

```
-Xverify:none
-javaagent:plugins/jp.sourceforge.mergedoc.pleiades/pleiades.jar
```

COLUMN ショートカットの作成

プログラムのショートカットを作成しておけば、簡単にプログラムを起動することができます。デスクトップにEclipseのショートカットを作成してみましょう。

[エクスプローラ]から[ローカルディスク(C:)] → [eclipse]の順にクリックします。「eclipse.exe」の上で右クリックをしたまま、デスクトップにドラッグ&ドロップします。するとメニューが表示されるので「ショートカットをここに作成」をクリックします。デスクトップ上にEclipseのアイコンが表示され、ここからEclipseを起動することができます。

プログラムとは何か？

- 1-1　プログラムとは
- 1-2　Javaとは何か
- 1-3　Javaでの開発手順

第1章　練習問題

第 1 章 プログラムとは何か？

1 プログラムとは

完成ファイル｜なし

予習 プログラムとは何なのかを知っておこう

本書は、フリーソフトであるEclipseを使って、Java言語によるプログラムの作成方法を学習する書籍です。

実際にプログラムの作成に入る前に、「プログラムとは何か？」ということを確認しておきましょう。

プログラムは「**ソフトウェア**」とも呼ばれます。これに対し、コンピュータ自体は「**ハードウェア**」と呼ばれます。機械装置であるコンピュータを動かすための一連の命令が、プログラムです。

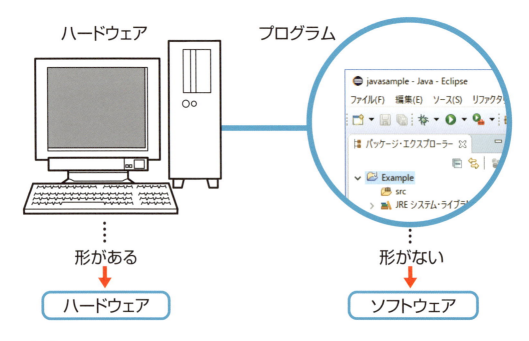

理解 プログラムについて

>>> プログラムとは何か

「プログラム」には、「ある物事についての予定や順序、組み合わせ、筋書き」などの意味があります。このため、催し物や演劇などの進行予定や演目をはじめ、ビジネスや研究などで目的を達成するための実施計画もプログラムと呼ばれます。

コンピュータ用語として使われる場合には、「**コンピュータを動かすための命令の集まり**」を表す言葉となります。コンピュータ上で目的を実現するために、順番にどのような処理を行っていくかを記した計画書がプログラムというわけです。

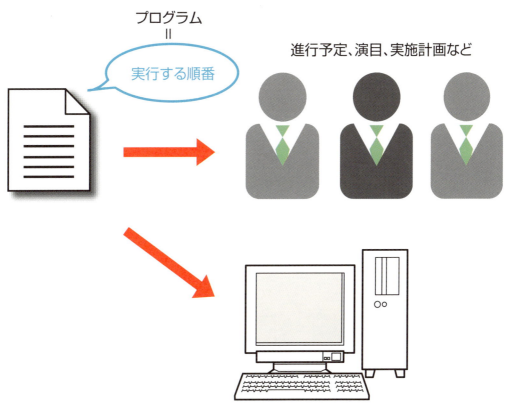

>>> ハードウェアとソフトウェア

プログラムは「ソフトウェア」とも呼ばれます。この対義語には、コンピュータ自体や機械部品を表す「ハードウェア」という言葉もあります。「ウェア（ware）」とは「製品、用品、道具」などを意味する言葉ですが、それぞれどうして「ソフト」「ハード」のように呼ばれるのでしょうか？

コンピュータを使って何か処理を行う場合、コンピュータ自体と、処理を行うためのプログラムが必要です。
このうち、コンピュータ自体やハードディスク、メモリなどの機械装置は、実際にはっきりした形があって物理的に触れることができることから「ハードウェア」と呼ばれます。ハードウェアはあくまでただの機械であり、それ単体で動くことができません。

そういった「ハードウェア」に対して、機械装置を動かすための命令を記述したOSやプログラムのことを「ソフトウェア」と呼びます。ソフトウェアは、物理的なものがなく、現実には手に取ることができません。しかし、機械装置をはじめとしたハードウェアに変更を加えるのは部品の調達や改造に手間がかかりますが、ソフトウェア（＝プログラム）の変更は命令を書き換えるだけなので比較的簡単に行うことができます。このような柔軟さも、プログラムが「ソフトウェア」と呼ばれる理由の一つです。つまりコンピュータの機能を利用するには、ハードウェアとソフトウェアの両方が必要になるのです。

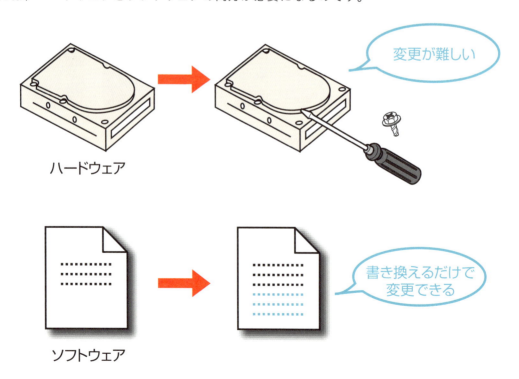

>>> プログラミングとは

コンピュータは、私たち人間が普段使っている言葉では指示を理解できません。コンピュータで処理を行うには、コンピュータが理解できる形式で命令を行う必要があります。プログラムの元になる命令は「**ソースコード**」と呼ばれ、「プログラミング言語」という人工的な言語を使って記述します。

ソースコードを記述することを「**コーディング**」といいます。このソースコードをはじめとした命令を集めたものが「プログラム」で、プログラムを作成する作業全体を「**プログラミング**」といいます。プログラミングには、プログラムの元になる命令の記述、動作テスト、保守管理など様々な作業が含まれます。

日本語や英語のように人間が日常生活で使用している「自然言語」では、文法が多少間違っていても、おおよその意味を伝えることができます。しかし、コンピュータは指示されたとおりにだけ動くのでに正確に命令を伝えなければなりません。そのため、プログラミング言語のように特定の目的のために作られた「人工言語」では、厳密に文法が定められています。

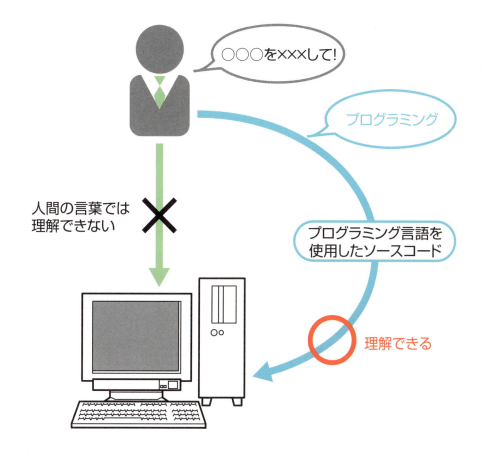

>>> プログラミングに必要なもの

プログラミングを行うためには、プログラミングを助ける「プログラミングツール」を利用します。プログラミングツールには、ソースコードの記述に利用する「**エディタ**」、プログラミング上の誤りである「**バグ**」を探して修正するための「**デバッガ**」、出来上がったソースコードをコンピュータが理解できる形式に変換するための「**コンパイラ**」などがあります。

Java言語の場合、「**JDK (Java SE Development Kit)**」という開発キットが無償で提供されています。JDKをインストールすると、プログラミングに必要なツールはすべて揃います。

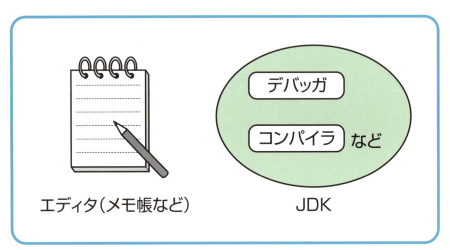

プログラミングツール

エディタ（メモ帳など）　　JDK

>>> **Tips**

JDKに含まれる各種のプログラミングツールはそれぞれ独立していて、本格的にプログラミングを行うには使いにくいため、様々なツールを一つのプログラム上から利用できるようにまとめた「IDE (Integrated Development Environment：統合開発環境)」と呼ばれるツールもあります。
Java言語向けのIDEとして有名なものには、「Eclipse」や「NetBeans」があります。どちらも無償でダウンロードして利用可能です。
本書では、Eclipseを使ってプログラミングを行っていきます。

>>> コンパイラ

コンピュータが実際に理解できるのは、電気信号のオンとオフを「1」と「0」で表した「**機械語（マシン語）**」で書かれた命令だけですが、人間が直接「1」と「0」だけの機械語で命令を記述するのは大変です。このため、プログラミングでは、まず人間にも理解しやすいプログラミング言語でソースコードの記述を行い、その後、ソースコードを機械語に変換するという作業を行います。

ソースコードから機械語への変換を行うことを「**コンパイル**」といいます。コンパイルを行うためのツールが「コンパイラ」です。

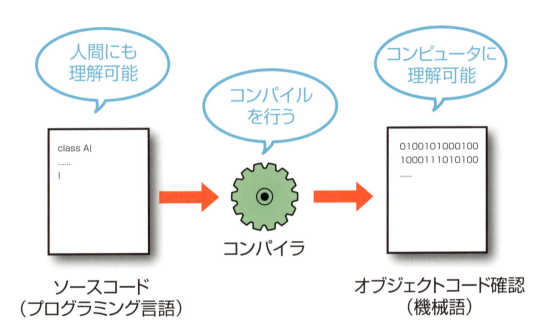

まとめ

- プログラムはソフトウェアと呼ばれることもある
- プログラムを作成することがプログラミングである
- プログラミングを行うにはプログラミングツールが必要である

1-1 プログラムとは 31

第1章 プログラムとは何か？

Javaとは何か

完成ファイル｜なし

 予習 Java言語について理解する

プログラムの元になるソースコードを記述するためのプログラミング言語には、たくさんの種類があります。Java言語はそのうちの一つです。
Java言語で作成したプログラムには、どんなOSやハードウェアの上でも動作できるという特徴があります。

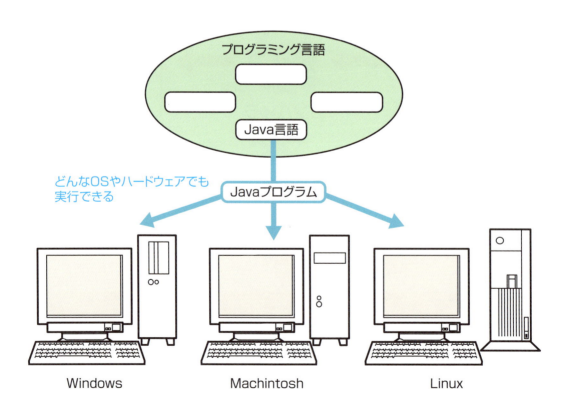

理解 Javaについて

>>> Java言語とは何か

Java言語は、Sun Microsystems社によって開発されたプログラミング言語です。もともとは、家電に組み込まれた機器や小型の情報端末などで利用するための言語として開発が始まりました。しかし、インターネットの急速な普及を受けて主な用途がインターネット上での利用に転換され、1995年5月に「Java」として発表されることになったのです。

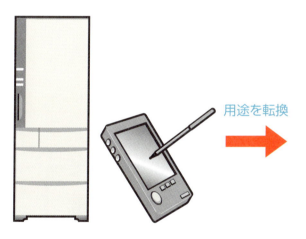

家電や小型情報端末での利用

インターネットでの利用

1995年5月

>>> Java言語の特徴 ···

インターネット上での利用を前提として開発が行われたことから、Java言語にはネットワークやセキュリティ関連の機能が多く用意されており、ネットワーク関連のプログラムの作成に適した言語となっています。

Java言語は「**オブジェクト指向**」という考え方に基づいて開発されているので、プログラムを簡潔に記述したり、機能ごとに分割して作成したりすることが可能です。このため、プログラムの再利用や機能の変更を簡単に行うことができ、多人数で大規模なシステム用のプログラムを開発する場合にも便利という特徴があります。

また、Java言語で作成したプログラムは「**JavaVM**」という仕組みを利用することで、OSやハードウェアなどの動作環境（プラットフォーム）の制約を受けずに実行することができます。

Java言語

- ・ネットワークやセキュリティ関連の機能が豊富
- ・プログラムが簡潔に
- ・機能ごとに分類して開発可能
- ・多人数で作業しやすい
- ・どんなプラットフォームでも動作

>>> JavaVM

多くのプログラムは、「Windows用」「Mac用」などプラットフォーム別に作成されており、対応していないプラットフォームではインストールしても動作させることができません。
これに対して、Java言語で作成したプログラムは、同じプログラムが異なるプラットフォーム上でも動作します。これは、Javaプログラムとプラットフォームの間を仲介する「JavaVM（Virtual Machine：仮想マシン）」という仕組みを利用するためです。

各プラットフォームにはあらかじめ専用のJavaVMをインストールしておきます。すると、Javaプログラムの実行時には自動的にJavaVMが起動され、JavaVM上でJavaプログラムが動作することになります。JavaVMがプラットフォームごとの違いを吸収するので、同じ一つのJavaプログラムを様々なプラットフォーム上で実行することができるのです。

JavaVMは「JRE（Java Runtime Environment）」というパッケージとして、無償で提供されています。Javaプログラムを利用するには、事前にJREをインストールする必要があります。

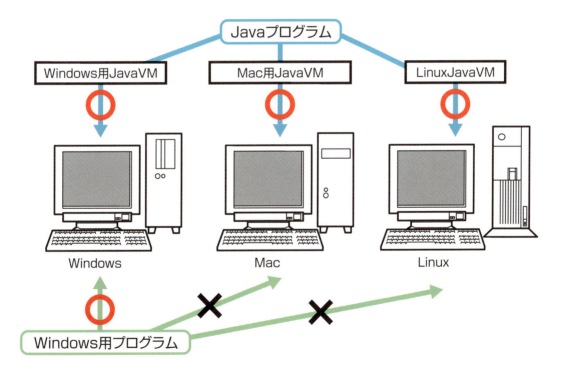

>>> Tips
JREは、Javaプログラムを実行するために必要なファイルをまとめたもので「Java実行環境」と呼ばれます。JREに開発用のツールなどを追加したものがJDKで、「Java開発環境」と呼ばれます。つまり、JDKをインストールすればJREを別途インストールする必要はありません。

1-2 Javaとは何か 35

>>> Javaプラットフォーム

Java言語によるプログラムの作成と実行には、OSやハードウェアなどの各プラットフォームに応じた開発環境と実行環境が必要です。これらの開発環境と実行環境は「**Javaプラットフォーム**」と総称されます。また、Java言語や開発環境、実行環境、Java言語で作成したプログラムなどをすべてまとめて、「Java」と呼ぶこともあります。

Javaプラットフォームはいくつかのエディションに分かれています。現在は、クライアントコンピュータ向けの「Java SE (Java Platform Standard Edition)」、Webサーバやデータベース向けの「Java EE (Java Platform Enterprise Edition)」、携帯端末向けの「Java ME (Java Platform Micro Edition)」の3種類のエディションが用意されています。各エディションは、それぞれ含まれるツールや機能が異なっています。

開発環境 + 実行環境 = Javaプラットフォーム

>>> Tips

本書ではJava SEのJDKを使って、Javaプログラムを作成します。

>>> オブジェクト指向

Java言語は「オブジェクト指向」に基づいて開発された言語です。オブジェクト指向とは、「オブジェクト（もの）を中心にプログラムを開発する方法」という意味です。
従来のプログラム開発では、プログラム全体で実現される機能に着目して、処理の流れを重視する手法が取られてきました。しかし、プログラムの機能が増えて処理が複雑になってくると、従来の手法では煩雑だったり開発に時間がかかったりと都合の悪い場合も出てきました。そこで注目されるようになったのがオブジェクト指向です。

オブジェクト指向では、プログラム全体の機能を大きくひとまとまりのものとは考えずに、データとそれに対する処理で成り立つ「**オブジェクト**」の集まりとしてとらえます。つまりオブジェクトという部品を組み合わせて、プログラムを作っていくという考え方です。**第5章、第9章**で詳しく説明します。
道具や機械と同じように、プログラムも継ぎ目のない一体型の場合は修正が大変ですが、部品として分かれていれば修正や変更も簡単です。また、部品を取り出して別のプログラムで再利用することもできます。部品はそれぞれ独立しているので、中に持っているデータや処理について、別の部品から干渉されることもありません。

このように、オブジェクト指向を採用していることで、Java言語では保守性や再利用性が高く、不正なアクセスを許さない堅牢なプログラムを作ることが可能となっています。

まとめ

- Java言語はネットワーク関連のプログラム作成に向いている
- どんなOSやハードウェア上でも同じJavaプログラムを実行できる
- Javaプラットフォームには3種類のエディションがある
- Java言語はオブジェクト指向に基づいている

Javaでの開発手順

完成ファイル | なし

 Java言語による開発の流れを理解する

ここでは、Java言語によるプログラム開発の手順を説明します。ここではJDKに含まれている基本のツールを使う方法を紹介しますが、EclipseなどのIDE（統合開発環境）を利用する場合も作業の流れは同じです。
Java言語によるプログラム開発は、次のような手順で行います。

理解 ソースファイルと実行ファイルについて

>>> ソースファイルと実行ファイル

Java言語によるプログラミングでは、まずプログラムの元になるソースコードを記述したファイルを作成します。このファイルを「**ソースファイル**」といいます。

コンピュータはプログラミング言語を直接理解することができないので、プログラムを実行するには、ソースファイルの内容をコンピュータが理解できる形式に翻訳する必要があります。こうしてソースファイルを翻訳したものが「**実行ファイル**」です。

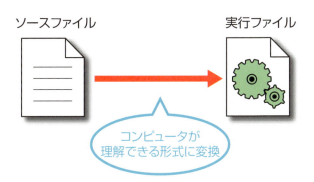

>>> Tips
一般的なプログラムでは、コンピュータが直接実行ファイルを読み取って処理を実行しますが、Javaプログラムの場合は、コンピュータとの仲介役であるJavaVMが実行ファイルの読み取りを行います。そのため、Javaプログラムの実行ファイルは、JavaVMが理解できる形式の「バイトコード」に翻訳されます。バイトコードは、プログラミング言語と機械語の中間の状態になっています。

>>> ソースファイルの作成

Java言語のソースコードは、メモ帳などのテキストエディタを使って記述することができます。記述が終わったら、拡張子を「**.java**」として保存します。保存したファイルが「ソースファイル」です。

>>> コンパイル

ソースコードを実行用の形式に変換する作業がコンパイルです。Javaプログラムの場合は、ソースコードをコンパイルするとバイトコードというものに変換されます。

JDKの中には「**javac**」というJava言語用のコンパイラが用意されています。javacでコンパイルを行うには、コマンドプロンプトを起動し、たとえば図のように入力して Enter キーを押します。

コンパイルが完了すると、「**.class**」という拡張子で同じファイル名の実行ファイルが作られます。このファイルは「**クラスファイル**」とも呼ばれます。

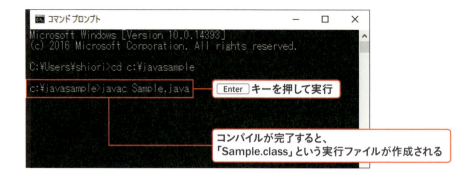

> Tips
>
> コマンドプロンプトを起動するには、[スタート]→[すべてのプログラム]→[アクセサリ]→[コマンドプロンプト]の順にクリックします。図では、コンパイルを行う前に、ソースファイルを保存したフォルダに移動しています。

>>> Javaプログラムの実行

Javaプログラムの実行ファイルは、「.class」という拡張子のクラスファイルです。クラスファイルの実行も、コマンドプロンプトから行います。

コマンドプロンプトで、たとえば図のように入力してEnterキーを押すと、JavaVMが起動してクラスファイルを読み取り、プログラムを実行します。

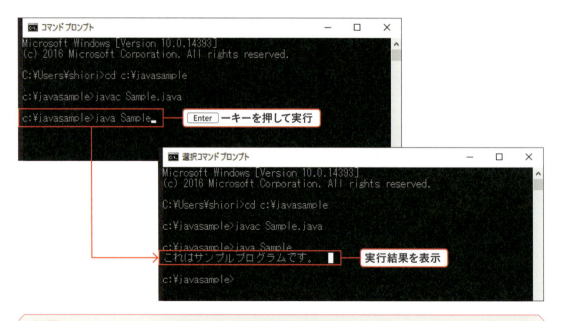

> Tips
>
> javaコマンドで実行するクラスファイルを指定するときには、ファイル名だけで拡張子は不要です。

〉〉〉 Javaの対話型評価環境（REPL）「JShell」

2017年にリリースされた「JShell」は、Java9のJDKに標準で付属している対話型評価環境（REPL）です。REPLとは、コードを1行ずつ「読み込み→評価・実行→表示→次の指示を待機」するツールです。

これまでJavaのコードの実行結果を確認するためには、どんなに単純なコードでも、一度コンパイルしてから実行するという段階を踏まなければなりませんでした。それが、JShellを用いることで、JDK以外のコンパイラやほかのツールを用意することなく、手軽にコードを実行して確認することができるようになりました。

なお、本書の第2章、第3章ではJShellを使ってJavaプログラミングの基礎的な部分を解説しています。

〉〉〉 Java言語向けIDE「Eclipse」

JDKで用意されているツールを利用するには、コマンドプロンプト上ですべての指示をキーボードを使って入力しなければなりません。また、各種のプログラミングツールがそれぞれ独立しているので、目的に応じて個々のツールを選択して起動する必要があります。

これでは作業が面倒なので、多くの場合はIDEを利用してプログラミングを行います。IDEは、プログラミングに関する様々な作業を一つのツール上から行うことができるようにしたものです。アイコンなどを使ったグラフィカルな表示や、マウスカーソルによる操作が可能なので、プログラミングを効率良く行うことができます。

Java言語向けのIDEの一つが、本書で使用する「Eclipse」です。

まとめ

- ソースファイルをコンパイルして、実行ファイルを作成する
- Javaプログラムの実行ファイルを「クラスファイル」という
- JDKのプログラミングツールは、コマンドプロンプトから利用する

第1章 練習問題

■問題1

次の文章の穴を埋めなさい。

コンピュータの機能を利用するためには、コンピュータ自体や機器装置などのハードウェアと、それらを動かすための命令を記述したOSやプログラムなどの ① の両方が必要です。
プログラムとは、コンピュータに対する命令を集めたものです。プログラムの元になる命令は ② と呼ばれ、 ③ という人工的な言語を使って記述します。

ヒント 「1-1 プログラムとは」参照。

■問題2

(A) JavaVM、(B) Java プラットフォーム、(C) IDE の説明を選択しなさい。

① エディタやデバッガ、コンパイラなどの様々なプログラミングツールを、一つのプログラム上から利用できるようにまとめたもの。Java 言語向けには「Eclipse」や「NetBeans」がある。
② Java プログラムの実行時に自動的に起動し、Java プログラムとプラットフォームの間を仲介する仕組み。これにより1つの Java プログラムを異なるプラットフォーム上で動作させることができる。
③ Java プログラムの開発環境と実行環境の総称。用途別にエディションが分かれており、それぞれ含まれるツールや機能が異なる。現在は3種類のエディションが用意されている。

ヒント 「1-2 Javaとは何か」「1-3 Javaでの開発手順」参照。

■問題3

ソースファイル、クラスファイルに関する説明を選択して、それぞれの拡張子を答えなさい

A) プログラムの元になる命令を、プログラミング言語を使って記述したファイル。
B) コンパイルにより、JavaVM が理解できる形式に変換した、Java プログラムの実行ファイル。

ヒント 「1-3 Java での開発手順」参照。

データ型を知ろう

- 2-1　JShellを起動する
- 2-2　変数とは
- 2-3　数値を扱う型
- 2-4　数値型の変換
- 2-5　文字を扱う型
- 2-6　文字列と参照型

 第2章　練習問題

第 2 章 データ型を知ろう

1 JShellを起動する

完成ファイル | [chap02]→[02-01]→[finished]→[Chap2Ex1.java]

予習 JShellを使ってプログラミングコードを動かしてみよう >>>

第1章のJavaでのプログラム開発手順についての項では、ソースコードを作成→コンパイル→実行という手順を踏むと解説しました。この章ではJShellを使った開発方法を紹介します。

JShellは、JDK9に標準で付属してくるツールの一つで、コンパイルせずに、プログラムコードを実行できます。1行ずつコードの実行結果を確認していくことができる環境（REPL）なので、短い簡単なコードで動作を確認するのに向いています。

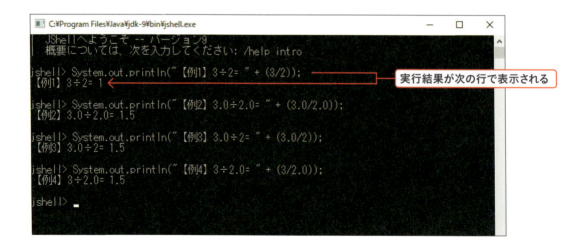

実行結果が次の行で表示される

体験 HelloWorldを表示しよう

1 JShellを起動する

JShellを使って、画面に「Hello World!」という文字列を表示させるプログラムコードを書いて、実際に動かしてみます。

まずはJShellを起動してみましょう。インストールしたJDKのbinフォルダの中（デフォルトの状態であれば「Cドライブの「¥Program Files¥Java¥jdk-9¥bin」フォルダ内）のjshell.exeをダブルクリックして起動します 1 。

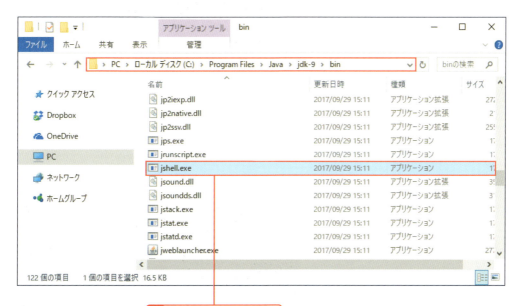

1 ダブルクリックして起動

2-1 JShellを起動する 45

2 ソースコードを入力する

JShellでは入力したコードをすぐに実行し結果を確認することができます。
図のようにソースコードを入力し **1**、Enterキーを押すとプログラムが実行されます。

`System.out.println("Hello World!")`

1 入力して Enter キーを押す

3 実行結果を確認する

次の行にプログラムコードの実行結果が表示されます。「Hello World!」という文字列が表示されました **1**。

>>> Tips

本来、Javaではコードの行の最後にセミコロン（;）をつける必要があります。ただし、JShellではセミコロンがなくてもコードを実行できます。詳しくは第3章で解説します。

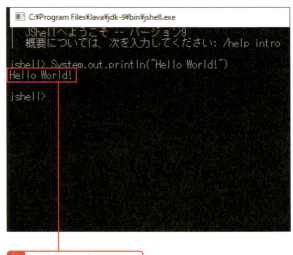

1 実行結果が表示される

理解 JShellについて

>>> JShellとは

JShellはJava9から新しく追加されたツールの一つです。
第1章でも触れたように、本来、Javaのプログラムは、あらかじめソースコードの「.java」ファイルをコンパイルし「.class」ファイルにしてから実行するという2つの段階を踏まなければ動かすことができません。
しかし、JShellに関しては別のファイルやコンパイラを必要とせず、コードを直接書き込むだけで簡単に実行結果を確認することができます。

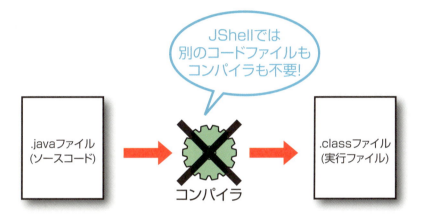

>>> REPL (レプル) とは

REPLはRead-Eval-Print-Loopの略で、キーボードなどからの命令を読み込み (**Read**) →評価および実行し (**Evaluate**) →その結果を画面に出力し (**Print**) →再度命令を待機する状態に戻る (**Loop**) という対話型実行環境のことをいいます。
簡単にコードの実行ができるため、短いコードを実行して結果を確認するのに用いられます。

第 2 章 データ型を知ろう

2 変数とは

完成ファイル | [chap02]→[02-02]→[finished]→[Chap2Ex2.java]

 予習 データの「型」と変数を理解する

プログラムで扱うデータには数値や文字など色々な種類があり、それぞれの特徴に応じたいくつかの「**型**」に分類されています。型に分類することで、データを効率よく記憶したり、間違った方法で利用されることを防いだりすることができるようになります。

プログラムは処理の中で「**変数**」という仕組みを通してデータを利用しています。変数とは、固有の名前を付けてデータを記憶することにより、プログラムが必要なデータを簡単に識別して利用できるようにしたものです。変数を利用するにはあらかじめ変数名を宣言しますが、このとき「この名前が示すのはどういう種類のデータか」という、型の宣言も行わなければなりません。型と名前を宣言することで、データを記憶するための領域が、型に応じた大きさで用意されることになります。

実際に型と変数名を宣言して、変数を使ってみましょう。

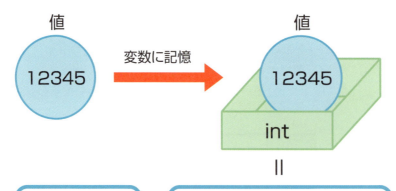

体験 変数を使ってみよう

❶ JShellを起動する

2-1で行った手順のようにしてJShellを起動します。起動できたら以下のプログラムコードを直接入力して❶、実行結果を確認してみましょう❷。

>> **Tips**

System.out.println()メソッドは、文字列を表示する命令です。詳しくはP.127を参照してください。

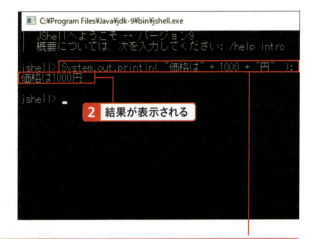

❷ 結果が表示される

```
System.out.println("価格は" + 1000 + "円");
```

❶ 入力

❷ 商品価格を記憶するための変数を宣言する

次のステップとして商品価格を変数で表してみましょう。変数を使うには、最初に「このような値を入れるための変数を使う」という宣言が必要です。まず、図のように入力します❶。これは「整数値を扱うpriceという名前の変数を用意する」という意味になります。

>> **Tips**

int型は整数値を扱う型です。変数には、使用目的がわかりやすく、簡潔な名前を付けることが推奨されています。

```
int price;
```

❶ 入力

2-2 変数とは 49

```
price = 500;
```

1 入力

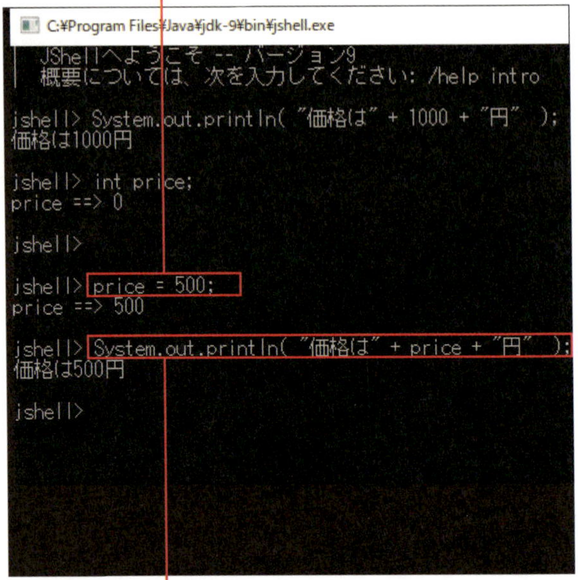

③ 変数に値を記憶させる

宣言した変数priceに価格を記憶させましょう。変数に値を記憶させることを「代入」といいます。代入を行うには「=」を使って図のように入力します **1**。すると「price ==> 500」と表示されました。これは変数priceに500という値が代入されたことを示しています。価格の部分をpriceに置き換えたコードを実行すると、きちんと表示されています **2**。

>>> **Tips**

この場合の「=」は「変数に値を代入する」ということを表します。数学の場合のように、「変数と値が等しい」という意味ではありません。

>>> **Tips**

JShellでは、JShell自体を終了させない限り、前の動作や状態は維持されます。そのため、行が変わっても先に宣言した変数を用いることができます。

```
■ C:¥Program Files¥Java¥jdk-9¥bin¥jshell.exe

  JShellへようこそ -- バージョン9
  概要については、次を入力してください: /help intro

jshell> System.out.println( "価格は" + 1000 + "円" );
価格は1000円

jshell> int price;
price ==> 0

jshell>

jshell> price = 500;
price ==> 500

jshell> System.out.println( "価格は" + price + "円" );
価格は500円

jshell>
```

```
System.out.println( "価格は" + price + "円"  );
```

2 入力して実行

④ 消費税率を記憶するための 変数を宣言して値を代入する

次に、消費税率を変数で表してみます。ここでは変数の宣言と同時に値を代入してみましょう。変数の宣言と同時に値を代入することを「変数の初期化」といいます。消費税率は小数点以下の位を持つ実数値なので、図のように入力します **1**。

>>> **Tips**

double型は実数値を扱う型です。

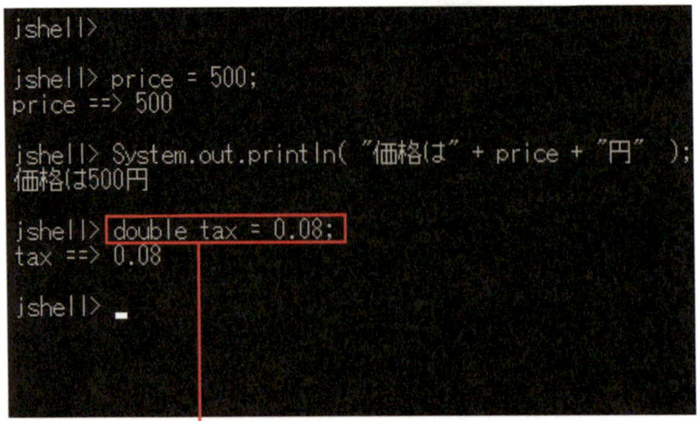

```
jshell>

jshell> price = 500;
price ==> 500

jshell> System.out.println( "価格は" + price + "円" );
価格は500円

jshell> double tax = 0.08;
tax ==> 0.08

jshell> _
```

```
double tax = 0.08;
```

1 入力

50 第2章 データ型を知ろう

5 商品名を記憶するための 変数を宣言して値を代入する

さらに、商品名を変数で表し、初期化します。商品名は文字列のデータなので、図のように入力します**1**。

> **>>>Tips**
>
> String型は文字列を扱う型です。

```
jshell>

jshell> price = 500;
price ==> 500

jshell> System.out.println( "価格は" + price + "円" );
価格は500円

jshell> double tax = 0.08;
tax ==> 0.08

jshell> String item = "クッキー";
item ==> "クッキー"

jshell>
```

```
String item = "クッキー";
```

1 入力

6 変数に記憶した値を使う

手順**3**で表示した商品価格に商品名、消費税率を加えて、それぞれ変数で置き換えて結果を表示させてみましょう**1**。

```
jshell> price = 500;
price ==> 500

jshell> System.out.println( "価格は" + price + "円" );
価格は500円

jshell> double tax = 0.08;
tax ==> 0.08

jshell> String item = "クッキー";
item ==> "クッキー"

jshell> System.out.println( item + "の税込価格は" + (price *(1 + tax) ) + "円" );
クッキーの税込価格は540.0円

jshell>
```

```
System.out.println( item + "の税込価格は" + (price *(1 + tax) ) + "円" );
```

1 入力して実行

2-2 　変数とは　51

7 変数の型に合わない値を代入してみる

整数値を扱う型の変数priceに、実数値を代入してみましょう。コードを入力して❶実行すると、エラーとその詳細が表示されます❷。JShellでは明示的にコンパイルを行いませんが、改行と同時に入力行がコンパイルされます。変数の型が合わないとコンパイルの際にエラーが起こります。

>>> **Tips**

実数とは、小数点以下を表記する形で表わされる数のことです。1という値を「1」と書けば整数、「1.0」「1.00」のように記述すれば実数として扱われます。

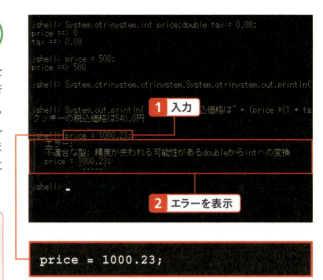

❶ 入力

❷ エラーを表示

```
price = 1000.23;
```

8 変数に別の値を記憶させる

変数の実態は値を記憶するために名前を付けて用意されたメモリ領域です。値を再代入することで、この領域に先に代入されていた値を捨てて、新しい値を記憶させることができます。たとえば、図のように変数priceに別の整数値を代入してみる❶と、先に変数priceに代入されていた値1000が、後で代入した2000で置き換えられていることがわかります❷。

```
price = 2000 ;
```

❶ 変数に別の値を代入　❷ 実行結果が変わっています

```
System.out.println( item + "の税込価格は" + (price *(1 + tax) ) + "円" );
```

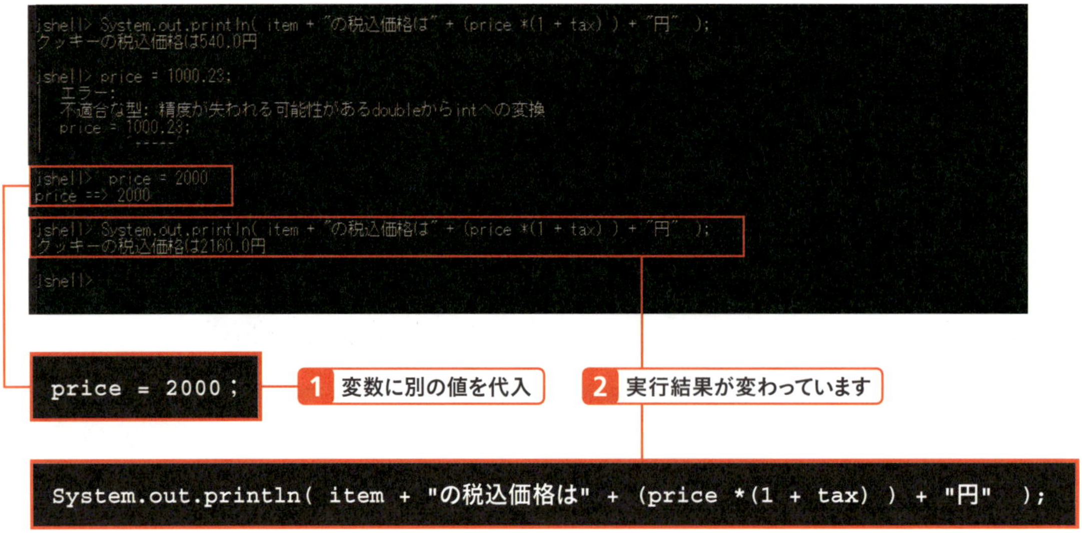

理解 データの型について

>>> データの型

データを型に分類することで、プログラムはデータをメモリ領域に効率よく記憶して、間違いの少ない方法で利用できるようになります。

「**メモリ**」とは、コンピュータ内でデータやプログラムを記憶する装置です。メモリ上に用意されている記憶可能な領域には限りがあるので、プログラムを作成するときにはメモリ領域を効率よく利用することを考える必要があります。

たとえば整数の数値を扱う場合、桁数が増えるほど多くのメモリ領域を使って記憶することになりますが、プログラムの処理の中で数値が変化するたびに利用するメモリ領域を増減させるのは効率がよくありません。そこで、あらかじめある程度の大きさのメモリ領域を確保しておくのですが、このとき、1桁の整数と、十数桁にも及ぶような非常に大きな整数を同じサイズのメモリ領域を使って記憶するのは無駄が多い方法です。

このような無駄を無くすために、数値を桁数や種類に応じた型に分類して、適切な大きさのメモリ領域を用意することができるようになっています。

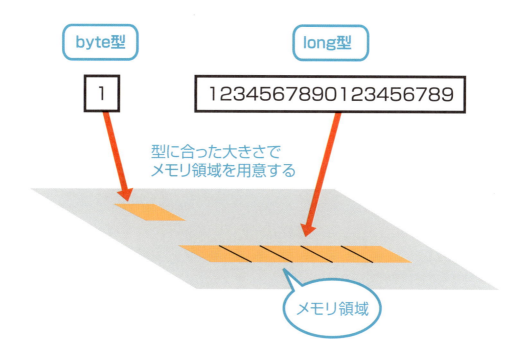

2-2 変数とは 53

>>> 型の種類

データには数値だけでなく、文字や文字列、クラスを元に作成したオブジェクトなど色々な種類があります。これらのデータの型は、大きく2種類に分類されます。

1つは、数値などを扱う「**基本データ型 (primitive type)**」です。英語で「primitive (原始的)」と呼ばれる理由は、この型では名前を付けて用意されたメモリ領域に直接データ自体が記憶されて利用されるためです。基本データ型には、数値の他に、文字と真偽値 (対象が真か偽かを示す値) が含まれます。

数値・文字・真偽値以外のデータは「**参照型 (reference type)**」に分類されます。この型では、データ自体は別の場所に記憶されており、名前を付けて用意されたメモリ領域にはデータがある場所を参照するための番地情報が記憶されています。

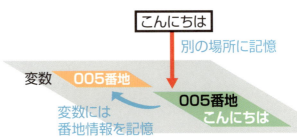

>>> 変数の役割

変数は、データを記憶する領域に固有の名前を付けたものです。データの型と変数名を宣言することで、型に応じた大きさのメモリ領域が用意され、データをその変数の値として記憶できるようになります。たとえば「int型の変数priceを作る」という宣言は、次のように記述します。

変数に値を記憶させることを**「代入」**といいます。
変数に値を代入することで、ソースコード上に値自体を記述しなくても、変数名を使って値の内容を参照できるようになります。
これによって、汎用的なプログラムを作成することが可能となります。今度は、int変数priceに1000を代入してみます。すると以下のようになります。

変数price1000を代入する

price = 1000;

まとめ

- データには「型」がある
- 型に応じた「変数」を宣言し、データを変数の値として記憶する
- 変数の型に合わない値を代入するとエラーになる

第2章 データ型を知ろう

3 数値を扱う型

完成ファイル | 📁[chap02]→📁[02-03]→📁[finished]→📄[Chap2Ex3.java]

予習 基本データ型と数値について理解する

前項で、データは大きく分けて「基本データ型」と「参照型」の2種類に分類できることを説明しました。このうち、基本データ型には数値と文字、真偽値が含まれ、データの特徴によって詳細な型に分かれています。

基本データ型に分類されるデータのうち、数値は、まず整数型と実数型のどちらかに分けられます。さらに、数値の大きさに従って、属する型が決まります。数値を利用するには、属する型に合った変数を用意して代入を行います。変数の型と、代入する数値の型が合っていない場合には、期待する処理結果が得られなくなるので注意が必要です。
ここでは、基本データ型の数値を使ってみましょう。

体験 数値を使う

1 JShellを起動しコードを入力する

2-1で行った手順のようにしてJShellを起動し、図のようにコードを入力します❶。前項でも登場したint型の変数を使って計算を行い、結果を表示するプログラムです。

>> **Tips**
int型は、整数型で「-2147483648〜2147483648」の範囲の値を扱うことができます。

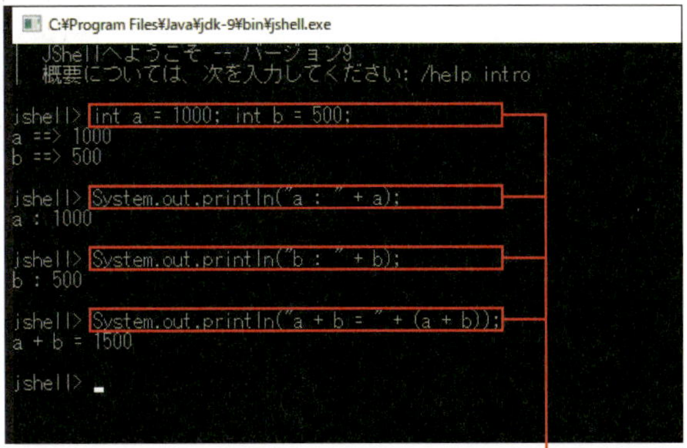

```
int a = 1000;   int b = 500;
System.out.println("a : " + a);
System.out.println("b : " + b);
System.out.println("a + b = " + (a + b));
```

❶ 入力して実行

2 int型からbyte型に変更する

変数aとbの型を、それぞれint型からbyte型に変更してみます❶。byte型で扱うことのできない値が代入されていることになるので、このまま実行するとエラーとなります。

>> **Tips**
byte型は、整数型で「-128〜127」の範囲の値を扱うことができます。

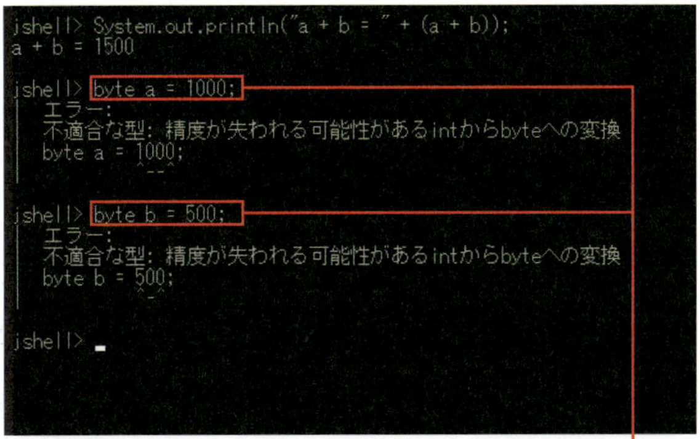

```
byte a = 1000;
byte b = 500;
```

❶ 型を変更

2-3 数値を扱う型 57

3 値を変更する

代入されている値を、byte型で扱うことができる値に変更して実行します❶。今度はきちんと代入することができます

```
byte a = 100;
byte b = 50;
```

❶ 値を変更

4 変数に変数を代入する

変数には、別の変数を値として代入することもできます。変数aを変数bに代入してみます❶。「=」は「右辺を左辺に代入する」という意味で、数学の「=（イコール）」とは異なります。

>>> Tips
値となる変数の型が、代入先の変数の型と異なる場合は、エラーとなることがあります。

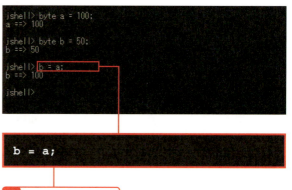

```
b = a;
```

❶ 変数に変数を代入

5 実行して確認してみる

実行して確認してみましょう。変数aと同じ値が変数bに代入されたことがわかります❶。

```
System.out.println("a : " + a);
System.out.println("b : " + b);
System.out.println("a + b = " + (a + b));
```

❶ 変数aの値が変数bに代入される

6 文字列を代入してみる

変数aに代入されている値を「""（ダブルクォーテーション）」で囲んで、文字列に変更してみます **1**。byte型は数値を扱う型なので、エラーになります。

>>> Tips

「""」で囲まれた範囲は、文字列として扱われます。

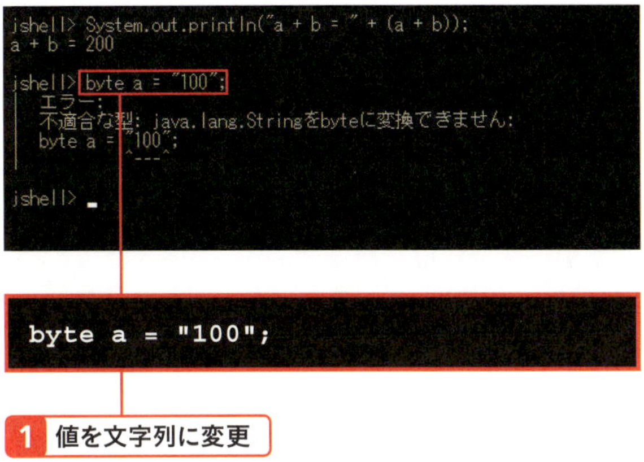

```
jshell> System.out.println("a + b = " + (a + b));
a + b = 200

jshell> byte a = "100";
    エラー:
    不適合な型: java.lang.Stringをbyteに変換できません:
    byte a = "100";
            ^---^

jshell> _
```

```
byte a = "100";
```

1 値を文字列に変更

7 int型の変数を宣言する

int型にはおもしろい特徴があるので、試してみましょう。int型の変数c、d、eを宣言します **1**。

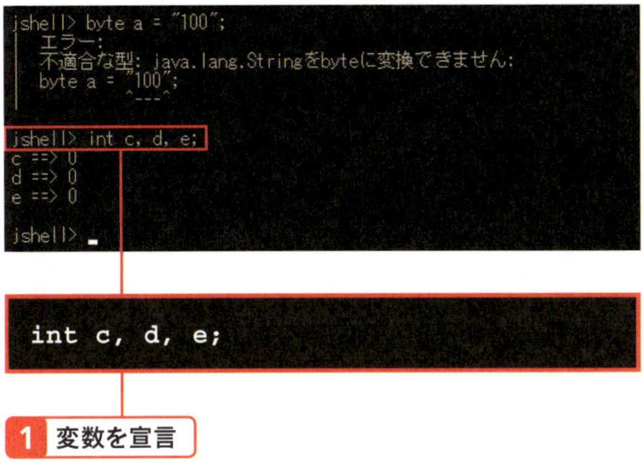

```
jshell> byte a = "100";
    エラー:
    不適合な型: java.lang.Stringをbyteに変換できません:
    byte a = "100";
            ^---^

jshell> int c, d, e;
c ==> 0
d ==> 0
e ==> 0

jshell> _
```

```
int c, d, e;
```

1 変数を宣言

8 値を代入して実行する

それぞれ値を代入します。変数cとdには図のように入力してください。変数eには、変数cとdの値を足した結果を代入して実行します。変数cとdにはどちらも「2000000000」が代入されているので、2つの値を足した結果を代入した変数eの値は「4000000000」となるはずですが、エラーにはならないものの予想と異なる値が表示されます **1**。これは、eの結果がint型の変数であり、扱うことができる値の範囲を超えているためです

```
jshell> int c, d, e;
c ==> 0
d ==> 0
e ==> 0

jshell>

jshell> c = 2000000000;
c ==> 2000000000

jshell> d = 2000000000;
d ==> 2000000000

jshell>

jshell> e = c + d;
e ==> -294967296

jshell> _
```

1 変数eの値が予想と異なる

```
c = 2000000000;
d = 2000000000;
e = c + d;
```

>>> Tips

「同じ型の変数は、図のように変数名を「,（カンマ）」で区切ってまとめて宣言することができます。

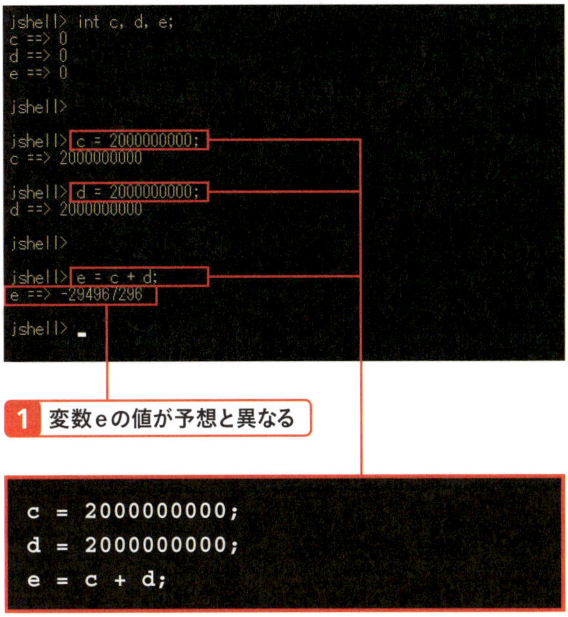

2-3　数値を扱う型　59

理解 基本データ型と数値について

>>> 整数型

基本データ型には、数値、文字、真偽値が含まれます。文字については**2-5**、真偽値については**第3章**で詳しく説明します。

数値には整数と実数があるので、数値を扱う型も整数型と実数型に分かれています。どちらの型も、扱うことのできる値の範囲によってさらに詳細な型に分類できます。

整数を扱う型には、次の種類があります。

- 整数型

型の名前	扱える値の範囲	メモリサイズ（ビット数）
byte	-128～127	8
short	-32768～32767	16
int	-2147483648～2147483647	32
long	-9223372036854775808～9223372036854775807	64

Javaプログラムのソースコード上に整数値を記述する場合、通常はint型として扱われます。サンプルプログラムの手順❶のように、int型の値を使って計算を行った結果がint型の範囲を超える場合には、数値がint型の範囲を循環します。

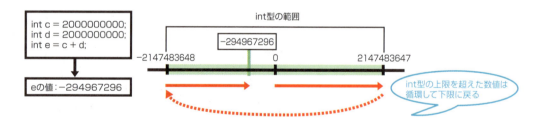

ソースコード上にint型の範囲を超える整数値を記述する場合には、数値の後ろに「L」または「l」をつけてlong型であることを示す必要があります。

```
例： long l = 5000000000L;
```

>>> 実数型

実数型は「浮動小数点型」とも呼ばれ、小数点以下を表記する形で表わされる数のことです。1という大きさの値を「1」と書けば整数、「1.0」「1.00」のように記述すれば実数として扱われます。

実数を扱う型には、次の種類があります。

- **実数型**

型の名前	扱える値の範囲	メモリサイズ（ビット数）
float	$±3.4×10^{38}$〜$±1.4×10^{-45}$	32
double	$±1.8×10^{308}$〜$±4.9×10^{-324}$	64

ソースコード上に実数値を記述する場合、通常はdouble型として扱われます。実数値をfloat型として扱うには、数値の後ろに「F」または「f」をつけて記述します。

```
例： float f = 3.5F;
```

>>> 基本データ型の値のコピー

サンプルプログラムの手順❹で、数値を代入した変数aを別の変数bに代入して、その後の結果を見てみました。仕組みを整理してみましょう。

基本データ型の変数aを別の変数bに代入すると、変数aのメモリ領域に記憶されていた値と同じ内容が、変数bのメモリ領域にも記憶されます。この時点で、2つの変数に記憶されている値は、同じ内容であってもそれぞれ異なる存在ということになります。したがって、変数aを変数bに代入した後で変数aに新しい値を代入しても、変数bの値が影響を受けることはありません。

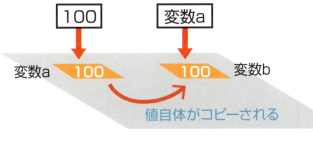

まとめ

- 数値、文字、真偽値は、基本データ型に分類される
- 数値を扱う型には整数型と実数型がある
- 基本データ型では、変数に値そのものが記憶される

第2章 データ型を知ろう

4 数値型の変換

完成ファイル　[chap02]→[02-04]→[finished]→[Chap2Ex4a.java] [Chap2Ex4b.java]

予習　数値型の精度と型変換について理解する

データの型にはいろいろな種類がありますが、数値を扱う型だけを見ても整数型と実数型があり、値として扱うことのできる範囲によってさらに詳細な型に分かれています。これらの数値を扱う型には「**精度**」というランク付けがされています。より多くの桁数の値を正確に扱うことができる型ほど、精度の高い型ということになります。

プログラムの中では、異なる型どうしで計算したり、変数に異なる型の値を代入しなければならない場合があります。このような場合には、値や変数の型を変換して計算や代入を行います。型を変換することを「**型変換**」または「**キャスト**」といいます。型変換を行うときには、型の精度に注意が必要です。実際に、異なる型どうしの計算を行ってみましょう。

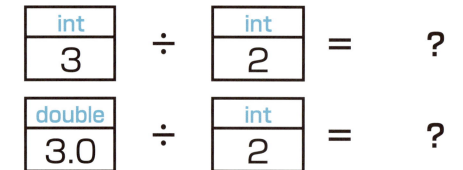

体験 異なる型どうしで計算する

1 JShellを起動しコードを入力する

2-1で行った手順のようにしてJShellを起動し、図のようにコードを入力します❶。これは割り算の結果を表示するプログラムです。サンプルでは4種類の方法で「3割る2」の計算を記述しています。
答えはすべて「1.5」になるはずですが、例1の「3 / 2」は整数どうしで計算を行っているため、実行してみると答えは「1」になってしまいます❷。実数どうしの計算である例2の「3.0 / 2.0」と、計算式の中に整数と実数が含まれている例3・4の場合には、実数の正しい値「1.5」が返ってきました❸。

```
System.out.println("【例1】3÷2= " + (3/2));
System.out.println("【例2】3.0÷2.0= " + (3.0/2.0));
System.out.println("【例3】3.0÷2= " + (3.0/2));
System.out.println("【例4】3÷2.0= " + (3/2.0));
```

❶ 入力　　❷ 小数点以下が切り捨てられる

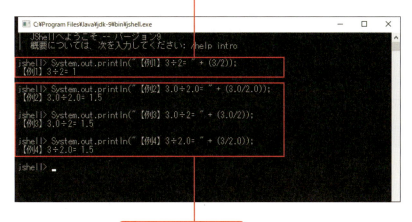

❸ 正しい実数値が返る

>>> Tips
「Java言語で割り算を行うには、「/(スラッシュ)」を演算子として使います。

>>> Tips
Java言語では「整数型どうしで計算を行うと、結果を整数型で返す」という決まりがあります。このため「3 / 2」を計算すると、自動的に小数点以下を切り捨てて整数型に直した値を返します。整数型と実数型が含まれる計算では、整数型が自動的に実数型に変換されて計算が行われます。

2-4 数値型の変換　63

2 型変換を指定して実行する

「3 / 2」のような整数型の値どうしの計算で正しい答えが返されるようにするには、ソースコード上で数値の型を変換する必要があります。型変換を指定するには、変換する型の名前を「(float)」のように「()」で囲んで、値や変数名の前に記述します **1**。この場合の「()」を「キャスト演算子」といいます。

実行すると、例1の整数どうしの計算の結果が、正しい実数値になっています **2**。また、例4のソースコード上で整数値だった値が、実数値に変換されて表示されています **3**。

```
System.out.println("【例1】3÷2= " + ((float)3/2));
System.out.println("【例2】3.0÷2.0= " + (3.0/2.0));
System.out.println("【例3】3.0÷2= " + (3.0/2));
System.out.println("【例4】" + (float)3 + "÷2.0= " + (3/2.0));
```

2 正しい実数値の結果が表示される

```
jshell> System.out.println("【例3】3.0÷2= " + (3.0/2));
【例3】3.0÷2= 1.5

jshell> System.out.println("【例4】3÷2.0= " + (3/2.0));
【例4】3÷2.0= 1.5

jshell> System.out.println("【例1】3÷2= " + ((float)3/2));
【例1】3÷2= 1.5

jshell> System.out.println("【例2】3.0÷2.0= " + (3.0/2.0));
【例2】3.0÷2.0= 1.5

jshell> System.out.println("【例3】3.0÷2= " + (3.0/2));
【例3】3.0÷2= 1.5

jshell> System.out.println("【例4】" + (float)3 + "÷2.0= " + (3/2.0));
【例4】3.0÷2.0= 1.5

jshell>
```

1 キャスト演算子を使って型変換する

3 ソースコード上で「3」だった数値が「3.0」と表示される型変換する

》》Tips

Java言語での整数値の初期設定はint型、実数値の初期設定はdouble型です。「3 / 2.0」のような計算の場合、通常はint型の「3」は自動的にdouble型の「3.0」に変換されることになりますが、型キャストを利用すると、実数型のうちのfloat型に変換することができます。

体験 異なる型どうしで計算する

1 JShellを起動しコードを入力する

もう1つ、異なる型が混在する計算を行ってみましょう。2-1で行った手順のようにしてJShellを起動し、図のようにコードを入力します❶。これは変数と代入を使った計算結果を表示するプログラムです。
例5では、int型変数iをfloat型変数fに代入しています❷。int型よりもfloat型のほうが「精度が高い」ので、int型変数をfloat型変数に直接代入することができます❸。

```
int i = 3; float f = i; double d = 1.4;
System.out.println("【例5】"+ f + "÷2= " + (f/2));
System.out.println("【例6】"+ d + "+2= " + (d+2));
```

1 入力　　**2** int型変数をfloat型変数に代入

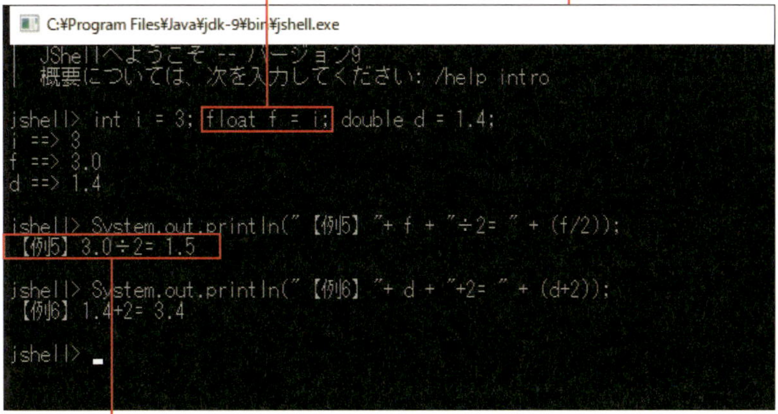

```
C:¥Program Files¥Java¥jdk-9¥bin¥jshell.exe
    JShellへようこそ -- バージョン9
    概要については、次を入力してください: /help intro

jshell> int i = 3; float f = i; double d = 1.4;
i ==> 3
f ==> 3.0
d ==> 1.4

jshell> System.out.println("【例5】"+ f + "÷2= " + (f/2));
【例5】3.0÷2= 1.5

jshell> System.out.println("【例6】"+ d + "+2= " + (d+2));
【例6】1.4+2= 3.4

jshell>
```

3 正しい実数値の結果が表示される

>>> **Tips**
精度の低い変数を、精度の高い変数に代入する場合は、自動的に「拡張変換」と呼ばれる型変換が行われます。

2-4　数値型の変換　65

2 精度の低い型の変数に代入する

次に例6で、double型変数dを別のbyte型変数bに代入してみます。byte型は整数型なので、実数型のdouble型より精度が低い型です。精度の高い変数を、精度の低い変数に直接代入することはできないため、エラーになります 1。

>>> Tips
精度の高い変数を、精度の低い変数に代入することを「縮小変換」といいます。

```
byte b = d;
```

1 byte型変数にdouble型変数を代入するとエラーになる

3 縮小変換を指定して実行する

縮小変換を行うには、「()」を使って型変換を指定する必要があります 1。図のように変数dを参照している部分を変数bで置き換えて実行すると、エラーは起きませんが、実数型が整数型に変換されたことで小数点以下を切り捨てて整数に変換した値が代入されています 2。

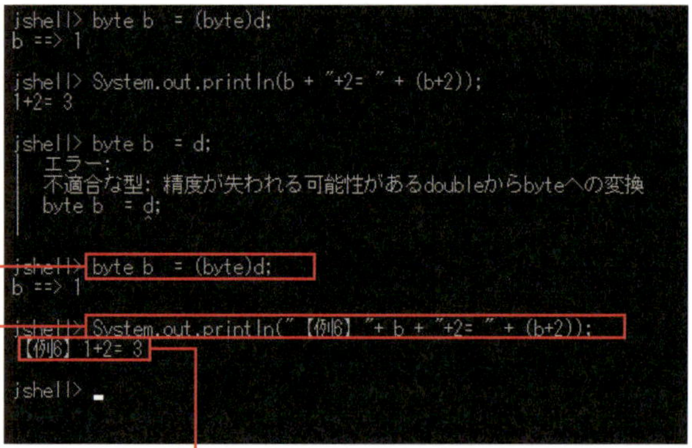

1 キャスト演算子で型変換

2 型変換で「1.4」の小数点以下が切り捨てられ「1」になっている

```
byte b = (byte)d;
System.out.println("【例6】"+ b + "+2= " + (b+2));
```

理解 数値の型変換について

>>> 型の精度

数値を扱う型は、それぞれ型の精度が異なります。実数型の方が整数型より精度が高く、さらにその型で利用可能なメモリ領域のサイズが大きいほど精度が高くなります。メモリ領域のサイズが大きいほど、多くの桁数の数値を扱うことが可能です。

精度の低い型のデータを、精度の高い型へ代入する場合は、自動的に「**拡張変換**」と呼ばれる型変換が行われます。

逆に、精度の高い型のデータを、精度の低い型へ代入する場合は、キャスト演算子の「**()**」を使って「**縮小変換**」を行う必要があります。縮小変換を行うと、データから変換後の型に収まり切らない部分が切り捨てられるので、注意が必要です。

型の名前	実数/整数	メモリサイズ（ビット数）	精度
double	実数	64	精度が高い
float	実数	32	↑
long	整数	64	
int	整数	32	
short／char	整数	16	↓
byte	整数	8	精度が低い

まとめ

- 小数点以下を持つ実数値の答えが必要な場合は、実数を使って計算する
- 数値の型はキャスト演算子で変換できる
- 拡張変換は自動的に行われる
- 縮小変換は、キャスト演算子で指定する必要がある

第2章 データ型を知ろう

文字を扱う型

完成ファイル | 📁[chap02]→📁[02-05]→📁[finished]→📄[Chap2Ex5.java]

 文字を扱う型について理解する

文字も基本データ型の1つです。Java言語でいう文字とは、Unicode文字1個のことです。Unicodeとは文字コードの1つで、コンピュータ上で文字を利用するために文字と番号を対応させたものです。たとえば「a」はUnicodeの「0061」に対応しており、ソースコード上などではUnicodeであることを表す「¥u」を初めにつけて「¥u0061」のように記述します。char型の変数には、代入された値のUnicodeが記憶されます。

ソースコード上で文字を扱う場合は、文字またはUnicodeを「'（シングルクォーテーション）」で囲んで記述します。

文字	Unicode	ソースコード上の表記
a	0061	'a' '¥u0061'
b	0062	'b' '¥u0062'
c	0063	'c' '¥u0063'
⋮	⋮	⋮

体験 **文字を扱う型を使う**

① JShellを起動しコードを入力する

2-1で行った手順のようにしてJShellを起動し、図のようにコードを入力して、実行します❶。

```
char c1 = 'a';
char c2 = 'あ';
System.out.println(c1);
System.out.println(c2);
```

❶ 入力して実行する

>>> **Tips**
Unicodeには全角文字も含まれるので、ひらがなやカタカナ、漢字などもchar型で扱うことができます。

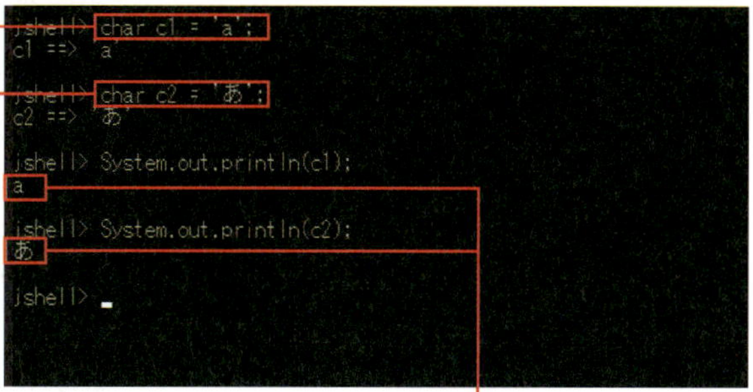

char型変数に文字を代入 **値を表示**

② Unicodeを代入してみる

代入する値を「a」「あ」に対応するUnicodeに変更してみます❶。Unicodeから対応する文字に変換され、手順❶と同じ表示になりました❷。

❶ 値をUnicodeに変更 **❷ 手順❶と同じ表示**

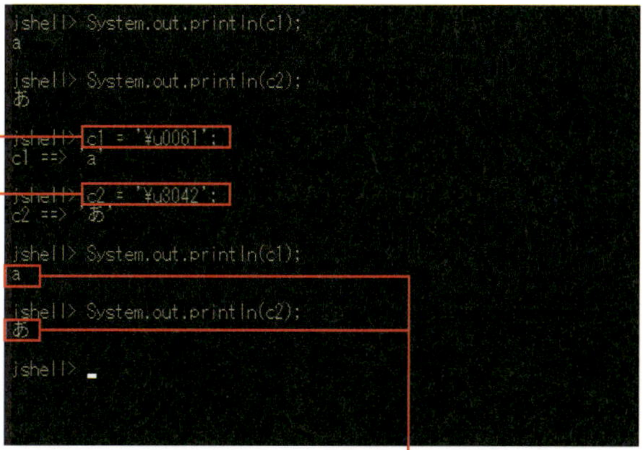

```
c1 = '\u0061';
c2 = '\u3042';
```

2-5 文字を扱う型 69

3 文字列を代入してみる

文字列は、一連の文字の集合です。Java言語では「""」で囲んだ内容を文字列として扱います。char型の変数に代入する値を図のように変更して、文字列を代入してみます ❶。しかし、char型では文字列を扱うことはできないので、エラーとなり ❷、代入できません。変数の表示結果は先ほどと同じになります ❸。

>>> **Tips**

「""」の間が1文字であっても、文字列として扱われます。

❶ 値を文字列に変更

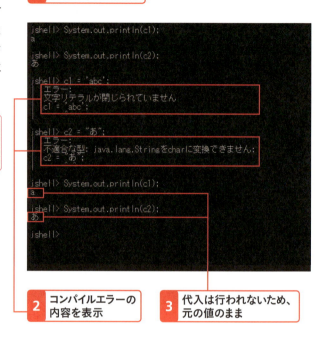

❷ コンパイルエラーの内容を表示

❸ 代入は行われないため、元の値のまま

💬COLUMN　Unicodeは16進数

Unicodeでは、文字に16進数の通し番号が付けられています。16進数とは、16で1つ位が変化する数値の表わし方で、0～9までの数字とa～fまでのアルファベットを使って数を表記します。たとえば「a」に対応するUnicodeの番号は「0061」ですが、これは10進数で表すと「97」です。つまり「a」はUnicodeの97番目の文字ということになります。

では、106番目の文字である「j」は、16進数の番号で表わすとどうなるでしょうか？答えは「006a」です。ソースコード上では「'¥u006a'」のように記述します。

理解 文字を扱う型について

>>> 文字型

コンピュータで文字を扱うための文字コードには、Unicodeの他にもASCII、ShiftJIS、EUCなどがありますが、Javaでは文字や文字列をUnicodeを使って処理しています。
Unicodeは世界中のすべての言語の文字を網羅する目的で開発された文字コードなので、日本語のひらがなやカタカナ、漢字なども含まれます。そのため、Unicode文字1個を扱うchar型では、全角文字も扱うことができます。
複数の文字の集合は「**文字列**」として、別の型で扱うことになります。

- 文字型（符号なし整数型）

型の名前	扱える値の範囲	メモリサイズ（ビット数）
char	Unicodeの1文字、¥u0000～¥uFFFF	16

char型変数は文字のほかに、16進数で0～FFFF、10進数で0～65535、8進数で0～177777の範囲の数値を扱うこともできます。char型変数に数値を代入する場合は、次のように記述します。

```
char c1 = 1234;      //10進数の数値を代入
char c2 = 0123;      //「0」で始まる数値は8進数
char c3 = 0x0def;    //「0x」で始まる数値は16進数
```

char型で扱うことのできる数値は0以上の正の整数なので、「**符号なし整数型**」とも呼ばれます。

まとめ

- **Javaでは文字や文字列をUnicodeで処理する**
- **Javaでは文字とはUnicode文字1個を指す**
- **ソースコード上で文字は「''」で囲んで記述する**

第 2 章 データ型を知ろう

6 文字列と参照型

完成ファイル | [chap02]→[02-06]→[finished]→[Chap2Ex6.java]

予習 アクセス修飾子の役割を理解する

データの型は大きく2種類に分けられますが、このうち「参照型」は仕組みが少しわかりにくいかもしれません。

参照型には、基本データ型以外の様々なデータが含まれます。基本データ型と参照型の大きな違いはデータの記憶方法です。基本データ型ではそれぞれの型に応じた大きさのメモリ領域が変数として用意され、データ自体が直接記憶されました。これに対し、参照型の変数に記憶されるのは、実際にデータが記憶されている場所を参照するための番地情報です。

参照型のデータとして、いちばんわかりやすい例は文字列でしょう。文字列とは文字の集合のことです。単一の文字は基本データ型のchar型として扱うことができますが、複数の文字の集合である文字列は参照型に含まれる「**String型**」のデータとして扱われます。

文字列を利用してみましょう。

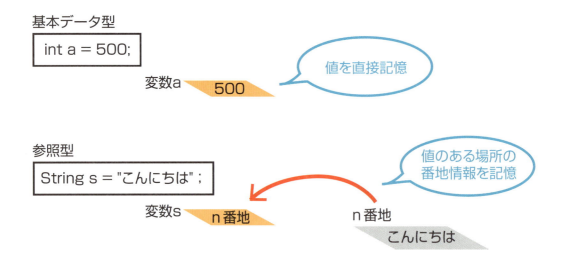

体験 文字列を使う

1 JShellを起動しコードを入力する

2-1で行った手順のようにしてJShellを起動し、図のようにコードを入力します**1**。これはprintln()メソッドで、文字列を表示するプログラムです。実行すると、()内に記述された文字列が表示されます**2**。この文字列を、変数を使って表してみましょう。

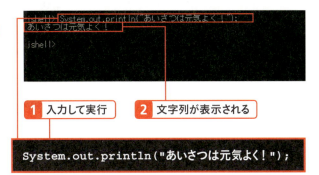

1 入力して実行　**2** 文字列が表示される

```
System.out.println("あいさつは元気よく！");
```

2 String型変数を宣言する

文字列を扱うには、String型の変数を用意します。図のようにString型の変数commentを宣言します**1**。

1 String型変数を宣言

```
String comment;
```

3 String型変数に文字列を代入する

String型変数に、「""」で囲んだ文字列を代入します**1**。

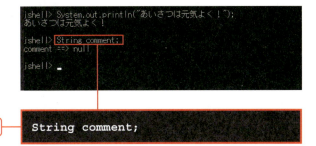

1 文字列を代入

```
comment = "あいさつは元気よく！";
```

4 println()メソッドで表示する内容を置き換える

println()メソッドの()内を、変数名で置き換えます。「comment」は変数名なので、「""」は不要です。実行すると、変数commentの値が表示されました**1**。

1 変数commentの値が表示される

```
System.out.println(comment);
```

2-6 文字列と参照型 73

5 数値を代入する

String型の変数に数値を代入してみます。String型では数値を扱うことができないので、エラーとなります❶。

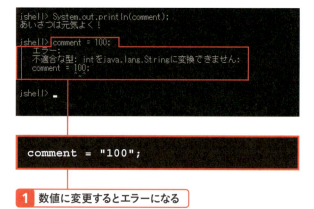

❶ 数値に変更するとエラーになる

6 数値をString型に変更する

代入する値を、図のように変更し❶、実行します。ダブルコーテーションで囲うことで文字列とみなされ、今度は正しく実行することができました❷。

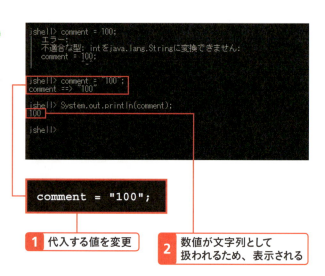

❶ 代入する値を変更
❷ 数値が文字列として扱われるため、表示される

7 数値とString型をつないで代入する

さらに、代入する値を図のように変更し実行します❶。Java言語では、数値と文字列を「+」でつないで代入すると、自動的に数値が文字列に変換され、文字列の一部として組み込まれることになっています❷。

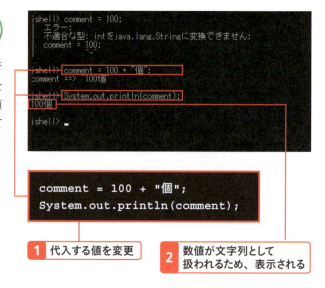

❶ 代入する値を変更
❷ 数値が文字列として扱われるため、表示される

理解 文字列と参照型

>>> 文字列

Java言語で文字列を示す場合には、その文字列を「""」で囲みます。
文字列は「**String型**」のデータです。実は、正しく言うと、文字列は「**Stringクラスのオブジェクト**」として記憶されています。

Stringクラスは、文字列を処理するためにJava言語にあらかじめ用意されているクラスです。クラスについては**第5章**で詳しく説明しますが、クラスとはオブジェクトの設計図であり、Javaプログラムでは文字列を扱うときにStringクラスからオブジェクトを生成して、文字列を記憶しています。型の名前がクラス名と同様に大文字から始まっていることもあり、Stringクラスのオブジェクトは「**Stringクラス型のデータ**」とも表現されます。クラスを元にオブジェクトを生成する方法については**第9章**で詳しく説明します。文字列はよく利用されるデータなので、String型は例外的に、基本データ型と同様の書式で変数を宣言して値を代入することができるようになっています。

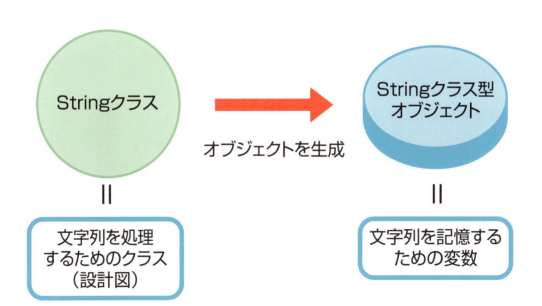

2-6 文字列と参照型

>>> 参照型の仕組み

クラスから生成されたオブジェクトは、「**クラス型**」と呼ばれる参照型のデータとして扱われます。したがって、文字列を扱うString型も参照型に分類されます。

オブジェクトには生成時にそれぞれ固有の名前が付けられており、これが参照型のデータを記憶するための変数の名前ということになります。名前を付けてオブジェクトを生成するということは、参照型の変数を宣言することでもあり、基本データ型と同様に名前の付いたメモリ領域が用意されます。しかし、参照型ではデータそのものは別の場所に記憶され、変数にはデータのある場所を参照するための番地情報が記憶されることになります。

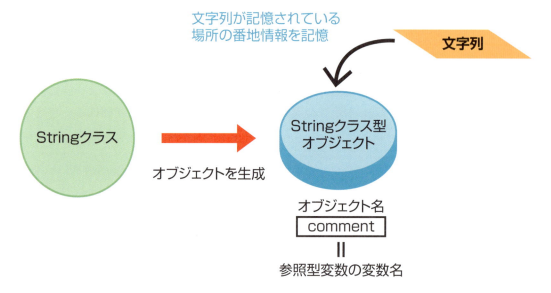

>>> 数値から文字列への型変換

Java言語では、数値から文字列への型変換を簡単に行うことができます。数値と文字列を「+」でつなぐだけで、自動的に数値が文字列に変換されます。

```
String s = 100 + "";
```

「""」は空の文字列を表すので、上記のように記述すると、変数sに代入された「100」は文字列として扱われるようになります。そのため、通常の値として計算などに利用することはできなくなります。

「**+**」を使うと、文字列と文字列をつないで新しい文字列を作ることもできます。

```
String s = "今日の天気は" + "晴れ";
```

COLUMN　ガーベッジコレクタ

基本データ型と参照型ではデータの記憶方法が異なりますが、使われなくなってゴミ（ガーベッジ）となったデータを破棄する方法も異なります。

コンピュータに搭載されているメモリには限りがあるので、プログラムが不要なデータをいつまでも記憶していると新しい処理を行うためのメモリ領域が足りなくなってしまいます。そのため、プログラムには使用済みのデータをメモリ領域から破棄してその領域を再利用できるようにする仕組みが必要です。データを記憶するための領域を用意することを「**メモリの確保**」、メモリ領域を再利用可能な状態にすることを「**メモリの解放**」といいます。

基本データ型では、変数に値を代入するたびに、変数として確保されているメモリ領域に記憶される内容が次々に変化していき、変数の利用が終わるとその領域は解放され自由に利用できるようになります。

一方、参照型では変数の利用が終わると変数の領域は解放されますが、変数とは別の場所に記憶されている参照型のデータ自体はまだ残っています。そのため、C言語やC++言語のプログラムの場合は使用済みデータを破棄する処理の記述が必要です。しかしJava言語にはデータがどこからも参照されなくなると自動的に回収（コレクション）して破棄する「**ガーベッジコレクタ**」という仕組みが用意されており、メモリの管理が容易になっています。

まとめ

- Java言語で文字列を示すには、その文字列を「""」で囲む
- 文字列は参照型のString型で扱う
- String型のデータは、正確にはStringクラスのオブジェクトである
- 参照型の変数には、データ自体が記憶されている場所の番地情報が代入される

第2章 練習問題

■問題1

次の文章の穴を埋めなさい。

プログラムで扱うデータは、それぞれの特徴に応じていくつかの「型」に分類される。これらの型は、データを記憶する方法の違いによって大きく2種類に分けることができる。　①　型には、数値や文字、真偽値といったデータが含まれる。それ以外のデータは　②　型に分類される。
プログラムではデータに固有の名前を付けて記憶し、データを名前で識別して利用している。この仕組みを　③　という。　③　を利用する前には、型と名前の宣言が必要である。

ヒント 「2-2　変数とは」参照。

■問題2

数値の型を精度の高い順に並べ変えなさい。

`int  double  byte  float  short  long`

ヒント 「2-4　数値型の変換」参照。実数型は整数型より精度が高くなります。

■問題3

次のソースコードの穴を埋め完成させなさい。変数a、bに文字列と数値を代入して、表示するプログラムです。

```
public class Chap2Test3 {
    public static void main(String[] args) {
        ①    a =  ② りんご ②  ;
        ③    b = 5;
        System.out.println(a + "が" + b + "個あります。");
    }
}
```

ヒント 「2-3　数値を扱う型」「2-6　文字列と参照型」参照。①と③は変数の型の宣言です。変数aに文字列「りんご」を代入するには、②に何が必要でしょうか。

78　2 データ型を知ろう

式と演算

3-1 式と文について理解しよう

3-2 計算をする（四則演算）

3-3 計算をする（代入演算子）

3-4 計算をする（インクリメント演算子と
デクリメント演算子）

3-5 比較する

3-6 真偽を判断する

3-7 演算の優先度

第3章 　練習問題

第3章 式と演算

1 式と文について理解しよう

完成ファイル | [chap03]→[03-01]→[finished]→[Chap3Ex1.java]

  予習 式と文について理解しよう

プログラムは、コンピュータへの命令の集まりですが、個々の命令はソースコード上に「式」として記述されます。式には、宣言式、計算や比較の式、代入の式、メソッドを利用する式などがあります。

式、つまり1つの命令の終わりを「;(セミコロン)」で区切って示したものが「文」です。基本的に、プログラムはソースコードの始まりから終わりへと、順番に命令文が解釈されて実行されていきます。

しかし、複雑なプログラムになると、複数の命令を同時に実行させたい場合も出てきます。この場合には「ブロック」を利用して、複数の命令文が1つの文として扱われるようにします。JShellは1行ずつ実行する環境のため、この章内ではブロックを意識する機会は少ないですが、ifなどの制御文や**第4章**以降で解説するクラスを用いる際には、ブロックを念頭に入れてプログラムを組むことになるでしょう。

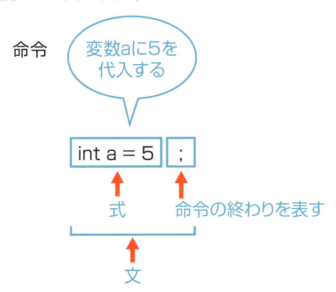

体験 命令文を書いてみよう

① JShellを起動して命令文を記述する

2-1を参考にJShellを起動して、図のように、変数の宣言、代入、計算、メソッドの利用を行う文を記述してみましょう❶。それぞれの式（命令）の終わりに「;」をつけて、文となるようにします。

```
int year, count;    ← 変数の宣言文
year = 2017;        ← 代入文
count = year - 1995;  ← メソッドを利用する文
System.out.println("Java登場から" + count + "年");  ← 計算と代入の文
```

❶ コードを入力して実行結果を確認する

② 複数の文をブロックに記述する

プログラムで複雑な処理を行うための「制御文」では、条件を指定して、その場合の処理について命令文を記述します。「命令文」なので本来は1つの文しか書くことができませんが、複数の命令文を「{}」で囲むと、その範囲は1つの文として扱われるようになります❶。制御文については、**第7章**で詳しく説明します。

❶「{}」で囲まれた範囲は1つの文として扱われる

```java
 1  public class Chap3Ex1 {
 2      public static void main(String[] args) {
 3
 4          int year, java;
 5
 6          year = 2015;         ← 値を変更
 7
 8          java = year - 1995;
 9
10          if(java == 20){
11              System.out.print("今年はJava登場");
12              System.out.print(java);
13              System.out.print("周年！ おめでとう20歳！");
14          }
15          else {
16              System.out.print("Java登場から");
17              System.out.print(java);
18              System.out.print("年");
19          }
20
21      }
22
23  }
```

3-1 式と文について理解しよう 81

理解 式と文の書き方

>>> 式の値

値に対する計算や処理の命令を表したものが式です。式の終わりは「;」で区切って、1つの文となるようにします。

計算や処理の結果は、その式自体の値と言えます。このため、式自体を値と同様に利用して、変数に代入したり、計算や評価の対象としたりすることができます。複数の式を組み合わせて利用する場合は、組み合わせる式の範囲を「()」で囲んでおくと、先にその部分の命令が実行されるようになります。

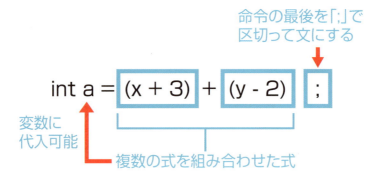

>>> ブロック

複数の命令文を「{}」で囲み、1つの文として扱われるようにしたものがブロックです。ソースコードをよく見ると、制御文以外にもブロックはいろいろなところで使われています。ブロックを入れ子にして利用することもできます。

```
public class Chap5Ex1 {
    public static void main(String[] args) {
int year, java;
        year = 2015;
        java = year - 1995;
        if(java == 20){
            System.out.print("今年はJava登場");
            System.out.print(java);
            System.out.print("周年！　おめでとう20歳！");
        }
        else {
            System.out.print("Java登場から");
            System.out.print(java);
            System.out.print("年");
        }
    }
}
```

複数のブロックが入れ子になっている

COLUMN リテラル

ソースコード上に記述した具体的な値は、「**リテラル**」と呼ばれます。**第2章**で、値には型があることを説明しましたが、型によって実際の値とリテラルの書き方が異なる場合があります。

基本データ型とString型の変数を宣言して値を代入した場合に、ソースコード上のリテラルと実際に代入されている値の違いは、次の表のようになります。

変数の宣言と代入	代入された値のリテラル	代入された実際の値
int i = **10**;	10	10
long l = **5000000000L**;	5000000000L	5000000000
char c = **'a'**;	'a'	a
float f = **1.5F**;	1.5F	1.5
String s = **"ABC"**;	"ABC"	ABC

たとえば、String型変数sに代入されている「"ABC"」というリテラルは、「ABC」という値を表しているのであって、「"ABC"」という値を表しているわけではありません。

まとめ

- **1つの命令を記述したものが「式」、式の終わりを「;」で区切ったものが「文」である。**
- **式には値がある。**
- **「{}」で囲んだブロック内の記述は、1つの命令文として扱われる。**

第3章 式と演算

計算をする（四則演算）

完成ファイル｜[chap03]→[03-02]→[finished]→[Chap3Ex2.java]

 予習｜**四則演算について理解する**

本書ではここまで数学的な処理を行うことを「計算する」と表現してきましたが、コンピュータでは計算を含めたデータ処理全般を指して「**演算**」と呼びます。そこで、本書でもこの後は演算と表現していきます。

演算には、数の計算の基本である四則演算のほかに、比較演算、論理演算などの処理が含まれます。また、代入も演算の一つです。

ソースコード上で演算処理を表す記号は「**演算子**」と呼ばれます。はじめに、基本的な四則演算の方法について見ていきましょう。四則演算を表す演算子は「**算術演算子**」と呼ばれます。

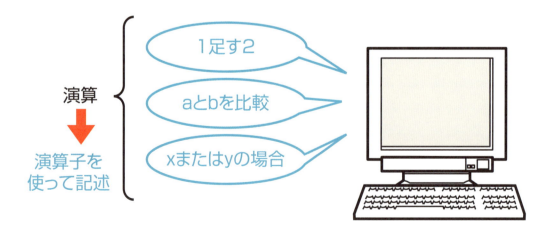

体験 算術演算子を使って計算する

1 算術演算子を使って計算する

2-1を参考にJShellを起動し、図のようにコードを記述して実行します❶。四則演算の式と結果が表示されます。

>> Tips
キーボードには「×」と「÷」の記号がないため、掛け算には「*（アスタリスク）」、割り算には「/（スラッシュ）」を演算子として使います。

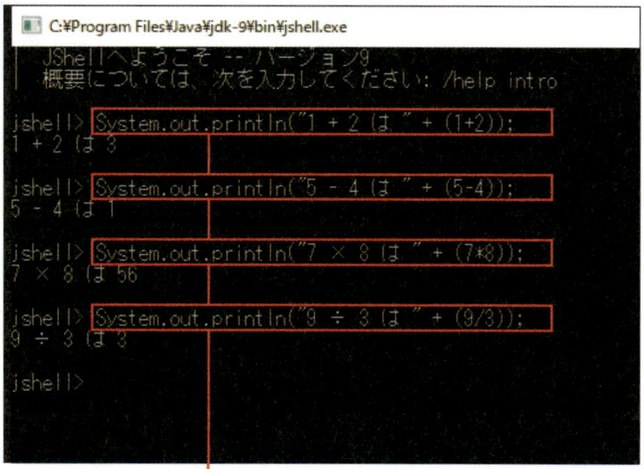

❶ 入力して実行
```
System.out.println("1 + 2 は " + (1+2));
System.out.println("5 - 4 は " + (5-4));
System.out.println("7 × 8 は " + (7*8));
System.out.println("9 ÷ 3 は " + (9/3));
```

2 複数の型が含まれる演算を行う

第2章で学習した演算の中の型変換についても、もう一度確認してみましょう。
実行すると、実数が含まれる演算では小数点以下の数値を持つ結果が返りますが❶、整数どうしの割り算では小数点以下を切り捨てた数値が結果として返されます❷❸。

❷ 実数が含まれる演算の結果
❸ 整数どうしの演算の結果

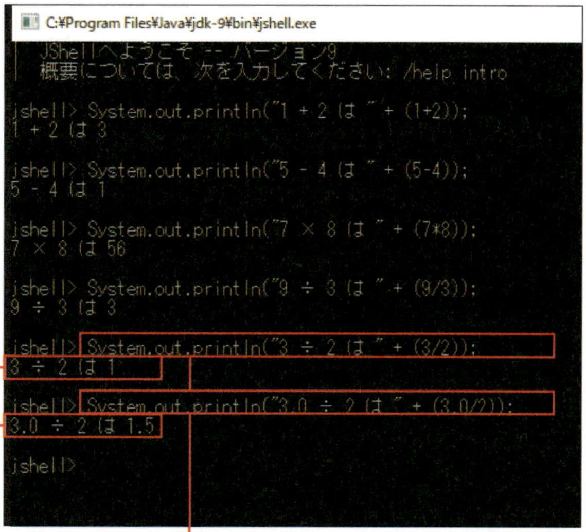

❶ 入力して実行
```
System.out.println("3 ÷ 2 は " + (3/2));
System.out.println("3.0 ÷ 2 は " + (3.0/2));
```

3-2 計算をする（四則演算） | 85

3 割り算の余りを求める

割り算では、余りを求める場合もあります。この場合は「％（パーセント）」を演算子として使います❶。「％」を使って演算を行うと、余りのみが返されます❷。

>>> Tips

「4 % 2」のように余りがない場合は、演算の結果として「0」が返ります。

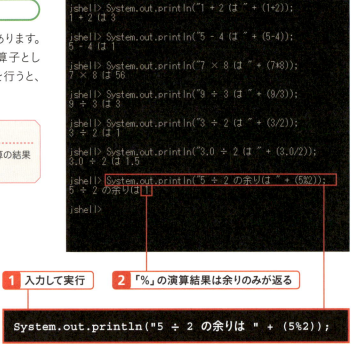

❶ 入力して実行
❷ 「%」の演算結果は余りのみが返る

```
System.out.println("5 ÷ 2 の余りは " + (5%2));
```

4 複数の計算を同時に行う

ソースコード上の演算子にも、数学の文法と同じように処理の優先順位が設定されています。複数の計算を同時に記述してみましょう❶。演算が行われる順番は、はじめに「()」で囲んだ範囲、次に掛け算または割り算、最後に足し算または引き算となるので、演算の結果が上下で異なっています❷。

❶ 入力して実行
❷ 演算の順番が変わるため、結果が異なる

```
System.out.println((3+2)*4-1);
System.out.println((3+2)*(4-1));
```

第3章 式と演算

5 ＋演算子で文字列を連結する ①

「＋」演算子は、数値の演算だけでなく、文字列をつないで並べる場合にも使われます。数値と文字列、文字列と文字列を「＋」演算子で連結してみましょう**1**。「＋」演算子は左辺または右辺が文字列だった場合、もう片方が数値であっても文字列に変換して処理します。このため、足し算の結果ではなく、数字を並べた文字列として表示されています**2**。

> **>>> Tips**
> Java言語では、数値と文字列を「＋」でつないで代入すると、自動的に数値が文字列に変換され、文字列の一部として組み込まれることになっています

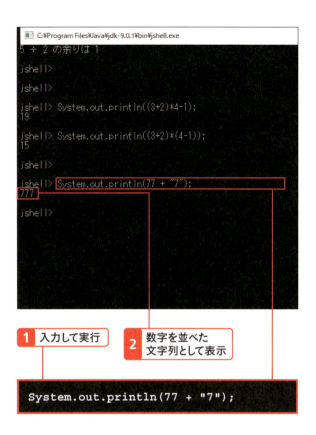

1 入力して実行
2 数字を並べた文字列として表示

```
System.out.println(77 + "7");
```

6 ＋演算子で文字列を連結する ②

今度は文字列と文字列を「＋」演算子で連結してみましょう**1**。文字列として記述した数式は、数式のままで表示されます**2**。

1 入力して実行
2 数式を文字列として表示

```
System.out.println("77 + 7" + "の答えは？");
```

3-2 計算をする（四則演算）

理解 算術演算子について

>>> 四則演算の演算子

データをどのように処理するかという命令は、ソースコード上で「**演算子（オペレータ）**」という記号を使って表します。演算子が処理の対象とするものは「**オペランド**」と呼ばれ、演算子の左側にあるオペランドを「左辺」、右側を「右辺」といいます。演算子を使って記述した命令は「式（演算式）」と呼ばれます。

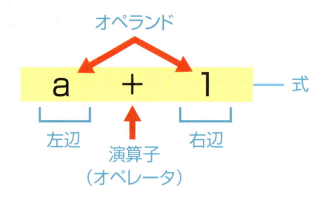

数の計算の基本である足し算・引き算・掛け算・割り算の「四則演算」は、それぞれ半角文字の「+」「-」「*」「/」を演算子として使います。
割り算の余りを求める場合は「%」を使います。これらの演算子は「**算術演算子**」と呼ばれます。

算術演算子	使用例	意味
+	a + b	aとbを足す
-	a - b	aからbを引く
*	a * b	aとbを掛ける
/	a / b	aをbで割る（bが0のときはエラーになる）
%	a % b	aをbで割った余り（bが0のときはエラーになる）

>>> 算術演算子の優先順位

数学の文法と同様に、複数の演算を同時に記述するときには、演算子によって処理の優先順位が決められています。算術演算子の優先順位は次のようになります。優先順位が同じ演算子は、左から順番に処理されます。
その他の演算子の優先順位については、後で詳しく説明します。

演算子	優先度	同順位の場合の処理方向
( )	高	→
* / %	↕	→
+ -	低	→

「()」を使って式を整理することもできます。たとえば「10足す8の結果から、2を引く」を「(10+8)-2」のように表わすと、意味がわかりやすくなります。

まとめ

- 演算子を使って演算式を記述する
- 掛け算・割り算の演算子は、足し算・引き算の演算子より優先順位が高い
- 「()」を使って演算の優先順位を変更できる

3 計算をする（代入演算子）

完成ファイル | [chap03]→[03-03]→[finished]→[Chap3Ex3.java]

 予習 代入演算子について理解する

代入も演算処理の一つです。代入を表す演算子には「=」が使われますが、これは数学での「=（イコール）」とは別の意味を持っています。「=」演算子は左辺を変数、右辺を値と見なして「右辺を左辺に代入する」という処理を表します。

代入演算子の中には、代入と計算を同時に行う「**複合代入演算子**」もあります。いろいろな代入演算子の使い方を覚えましょう。

1 変数を宣言し、変数に値と式を代入する

2-1を参考にJShellを起動し、int型変数a、bを宣言して、変数aに数値を、変数bに式をそれぞれ代入します❶。実行して、変数a、bに代入されている値を確認しましょう。

>>> **Tips**

通常は、変数の型に合った数値や式でなければ、代入できません。

❶ 入力して実行

```
int a, b;
a = 3;
b = a + 2;
```

2 変数を宣言して値を代入する

int型変数cを宣言して、同時に値を代入し❶、値を確認します❷。

>>> **Tips**

変数の宣言時に値を代入することを「初期化」といいます。変数は初期化するか、宣言後に値を代入しなければ利用することができません。

❶ 入力して実行 ❷ 値が代入されている

```
int c = 3;
```

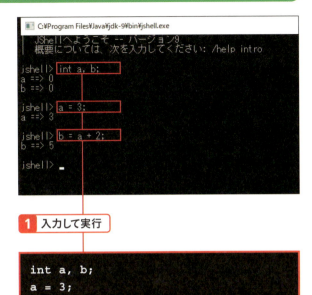

3-3 計算をする（代入演算子） 91

3 同じ変数を使った式を代入する

変数cに、変数cを使った式を代入します**1**。変数cに代入されている値を確認しましょう**2**。

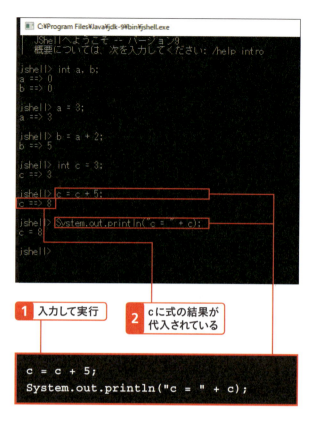

1 入力して実行

2 cに式の結果が代入されている

```
c = c + 5;
System.out.println("c = " + c);
```

4 複合代入演算子を使って記述する

手順❸の式を、複合代入演算子を使って書き換えてみましょう。「足して代入」という処理は、「+=」という複合代入演算子で表わすことができます。変数cの値に3を代入しなおしてから、「c = c+5」を図のように書き換えてみましょう**1**。

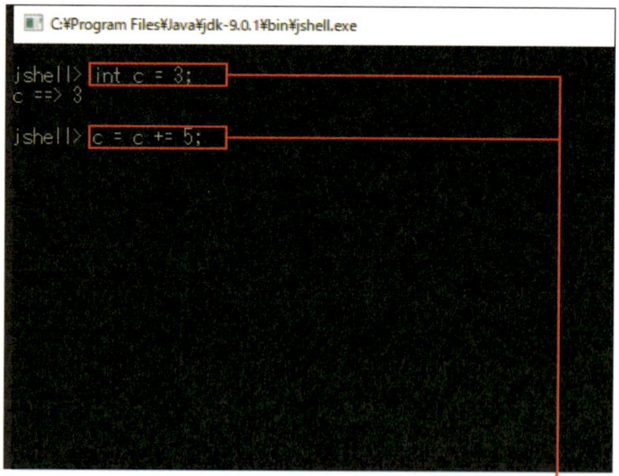

>>> Tips
値となる変数の型が、代入先の変数の型と異なる場合は、エラーとなることがあります。

1 記述を変更

```
int c = 3;
c = c += 5;
```

5 実行結果を確認する

println()メソッドを使って結果を確認します。手順❸で確認した実行結果と、同じ内容が表示されています❶。

❶ 実行結果を確認

COLUMN 代入処理の順序

後で説明するように、代入は様々な演算処理の最後に実行されます。たとえば「a = b + c」という式では、「b + c」の結果が変数aに代入されます。

それでは「a = b = c = 1」という式では、どのように処理が行われるでしょうか？ 代入処理を行う演算子が並列している場合は、右側の式から順番に代入が行われます。したがって、処理の順番は図のようになり、結果として変数a、b、cにはすべて1が代入されることになります。

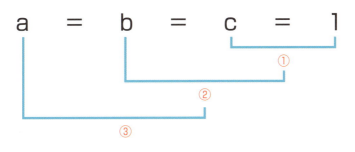

3-3 計算をする（代入演算子） 93

理解 代入演算子について

>>> 代入演算子

代入を表す演算子には「=」を使います。「=」演算子は、「**右辺を値として、左辺の変数に代入する**」という命令を表します。
たとえば「a = a+2」は、「aに代入されていた値に2を足した結果を、aに代入する」という意味になります。

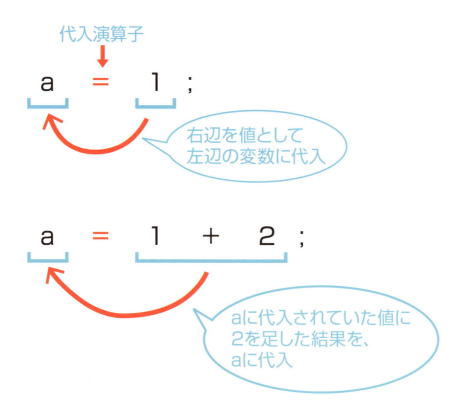

>>> 複合代入演算子

変数を使った演算の結果を、同じ変数に代入するという処理は、複合代入演算子を使って表わすことができます。

たとえば「a = a+b」と「a += b」は、どちらも「a+bの結果を、aに代入する」という処理を表しています。

代入演算子や複合代入演算子は、最も処理の優先順位が低い演算子です。したがって、代入は様々な演算処理の最後に行われることになります。

複合代入演算子	使用例	意味
+=	a += b	aとbを足した結果をaに代入 (a = a+bと同意)
-=	a -= b	aからbを引いた結果をaに代入 (a = a-bと同意)
*=	a *= b	aとbを掛けた結果をaに代入 (a = a*bと同意)
/=	a /= b	aをbで割った結果をaに代入 (a = a/bと同意)
%=	a %= b	aをbで割った余りをaに代入 (a = a%bと同意)

まとめ

- 「=」を演算子として変数への代入を表す
- 「代入演算子」は右辺を値として、左辺の変数に代入する
- 代入と計算を同時に行う処理は「複合代入演算子」で表わすことができる

第 3 章 式と演算

4 計算をする（インクリメント演算子とデクリメント演算子）

完成ファイル｜[chap03]→[03-04]→[finished]→[Chap3Ex4.java]

予習 インクリメント演算子とデクリメント演算子について理解する >>>

プログラムの中では、変数の値を1ずつ増やしていったり、逆に1ずつ減らしていったりする演算がよく行われます。このため、専用の演算子が用意されています。
1を足す処理は「**インクリメント**」と呼ばれ、「**++**」という演算子で表します。1を引く処理は「**デクリメント**」といって、「**--**」が演算子となります。
インクリメント演算子とデクリメント演算子は、変数の前に書くか、後ろに書くかによって、値の参照と計算の処理の順番が変化するので注意が必要です。

インクリメント（値を1ずつ増やす）

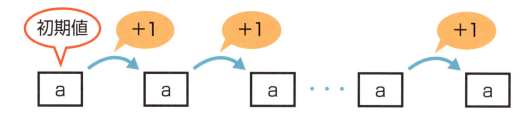

デクリメント（値を1ずつ減らす）

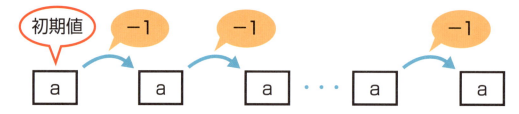

体験 インクリメントとデクリメント

1 変数を宣言する

2-1を参考にJShellを起動し、図のようにint型変数x、aを宣言して、変数aを初期化します❶。

> **Tips**
> JShellでは数値型の変数を宣言した時点で自動的に0が入りますが、本来は変数を定義した場合、初期化して値を代入しておかないと変数を参照することができません。

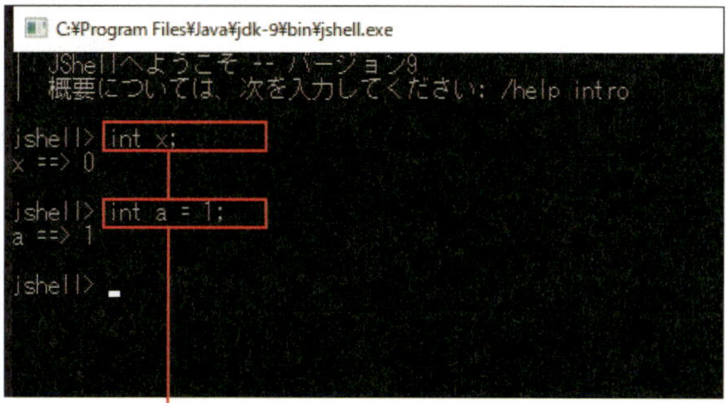

❶ 変数を宣言して初期化する

```
int x;
int a = 1;
```

2 i変数に1を足した後、代入する

変数aに1を足した後、変数aの値を参照して、変数xに代入してみましょう。参照の前にインクリメントを行う場合は、「++a」のように変数の前にインクリメント演算子を記述します❶。

> **Tips**
> 変数の前にインクリメント演算子を記述することを「前置」といいます。

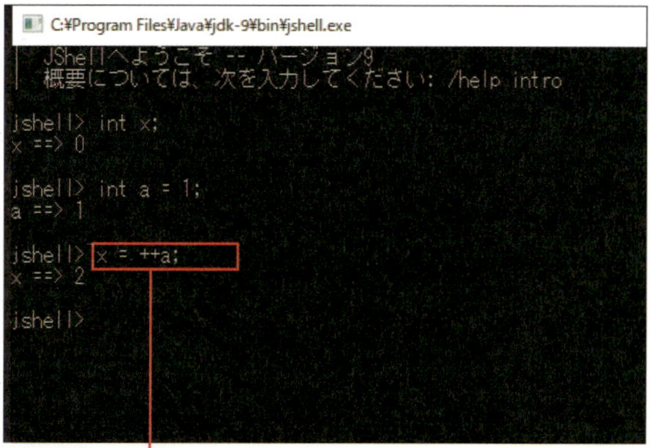

❶ 入力して実行

```
x = ++a;
```

3-4 計算をする（インクリメント演算子とデクリメント演算子） 97

3 変数の値を確認する

変数の値を確認するため、図のようにソースコードを記述します❶。実行すると、変数aを初期化したときの値に1を足した値が、変数xに代入されていることがわかります❷。変数aの値も、初期値に1を足したものになっています❸。

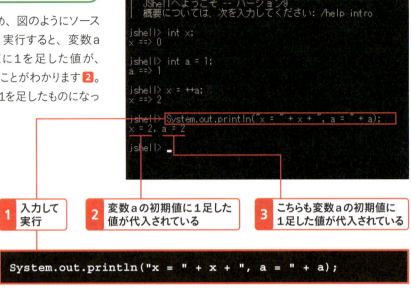

4 代入した後、変数に1を足す

今度は、変数値を参照して別の変数へ代入した後に1を足すように変更してみます。手順❶と同様に、変数yを宣言し、変数bを初期化します❶。参照した後にインクリメントを行う場合は、「b++」のように変数の後ろにインクリメント演算子を記述します❷。

>>> Tips

変数の後にインクリメント演算子を記述することを「後置」といいます。

5 実行して変数の値を確認する

図のようにコードを入力して実行します **1**。
変数yには、変数bの初期値が代入されて
います **2**。変数bの値は、インクリメントが
行われて、初期値に1を足したものになって
います **3**。

```
jshell> int b = 1;
b ==> 1

jshell> y = b++;
y ==> 1

jshell> System.out.println("y = " + y + ", b = " + b);
y = 1, b = 2

jshell> _
```

1 入力して実行

2 変数bの初期値が代入されている

3 インクリメントが行われて、初期値に1を足したもの値が代入されている

```
System.out.println("y = " + y + ", b = " + b);
```

6 デクリメントの前置と後置

デクリメント演算子も、前置と後置で処理
の順番が異なります。図のようにソースコー
ドを入力して、確認してみましょう **1**。前置
の場合は変数cの値から1引いた後で値を
参照して、変数zに代入しています **2**。後
置の場合は、変数cの値を参照して、変数
zに代入した後で、変数cの値から1引いて
います **3**。結果を比べやすくするため、変
数cにはもう一度初期化したときの値を代入
しています **4**。

```
jshell> z = --c;
z ==> 0

jshell> System.out.println("z = " + z + ", c = " + c);
z = 0, c = 0

jshell> c = 1;
c ==> 1

jshell> z = c--;
z ==> 1

jshell> System.out.println("z = " + z + ", c = " + c);
z = 1, c = 0

jshell>
```

2 前置の場合

3 後置の場合

1 入力して実行

```
int z, c;
c = 1;
z = --c;
System.out.println("z = " + z + ", c = " + c);

c = 1;
z = c--;
System.out.p
```

4 変数cにもう一度初期値を代入

>>> Tips

デクリメント演算子の処理を算術演算子を使って書くと
次のようになります。

z = --c; ➡ c = c-1;　　 z = b++; ➡ z = c;
　　　　　　z = c;　　　　　　　　　 c = c-1;

3-4　計算をする（インクリメント演算子とデクリメント演算子）　99

理解 インクリメント演算子、デクリメント演算子について

>>> インクリメント演算子、デクリメント演算子

変数の値を1増やす処理を「インクリメント」、1減らす処理を「デクリメント」といいます。それぞれ、プログラムの中ではよく実行される処理なので、ソースコードを簡潔に記述するために専用の演算子が用意されています。インクリメントには「++」、デクリメントには「--」を演算子として使います。

変数の前にインクリメント演算子、またはデクリメント演算子を書くことを「前置」といいます。前置の場合、その変数の値に1を足す、または1を引く処理を行った結果を変数の値として参照することになります。

一方、変数の後にインクリメント演算子、またはデクリメント演算子を書くことを「後置」といいます。後置の場合、その変数の値を参照した後で、変数の値に1を足す、または1を引く処理を行います。

インクリメント演算子	使用例	意味
++	++a	aの値を1増やした後、aの値を利用する
	a++	aの値を利用した後、aの値を1増やす

デクリメント演算子	使用例	意味
--	--a	aの値を1減らした後、aの値を利用する
	a--	aの値を利用した後、aの値を1減らす

COLUMN 繰り返しの処理

インクリメントを行う処理として考えられるのは、たとえば、登録情報に対して自動的に順番にID番号を与えるような場面です。この場合は、「情報が登録されたら、ID番号に1を足す」のように処理を実行するための条件が設定されていることになります。

また、「値が10になるまで1を足す」「値が0になるまで1を引く」のように、繰り返し処理を終了する条件を設定してインクリメントやデクリメントを行う場合もあります。「1を足す処理を5回繰り返す」のように、繰り返しの回数が設定されることもあります。

このように、通常、インクリメントやデクリメントの処理は、繰り返しの条件と組み合わせて利用されます。

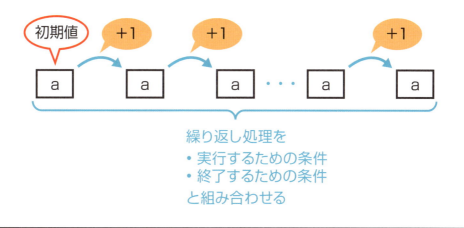

まとめ

- 変数の値に1を足す処理を「インクリメント」という
- 変数の値から1を引く処理を「デクリメント」という
- インクリメント、デクリメントには専用の演算子がある
- 前置か後置かによって処理の順番が異なる

第 3 章 式と演算

5 比較する

完成ファイル | [chap03]→[03-05]→[finished]→[Chap3Ex5.java]

予習 比較の条件式について理解する

インクリメント演算子を使って「変数aの値が10になるまで、変数aの値を1増やす」という処理を行う場合を考えてみましょう。このとき、変数aが10になったかどうかを調べるには、変数aの値と10を比較してみることが必要です。変数の値や数値の比較は「**比較演算子**」を利用して行います。

上の例の「変数aの値が10になるまで」という条件は、「変数aの値が10より小さいときには」と言い換えることができます。これを「比較演算子」を使って表わすと、「a < 10」という条件式になります。「<」は、左辺が右辺より小さいということを表す比較演算子です。このように、比較演算子はプログラムの制御を行う条件式を記述するために利用されます。

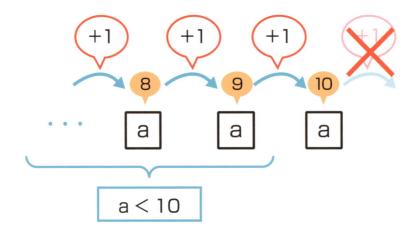

体験 比較演算子を使ってみる

1 変数を宣言する

2-1 を参考に JShell を起動し、図のように、int 型変数 a を宣言して、初期化します❶。ここでは「5」を代入しています。

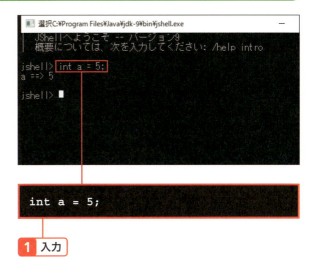

>>> Tips

2-1 で少し触れた「ブロック」という概念が入ってきます。コードの記述が少々複雑になるので、メモ帳等のテキストツールにいったんコードを書いてから、それを JShell にコピー&ペーストして動きを確認することをお勧めします。

```
int a = 5;
```

❶ 入力

2 制御文と条件式を記述する

図のように、プログラムの制御を行う制御文を記述します❶。「if」で始まる制御文は、「もし○○なら、〜を行う」という条件分岐を指定するものです。「if」の後ろの「()」内には、「もし○○なら」という条件式を記述します。「a > 3」は、「aが3より大きい」という条件を表しています❷。
「{}」の中には、「〜を行う」の部分を記述します。ここでは、条件が成立すれば「正しい」と表示するように指定しています❸。変数aには5が代入されているので、「正しい」と表示されました❹。

>>> Tips

JShell 上で頭に「...>」がついている行は、カッコで括られている行を示します。カッコを閉じるまでは同じカッコ内とみなされます。

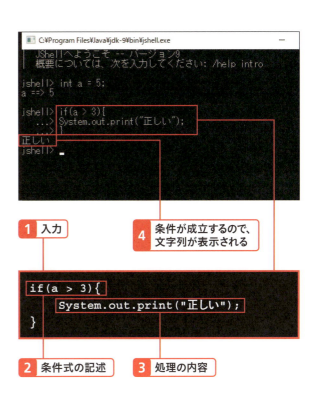

❶ 入力　❹ 条件が成立するので、文字列が表示される

```
if(a > 3){
    System.out.print("正しい");
}
```

❷ 条件式の記述　❸ 処理の内容

3-5 比較する　103

3 条件を変更する

別の条件式を指定してみましょう 1。「a==3」は、「aと3は等しい」という条件を表しています。

実行すると、変数aには5が代入されているので、条件式は成立しません。このため、画面上には何も表示されません 2。

> **Tips**
> Java言語の「==」は、数学の「=」（等しい）と同じ意味です。

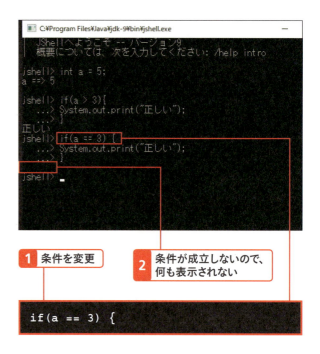

1 条件を変更

2 条件が成立しないので、何も表示されない

```
if(a == 3) {
```

COLUMN 等値を表す演算子

値同士が等しいか等しくないかという比較には「==」や「!=」といった比較演算子を用います。ただし、これらを条件式として用いる際には、その結果がどんな型なのかに注意しなければなりません。

例えば、int型の変数a,b,cにそれぞれ0を代入し、「((a==b)==c)」という条件式を使って結果を確認するとエラーになります。これはなぜかというと、先に計算される「(a==b)」の結果が真偽を表すboolean型になるため、数値を表すint型である変数cとの比較ができなくなってしまうのです。こう言った場合には、「((a==b) && (b==c))」といったように倫理演算子と組み合わせることでエラーを回避することができます。

 ## 比較演算子と条件式

>>> 比較演算子

変数の値や数値の比較を行う「比較演算子」には、次のような種類があります。

比較演算子	使用例	意味
==	a == b	aとbは等しい
!=	a != b	aとbは等しくない
>	a > b	aはbより大きい
<	a < b	aはbより小さい
>=	a >= b	aはb以上
<=	a <= b	aはb以下

比較演算子は、制御文の条件式を記述するために利用されます。
条件式は、それ自体が「**真偽値（論理値）**」と呼ばれるboolean型の値を持っています。真偽値は基本データ型の値で、条件が成立する場合（真）は「true」、成立しない場合（偽）は「false」という値になります。このため、条件式自体をboolean型の変数に代入することができます。

制御文の「もし○○なら」という部分は、「○○という条件式の値がtrueなら」と言い換えることが可能です。

まとめ

- 整数の値や数値の比較には「比較演算子」を利用する
- 比較演算子を使って、制御文の条件式を記述する
- 条件式はそれ自体が基本データ型の「真偽値」を持つ

第3章 式と演算

6 真偽を判断する

完成ファイル│ [chap03]→ [03-06]→ [finished]→ [Chap3Ex6.java]

 予習 論理演算子と条件演算子について理解する》》》

制御文では、「複数の条件式がすべて成立する場合」や「複数の条件式のどれか1つが成立する場合」など複雑な条件式の設定が必要な場合もあります。このように、複数の条件式を組み合わせた複雑な条件式を作るには「**論理演算子**」を利用します。

また、ある条件式が成立するかどうかによって、2つの選択肢のどちらかを選択する場合には「**条件演算子**」を利用します。
複雑な条件式の書き方を覚えましょう。

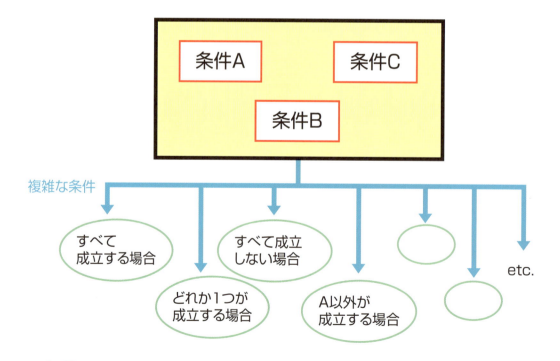

体験 文字列を使う

1 変数を宣言する

2-1を参考にJShellを起動し図のようにint型変数xを宣言して、初期化します**1**。

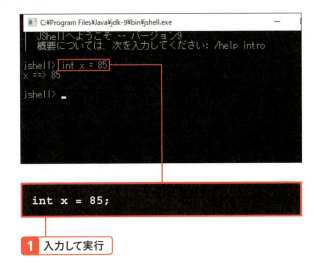

`int x = 85;`

1 入力して実行

2 制御文と条件式を記述する

変数xの値を点数として、点数と成績判定を表示するプログラムを作成してみましょう。図のように、if文を記述し「{}」の中に条件式が成立した場合の処理を記述します。ここでは、点数が80～100点の場合に「合格」と表示するものとします。

80点以上は「x >= 80」、100点以下は「x <= 100」という条件を表しています。これらの条件式がどちらも成立する場合を指定するには、2つの条件式を「&&」演算子でつなぎます**2**。条件が成立すれば「合格」と表示するように指定しています**3**。条件式が成立するので画面上に「合格」と表示されます**4**。

>>> **Tips**

「&&」は、「AND（かつ）」を表す論理演算子です。それぞれの条件式を「()」で囲んでおくとソースコードがわかりやすくなり、優先的に処理されるようになります。

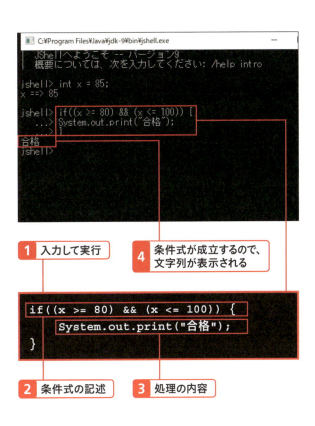

1 入力して実行 **4** 条件式が成立するので、文字列が表示される

```
if((x >= 80) && (x <= 100)) {
    System.out.print("合格");
}
```

2 条件式の記述 **3** 処理の内容

3-6 真偽を判断する 107

3 条件と処理を追加する

点数が80点未満の場合の処理を追加してみましょう ①。

まず、変数xに60を代入します ②。80点未満は「x < 80」と表わすことができ、処理の分岐は、else if 文を使って図のように記述することができます ③。変数xには「60」が代入されているので、80点未満の場合の処理が実行されています ④。

>>> **Tips**

else if文は、複数の条件式ごとに処理を分岐するための制御文です。

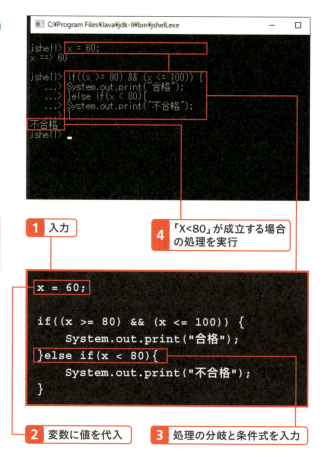

1 入力

4 「X<80」が成立する場合の処理を実行

```
x = 60;

if((x >= 80) && (x <= 100)) {
    System.out.print("合格");
}else if(x < 80){
    System.out.print("不合格");
}
```

2 変数に値を代入   **3** 処理の分岐と条件式を入力

4 boolean型変数を宣言する

ここまでで指定した条件分岐は、「xが80以上100以下」という条件が成立する場合と、しない場合の分岐と考えることもできます。条件演算子を使って、同じ内容を記述してみましょう。まず、boolean型変数gouhiを宣言して ①、条件式を代入します。

>>> **Tips**

boolean型変数には、条件式が成立する場合には「true」、成立しない場合には「false」という値が代入されます。デフォルトではfalseとして扱われます。

```
boolean gouhi;
gouhi = (x >= 80) && (x <= 100);
```

1 boolean型変数を宣言

5 条件演算子で処理を分岐する

String型変数sを宣言します。条件演算子を使って、変数gouhiの値に応じて変数sに代入される値が変わるようにします **1**。

>>> Tips

条件演算子は「?」と「:（コロン）」から成り立っています。「?」の前に記述した条件式が成立するときの処理と、成立しないときの処理を「:」で区切って記述します。

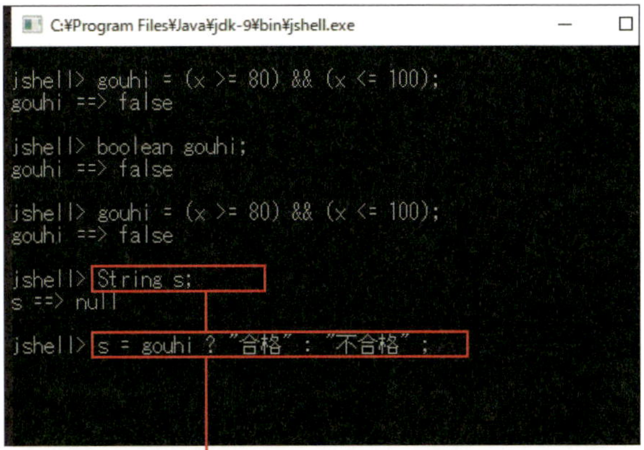

```
String s;
s = gouhi ? "合格" : "不合格" ;
```

1 String型変数を宣言

6 実行して結果を確認する

最後に、変数sの値を処理の結果として表示します **1**。変数xには「60」が代入されているので、条件式が成立しない場合の処理が実行されています **2**。

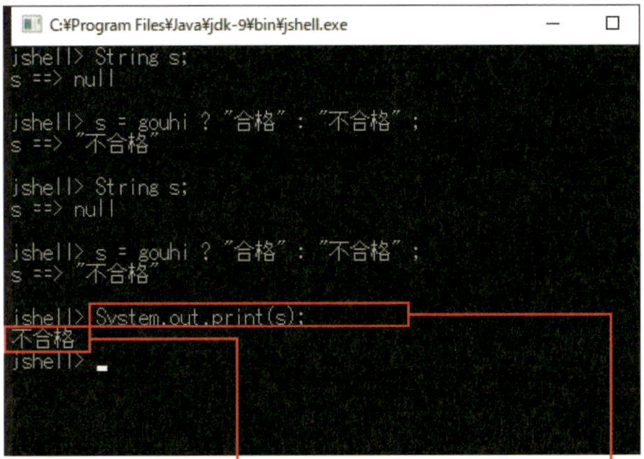

1 入力　**2** 条件式が成立しない場合の処理を実行

```
System.out.print(s);
```

3-6 真偽を判断する　109

理解 論理演算子と条件演算子

>>> 論理演算子

複数の条件式を組み合わせて、より複雑な条件式を作るには「論理演算子」を利用します。「&&」は「論理積」とも呼ばれます。「a && b」という式を例にとると、aとbの両方とも「true」の場合だけ、式全体が「true」となります。「&&」演算子は左辺から評価を行うので、左辺のaが「false」の場合にはすぐに式全体の値として「false」を返し、右辺のbの評価は行いません。

「||」は「論理和」とも呼ばれます。「a || b」という式の場合には、aまたはbの少なくとも一方が「true」なら式全体が「true」となります。「||」演算子も左辺から評価を行います。左辺のaが「true」の場合にはすぐに式全体の値として「true」を返し、右辺のbの評価は行いません。

「!」は「論理否定」とも呼ばれ、右辺の値を反転します。「!a」という式の場合には、aが「true」なら式全体の値は「false」に、aが「false」なら式全体の値は「true」となります。

論理演算子	使用例	意味
&&	a && b	AND (aかつb)
||	a || b	OR (aまたはb)
!	!a	NOT (aではない)

条件Aと条件Bがある場合の論理演算子の働きを図で表すと、それぞれ次のようになります。

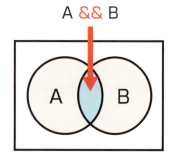
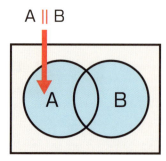
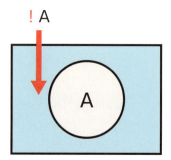

>>> 条件演算子

条件式はそれ自体がboolean型の値を持っています。条件式が成立する場合は「true」、成立しない場合は「false」という値になります。

条件式の値が「true」か「false」かを判定して、その結果に応じて2つの選択肢のどちらかを選択するという分岐処理では「条件演算子」を利用することができます。

たとえば、「商品価格（price）5000円以上を購入すると、送料（500円）を無料にする」という分岐処理は、条件演算子「**? :**」を使って次のように記述することができます。

```
int price;   // 商品価格
int total;   // 合計金額

total = (price < 5000) ? (price + 500) : price;
```

- 条件式A
- 成立する場合の処理
- 成立しない場合の処理

Aが成立する（真）
Aの値が「true」

Aが成立しない（偽）
Aの値が「false」

まとめ

- 複数の条件式を組み合わせた複雑な条件式は、「論理演算子」を使って記述する
- ある条件式の値によって2種類の処理に分岐するには、「条件演算子」を利用する

7 演算の優先度

完成ファイル | [chap03]→[03-07]→[finished]→[Chap3Ex7.java]

予習 演算子の優先順位を理解しよう

数学の式では足し算・引き算よりも、掛け算・割り算の方が先に実行されます。同じように、Java言語で使用する演算子にも優先順位が設定されています。式の演算はその優先順位にしたがって実行されます。

命令の中で複数の演算を同時に記述するときには、意図したとおりの順番で演算が行われるように注意する必要があります。演算子に設定された優先順位を覚えましょう。

$$a = 3 + 5 * 2 - 1;$$

$$a = (3 + 5) * 2 - 1;$$

演算の順番が異なる
＝代入される値が異なる

体験 演算子の優先度を確認する

1 演算を行うコードを実行する

2-1を参考にJShellを起動し図のように、int型変数a、bを宣言して、変数aに値を代入します❶。変数bには式を代入します❷。println()メソッドを使って、演算の結果を表示してみましょう❸。

>>> **Tips**
変数bに代入されている式の演算は、変数aをインクリメントした後で実行されています。

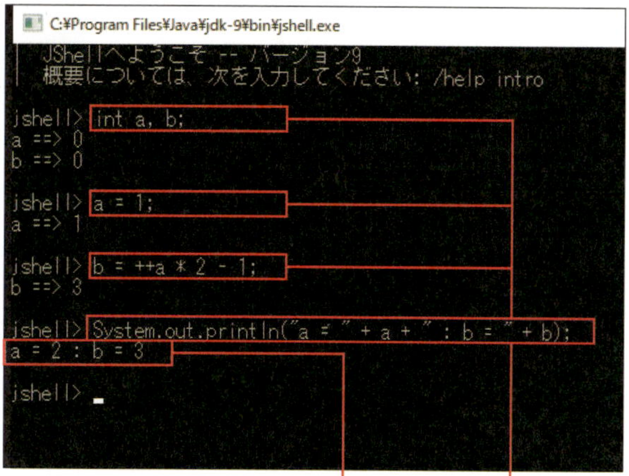

❶ 変数を宣言 **❷** 式を代入 **❸** 結果を表示

```
int a, b;
a = 1;
b = ++a * 2 - 1;
System.out.println("a = " + a + " : b = " + b);
```

2 演算の優先順位を変更する

変数aに初期の値を入れ直し、変数bに代入されている式の一部を「()」で囲んで、演算の優先順位を変更して実行します❶。演算の優先順位が変更されたため、手順❶とは異なる演算結果が表示されます❷。

>>> **Tips**
「()」で囲まれた範囲は、最優先で演算が行われます。

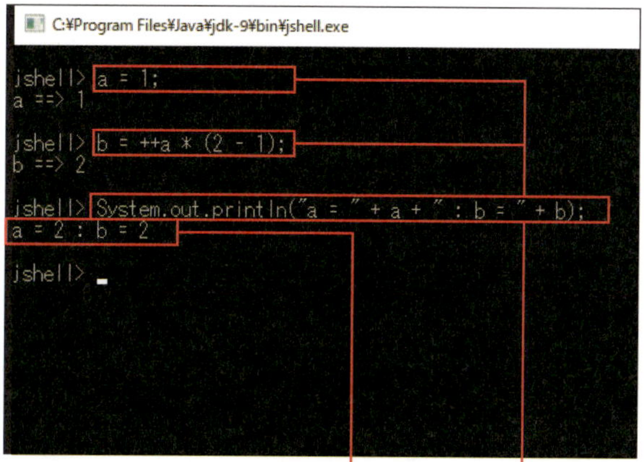

❶ 演算の順番を変更 **❷** 結果を表示

```
a = 1;
b = ++a * (2 - 1);
System.out.println("a = " + a + " : b = " + b);
```

3-7 演算の優先度

③ 条件演算子を追加する

変数bに代入されている式を、条件演算子を使って図のように変更して実行します **1**。「>」の左辺の式の値は「2」、変数aの値も「2」です。したがって、変数bには「0」が代入されています **2**。

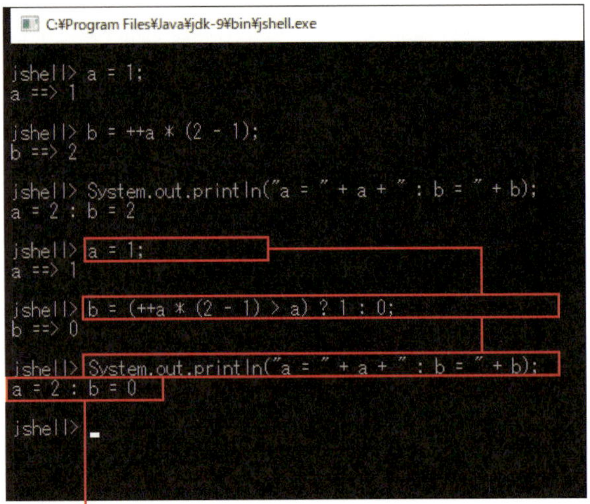

```
C:¥Program Files¥Java¥jdk-9¥bin¥jshell.exe

jshell> a = 1;
a ==> 1

jshell> b = ++a * (2 - 1);
b ==> 2

jshell> System.out.println("a = " + a + " : b = " + b);
a = 2 : b = 2

jshell> a = 1;
a ==> 1

jshell> b = (++a * (2 - 1) > a) ? 1 : 0;
b ==> 0

jshell> System.out.println("a = " + a + " : b = " + b);
a = 2 : b = 0

jshell> _
```

1 式を変更　　**2** 結果を表示

```
a = 1;
b = (++a * (2 - 1) > a) ? 1 : 0;
System.out.println("a = " + a + " : b = " + b);
```

>>> **Tips**

「>」の左辺の式の値が変数aより大きい場合には「1」、そうでない場合には「0」を変数bに代入することになります。

>>> **Tips**

条件演算子による演算は、他の演算が行われた後で実行されます。また、最後に代入演算子「=」によって代入が行われます。

理解 演算を正しく実行する

>>> 演算子の優先順位

本書では説明していないものも含めて、演算子の優先順位は次の表のようになっています。優先順位が同格の演算子が並んでいる場合は、式の中で左右どちらから順番に実行していくかが決まっています。

優先順位	演算子	同格のときの演算方向
高	() [] . x++ x--	→
	++x --x +x -x ~ !	←
	new (型)x	←
	* / %	→
	+ -	→
	<< >> >>>	→
	< > <= >= instanceof	→
	== !=	→
	&	→
	^	→
	|	→
	&&	→
	||	→
	? :	←
低	= += -= *= /= %= &= ^= |= <<= >>= >>>=	←

まとめ

- 演算子には優先順位がある
- 「()」で囲まれた範囲は最優先で演算が行われる

第3章 練習問題

■問題1

次の演算を実行したとき、画面上に表示される内容を答えなさい。

```
int a = 5;
int b = 2;
double c = 1.5;
System.out.println( ( a + 4 ) / b + c );
```

ヒント 「2-4 数値型の変換」「3-2 計算をする（四則演算）」参照。四則演算では掛け算・割り算が足し算・引き算の前に行われますが、「()」で囲んだ範囲は演算の優先順位が高くなります。数値の型にも注意しましょう。

■問題2

次の命令文と同じ処理が行われるように、複合代入演算子を利用して書き換えなさい。

```
① b = a++;
② b = --a;
```

ヒント 「3-3 計算をする（代入演算子）」「3-4 計算をする（インクリメント演算子とデクリメント演算子）」参照。インクリメント演算子・デクリメント演算子は、前置か後置かによって処理の順番が異なります。

■問題3

次の説明を表す命令文を、論理演算子と条件演算子を利用して答えなさい。変数a、bはint型の変数が宣言されているものとします。

変数aの値が0以上25以下のときは、変数bに「80」を代入する。それ以外のときは、変数bに「90」を代入する。

ヒント 「3-5 比較する」「3-6 真偽を判断する」参照。変数aの値の範囲を示すには、2種類の比較の条件式が必要です。

116 第3章 式と演算

プログラムを作成しよう

4-1 プロジェクトを作る

4-2 画面に文字を表示してみる

4-3 できたファイルを確認する

第4章　練習問題

第4章 プログラムを作成しよう

1 プロジェクトを作る

完成ファイル | なし

 Eclipseの使い方を覚える

Java言語向けのIDEであるEclipseを使うと、Java言語によるプログラミング作業を、一つのプログラム上から行うことができるようになります。

Eclipseでは、作業用のワークスペース内に「**プロジェクト**」という単位でプログラムを作成し、管理を行っています。

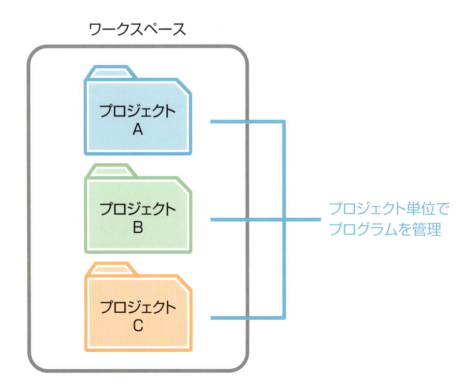

体験 Eclipseでプロジェクトを作成しよう

1 Eclipseを起動する

デスクトップ上に作成したEclipseのショートカットをダブルクリックします❶。すると、Eclipseが起動します。

>>> Tips

Eclipseのインストール方法やショートカットの作り方は、0章を参照してください。

2 ワークスペースを指定する

Eclipseの起動中に、ワークスペースを選択するダイアログボックスが表示されます。ワークスペースとは、Eclipseで作成したプロジェクトの保存先のことです。ここでは「C:¥javasample」を指定しています❶。設定できたら、［起動］ボタンをクリックします❷。

>>> Tips

すべてのプロジェクトを常に同じワークスペースに保存する場合には、「この選択をデフォルトとして使用し、今後この質問を表示しない」にチェックを入れます。

3 Eclipseのようこそ画面

Eclipseのようこそ画面が表示されました。右端の［ワークベンチ］アイコンをクリックします❶。ワークベンチは、Eclipseでの基本の作業画面です。

4-1 プロジェクトを作る　119

4 ワークベンチに新規プロジェクトを追加する

ワークベンチが表示されます。[新規]アイコンの右側の三角形をクリックし①、表示されたメニューから[Javaプロジェクト]をクリックします②。

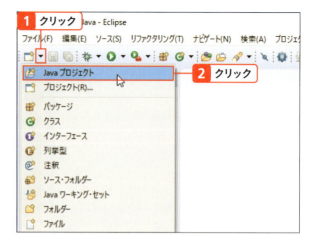

5 Javaプロジェクトに名前を付ける

[新規Javaプロジェクト]ダイアログボックスが表示されます。[プロジェクト名]にプロジェクトの名前を「Example」と入力します①。この後、本書で作成するサンプルプログラムは「Example」プロジェクトとして管理します。入力できたら、[完了]ボタンをクリックします②。

6 Javaプロジェクトが作成される

[パッケージ・エクスプローラ]ビューに、作成したJavaプロジェクトが表示されます。プロジェクト内には、自動的にいくつかのフォルダが用意されています。これで、プロジェクトが作成できました。

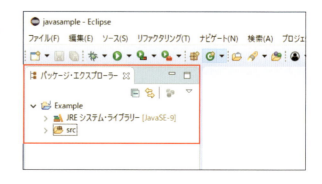

理解　プロジェクトを作る

>>> プロジェクト単位の管理

多くの場合、プログラムは複数の命令の集合で成り立っています。このため、Eclipseでは「**プロジェクト**」という単位を使って、複数の命令をまとめて管理できるようになっています。プロジェクトを作成して保存すると、ワークスペースの中に、自動的にプロジェクトごとのフォルダが追加されます。

ここでは、「javasample」というワークスペース内に、「Example」プロジェクトのフォルダが作成されています。

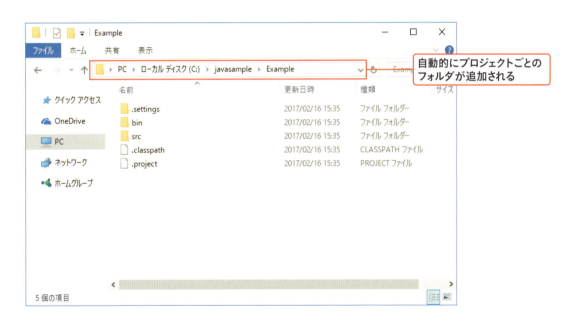

自動的にプロジェクトごとのフォルダが追加される

まとめ

- **Eclipseでは「プロジェクト」単位でプログラムを管理する**
- **作成したプロジェクトは、ワークスペースに保存される**

4-1　プロジェクトを作る

第 4 章 プログラムを作成しよう

2 画面に文字を表示してみる

完成ファイル | なし

予習 Eclipse上でのプログラミングの流れを理解しよう >>>

Eclipseを使って、画面に文字を表示する簡単なプログラムを作成してみましょう。「4-1 プロジェクトを作る」で作成したプロジェクトに、実際にソースファイルを作成してソースコードを記述します。さらにコンパイルを行って、実行結果を確認します。

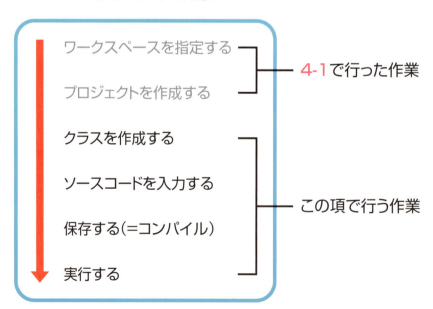

体験 画面に文字を表示するプログラムを作る

1 クラスを作成する

4-1で、「Example」という名前の新規プロジェクトを作成しました。この中に、実際にソースコードを記述していきます。
Java言語のソースコードは「クラス」を作成するところから始まるので、[新規Javaクラス]アイコンをクリックします❶。クラスは、関連するデータや処理をひとまとめにしたものです。詳細は第5章で説明します。

2 クラス名を指定する

[名前]欄にクラス名を入力し、他の項目を図のように設定します❶。設定項目の意味は、第5章で詳しく説明します。ここではクラス名を「HelloWorld」としています。設定できたら、[完了]ボタンをクリックします❷。

>>> Tips

クラス名の1文字目には、半角のアルファベットか、「$」または「_（アンダーバー）」のいずれかを使用する決まりがあります。ソースファイル名は、クラスと大文字小文字まで同じ名前になります。

3 クラスを確認する

[パッケージ・エクスプローラ]ビューの「Example」プロジェクト内に、「HelloWorld.java」が作成されています。このファイルをEclipseでは「ソースファイル」と呼びます。右のエディタ(編集画面)には、「HelloWorld.java」の内容が表示されます。「HelloWorld.java」には、自動的に、最低限必要なソースコードの記述が入力されています。

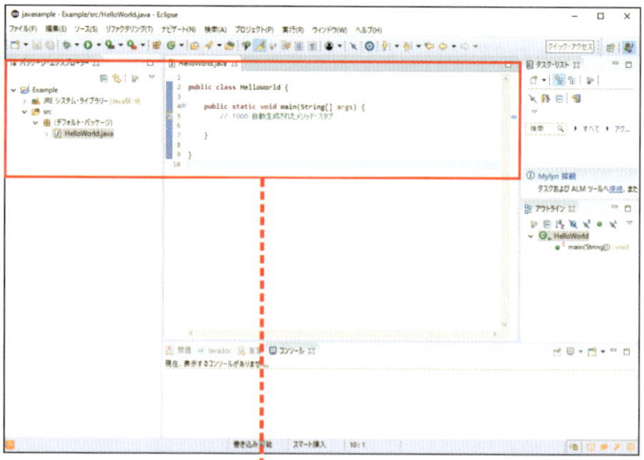

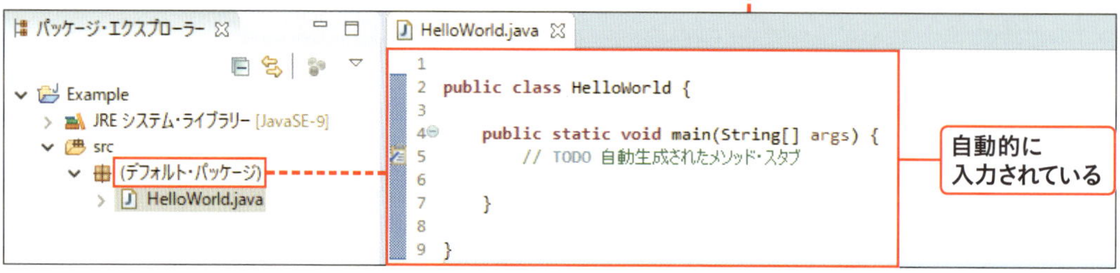

```
1
2  public class HelloWorld {
3
4      public static void main(String[] args) {
5          // TODO 自動生成されたメソッド・スタブ
6
7      }
8
9  }
```

自動的に
入力されている

4 ソースコードを入力する

エディタで、図のようにソースコードを入力します **1**。

>>> Tips

エディタの左端の領域で、右クリックしてメニューから[行番号を表示]を選択すると、行番号を表示できます。

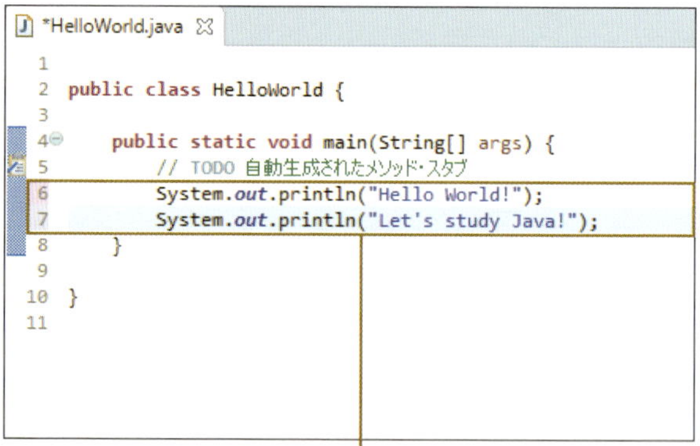

```
1
2  public class HelloWorld {
3
4      public static void main(String[] args) {
5          // TODO 自動生成されたメソッド・スタブ
6          System.out.println("Hello World!");
7          System.out.println("Let's study Java!");
8      }
9
10 }
11
```

```
06: System.out.println("Hello World!");
07: System.out.println("Let's study Java!");
```

1 入力する

124 ❖ 4 ❖ プログラムを作成しよう

5 ソースファイルを保存する

［保存］アイコンをクリックして、「HelloWorld.java」を上書き保存します❶。Eclipseでは、ソースファイルの保存と同時に、自動的にコンパイルが実行されます。

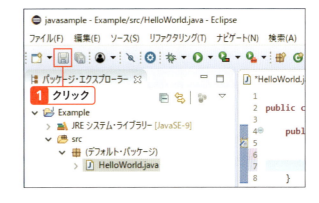

6 プログラムを実行する

［実行］アイコンをクリックして、プログラムを実行します❶。

>>> **Tips**

コマンドプロンプトからコンパイルを行ったり、コンパイルで作成されたクラスファイルを実行する場合には、ソースファイルやクラスファイルのファイル名をを正確に入力するように注意が必要です。しかし、Eclipse上でコンパイルや実行を行う場合は、ファイル名について気にする必要がありません。

7 実行結果を確認する

ここで作成したプログラムは、画面上に文字列を表示するものです。Eclipseの［コンソール］ビューに、実行結果の文字列が表示されます。

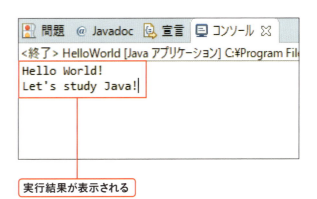

実行結果が表示される

理解 Eclipseの機能について

>>> プログラムの作成〜実行〜管理

Eclipseでは最初にプロジェクトを作成してプログラムを管理します。ソースファイルやクラスファイルはプロジェクト内に置かれ、[パッケージ・エクスプローラ]ビューを通じて編集や管理が可能です。

Javaプログラムのソースファイル名は、クラス名と大文字小文字まで同一でなければならないという決まりがあります。そのため、Eclipseではクラスの作成時に名前を指定すると、ファイルの保存時には自動的に同じ名前が付けられます。

ソースコードの編集後にソースファイルを保存すると、コンパイルも同時に行われます。プログラムの実行結果は、[実行]アイコンをクリックするだけで確認することができます。

このように、プログラミングに関するすべての作業をEclipseの画面上で行うことができ、作業自体の手間も省かれています。

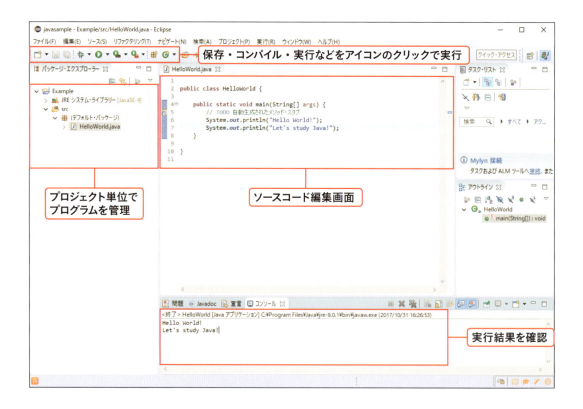

COLUMN　print()とprintln()

ここまで様々なサンプルプログラムで、文字列を表示する命令を入力しています。サンプルの手順❹では、あらかじめJava言語で定義されている「println()」というメソッドを使って命令しています。メソッドについては**第5章**で詳しく説明しますが、一連の処理のことです。

println()メソッドには「文字列を表示して、改行する」という処理が定義されています。「println」の「ln」は、「line（行）」の意味です。このため実行結果は、手順❼のように改行された文字列として表示されます。

一方、文字列を表示するメソッドには「print()」というメソッドもあります。println()メソッドでは、文字列を改行せずに表示します。手順❹のソースコードで、「println()」を「print()」と置き換えて実行すると、図のように1行の文字列として表示されます。

println()メソッドとprint()メソッドは、前方に「System.out.」をつけて使用します。

println()メソッド、print()メソッドで表示する文字列は、メソッド名の後ろの()内に「""（ダブルクォーテーション）」で囲んで指定します。

まとめ

- **クラス名を指定すると、ソースファイル名も自動的に付けられる**
- **［保存］アイコンをクリックすると、ソースコードの保存とコンパイルを同時に実行**
- **［実行］アイコンをクリックすると、Eclipse上で実行結果を確認できる**

第4章 プログラムを作成しよう

3 できたファイルを確認する

完成ファイル | なし

予習 Eclipseで作成されるファイルを確認する

Eclipseでは、ソースファイルとクラスファイルのファイル名や、その保存先について、特に意識しなくてもプログラミングを行うことができますが、複雑なプログラムを作成するようになるとファイル名やフォルダの構成などに注意が必要な場合があります。

「**4-2** 画面に文字を表示してみる」で作成したJavaプログラムについて、ソースファイルやクラスファイルがコンピュータ上でどのように保存されているか確認しておきましょう。Eclipseでは、プロジェクト用のフォルダ内に自動的に整理されて保存されます。

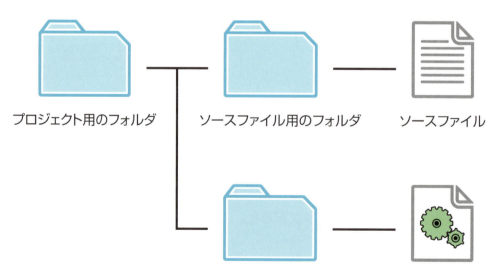

Eclipseでのフォルダ構成

プロジェクト用のフォルダ — ソースファイル用のフォルダ — ソースファイル

クラスファイル用のフォルダ — クラスファイル

体験 作成されたファイルを確認する

1 プロジェクトのワークスペースを確認する

[パッケージ・エクスプローラ]ビューでプロジェクト名を右クリックします。メニューから[プロパティー]をクリックして[プロパティー]ダイアログを表示します。[リソース]の[ロケーション]で、プロジェクトの保存先を確認できます。ここでは「C:¥javasample¥Example」にプロジェクトが保存されています。

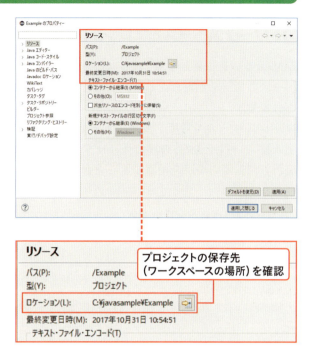

プロジェクトの保存先（ワークスペースの場所）を確認

2 ソースファイルを確認する

実際にコンピュータ上でのファイルの保存先を確認してみましょう。[スタート]→[コンピュータ]の順にクリックして、エクスプローラを起動します。Cドライブの「¥javasample¥Example¥src」フォルダを開いてみると「HelloWorld.java」が保存されています。この「src」フォルダが、Exampleプロジェクトのソースファイルの保存先となっています。

「src」フォルダ
ソースファイルが保存される

3 クラスファイルを確認する

次に、Cドライブにある「¥javasample¥Example¥bin」フォルダを開いてみると、「HelloWorld.class」が保存されています。Eclipse上でソースファイルを保存すると、同時にコンパイルが行われ、「bin」フォルダにクラスファイルが保存されます。

「bin」フォルダ
クラスファイルが保存される

4-3 できたファイルを確認する 129

理解 Eclipseで作成されるファイル

>>> ワークスペースとプロジェクト

Eclipseを最初に起動するときには、[ワークスペース・ランチャー]ダイアログでワークスペースの場所を指定しました。ここで指定したフォルダにプロジェクト用のフォルダが作成されます。

ワークスペースの場所を変更するときには、Eclipse上で[ファイル]→[ワークスペースの切り替え]→[その他]の順にクリックすると、[ワークスペース・ランチャー]ダイアログが表示され、別の場所を指定することができます。

>>> プロジェクト内のフォルダ

プロジェクト用のフォルダの中には、自動的にソースファイル保存用の「**src**」フォルダと、コンパイル後に作成されるクラスファイル保存用の「**bin**」フォルダが作成されます。ソースファイルやクラスファイルの保存先は、プロジェクトやクラスを作成する際のダイアログで、別の場所を指定することもできます。

COLUMN　Javaの実行ファイル

プログラミング言語の多くでは、ソースファイルをコンパイルすると、実行ファイルとして「.exe」という拡張子のファイルが作成されます。「**exeファイル**」は、コンピュータが直接内容を読み取って処理を行うことができるようにソースコードを機械語に変換したものです。

一方、Java言語では、ソースファイルをコンパイルすると「.class」という拡張子のファイルが作成されます。この「**クラスファイル**」がJavaプログラムの実行ファイルで、ソースコードはバイトコードに変換されています。

クラスファイルが実行されるときには、自動的にJavaVMが起動されます。JavaVMがクラスファイルのバイトコードを読み取って、コンピュータが理解できる機械語に翻訳を行いながら処理を実行していきます。

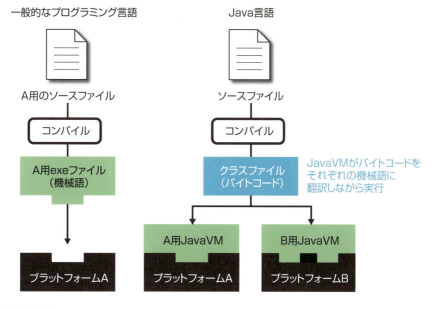

まとめ

- ソースファイルは、プロジェクト用フォルダ内の「src」フォルダに保存される
- クラスファイルは、プロジェクト用フォルダ内の「bin」フォルダに保存される
- 別の保存先を指定することもできる

第4章 練習問題

■問題1

次の文章の穴を埋めなさい。

EclipseはJava言語向けの ① で、ソースコードの編集やデバッグ、コンパイルなどのプログラミング作業を1つのプログラム上から行うことができる。

Eclipseでは、起動時に ② を選択して、作成したプログラムを保存する場所を決定する。プログラムは、 ② という単位で管理される。

ヒント 「4-1　プロジェクトを作る」参照。

■問題2

Eclipseを起動して、「Practice」という名前でJavaプロジェクトを作成しなさい。

ヒント 「4-1　プロジェクトを作る」参照。ワークスペースは本編で指定した「C:¥javasample」を利用します。

■問題3

問題2で作成した「Practice」プロジェクトに「Greeting」クラスを作成して、実行したときに次のテキストが表示されるようにソースコードを記述しなさい。

こんにちは
さようなら

ヒント 「4-2　画面に文字を表示してみる」参照。println()メソッドを利用します。

プログラムの構成要素を知る

- 5-1 クラス
- 5-2 メソッド
- 5-3 フィールド
- 5-4 コメント
- 5-5 ブレークポイント
- 5-6 ステップ実行

 第5章 練習問題

第5章 プログラムの構成要素を知る

1 クラス

完成ファイル │ 📁[chap05]→📁[05-01]→📁[finished]→📄[Chap5.java]

 クラスを作成する

「**第4章　プログラムを作成しよう**」では、Eclipseでのプログラミングの手順を一通り説明しました。今度は、ソースコードの構成について見ていきましょう。
Java言語のプログラムは「class クラス名」という記述から始まります。まず、「**クラス**」とは何でしょうか？
Javaプログラムは、データとそれに対する処理で成り立つ「**オブジェクト**」を組み合わせて作成されます。クラスは、このオブジェクトを作るための設計図になるもので、データと処理の詳細を定義しています。

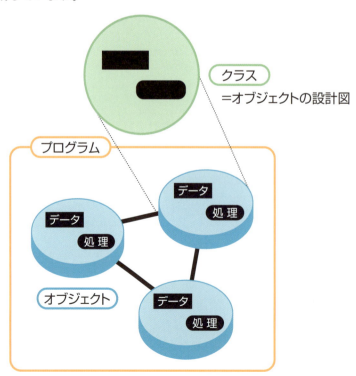

体験 クラスの定義方法を確認する

1 クラスを作成する

Eclipseを起動し、**4-1**で作成した「Example」プロジェクトを開きます。[新規Javaクラス]アイコンをクリックします ❶。

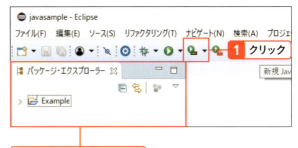

2 クラスの設定画面に入力する

[新規Javaクラス]ダイアログで、クラスの設定を行います。[名前]は「Chap5」とします ❶。[どのメソッド・スタブを作成しますか?]という項目で、「public static void main(string[] args)」にチェックをつけていることに注意してください ❷。入力できたら、[完了]ボタンをクリックします ❸。

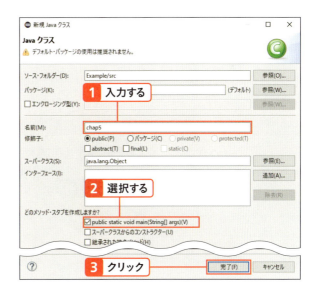

3 ソースコードエディタを確認する

「Example」プロジェクト内に「Chap5.java」が作成され、エディタビューが表示されます。

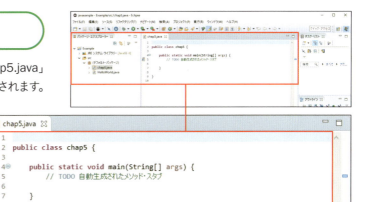

5-1 クラス | 135

理解 クラスについて

>>> クラスとは

「**1-2** Javaとは何か」で、Java言語はオブジェクト指向に基づいていることを説明しました。オブジェクト指向とは、「オブジェクト」と呼ばれる部品を組み合わせてプログラムを構築する考え方のことです。

現実の機械装置の部品を作るには設計図が必要ですが、プログラムの部品であるオブジェクトにも設計図となるものがあります。これが「**クラス**」です。

クラスでは、オブジェクトの中にどのようなデータや処理が含まれるかを定義しています。クラス内で定義されたデータは「**フィールド**」、処理は「**メソッド**」と呼ばれます。フィールドやメソッドを、クラスの「**メンバ**」といいます。クラスにはフィールド、またはメソッドだけを定義することもあります。

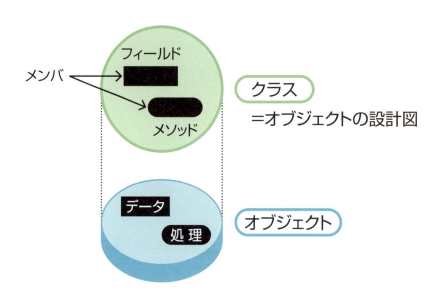

>>> クラスの定義

手順❸のソースコードエディタを見てみましょう。

Java言語の基本的なプログラムは、「**class クラス名**」と記述してクラスを作成するところから始まります。クラス名の後の「{}」内に、クラスの詳細を記述します。クラスを作成して詳細を記述することを、「**クラスの定義**」といいます。

「class クラス名」の前の「public」は、ほかのプログラムからの利用を許可するという意味の「**アクセス修飾子**」です。「public」は、1つのソースファイルで1つのクラスだけにつけることができます。アクセス修飾子については、**第11章**で説明します。

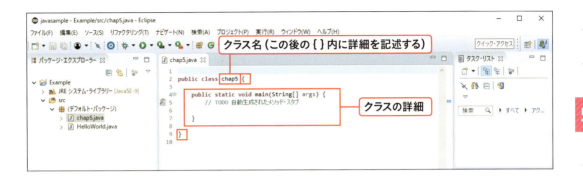

》》》main()メソッドを含むクラス

手順❷では、［どのメソッド・スタブを作成しますか？］という項目で、「**public static void main (string[] args)**」を選択しました。この選択肢を選ぶと、クラスを定義するソースコード内に、自動的にmain()メソッドが追加されます。

main()メソッドは特殊なメソッドで、プログラムの開始位置を表すものです。たとえば「Sample.class」というクラスファイルを起動すると、JavaVMはSampleクラスの中のmain()メソッドを探して、ここからプログラムの実行を開始します。そのため、Javaのプログラムには、main()メソッドを含むクラスが少なくとも1つは必要です。

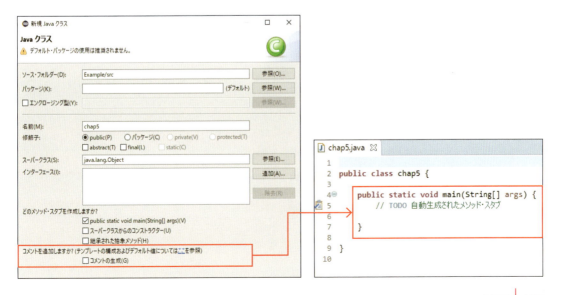

5-1 クラス 137

>>> Java言語の命名規則

プログラム内で、クラスやメソッド、フィールドなどを識別するために付ける名前のことを「識別子」といいます。識別子の命名については、次のような規則に注意する必要があります。

- アルファベットの大文字と小文字を区別します。
- 名前の1文字目には、半角のアルファベット、「$」または「_」のいずれかを使用します。
- 予約語（キーワード）は利用できません。
- boolean型（第3章で説明）の値を示す「false」「true」、値がないことを示す「null」は利用できません。
- 文字数に制限はありません。

識別子には日本語も使用することができますが、綴りを省略しない英語で表記することが推奨されています。また、なるべく文字数は15文字以内として、単語の区切りを大文字で表記するようにします。このような指針に沿って記述することで、ソースコードがわかりやすくなります。

>>> 予約語

Java言語ではクラスやメソッド、変数などの名前をほぼ自由に付けることができますが、コンパイラが作業のために利用するキーワードは、決められた用途以外で利用することはできません。これらのキーワードを「予約語」といいます。
現在、次に示すキーワードが予約されています。

abstract	default	if	protected	throws
assert	do	implements	public	transient
boolean	double	import	return	try
break	else	instanceof	short	void
byte	enum	int	static	volatile
case	extends	interface	strictfp	while
catch	final	long	super	
char	finally	native	switch	
class	float	new	synchronized	
const	for	package	this	
continue	goto	private	throw	

［注］true,false,null は予約語ではありませんが、あらかじめ意味が決められています（リテラル）。

まとめ

● 基本的な Java プログラムは、クラスの定義から始まる
● クラスを設計図として、プログラム部品であるオブジェクトが作られる
● クラスで定義されたデータを「フィールド」、処理を「メソッド」という
● プログラムは、main() メソッドから実行される

5-1 クラス 139

第5章 プログラムの構成要素を知る

2 メソッド

完成ファイル│📁[chap05]→📁[05-02]→📁[finished]→📄[Chap5.java]

 予習 ### クラスにメソッドを定義する

クラス内で行う処理は「**メソッド**」と呼ばれ、処理内容を記述することを「**メソッドの定義**」といいます。
ここでは、前項で作成した「Chap5」クラスに整数の足し算を行うメソッドを定義して、結果を画面上に表示するプログラムを作成してみましょう。

プログラミングを始める前に、必要な処理の流れを整理しておきましょう。
まず、新しく整数の足し算を行うメソッドを定義します。このメソッドは処理の結果として「**戻り値**」と呼ばれる値を返すものとします。その上で、main()メソッドからこのメソッドを実行して、結果である戻り値を画面上に表示します。

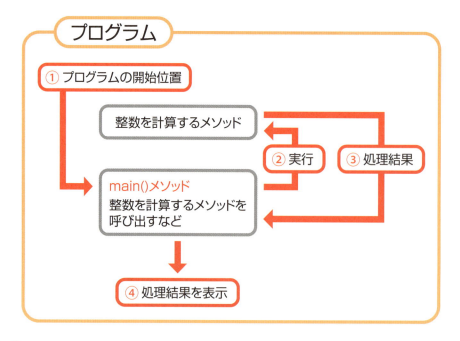

体験 新しいメソッドを定義する

1 「Chap5」クラスを表示する

Eclipseを起動し、前項で作成した「Chap5」クラスを表示します。「Chap5」クラスにはプログラムの開始位置であることを示すmain()メソッドが定義されているだけで、まだ具体的な内容は定義されていません。

```
chap5.java
1
2  public class chap5 {
3
4      public static void main(String[] args) {
5          // TODO 自動生成されたメソッド・スタブ
6
7      }
8
9  }
10
```

空のmain()メソッドが定義されている

2 メソッド名を指定する

main()メソッドとは別に、「add」という名前でメソッドを定義します❶。このメソッドでは整数の足し算を行うので、戻り値も整数です。「add()」の前の「int」は、戻り値が整数であることを示しています❷。

> **Tips**
> メソッド名は、小文字で始めることが推奨されています。

```
*chap5.java
1
2  public class chap5 {
3      int add() {
4
5      }
6
7      public static void main(String[] args)
8          // TODO 自動生成されたメソッド・スタブ
9
10     }
11
12 }
13
```

```
03: int add {}
```

❶ メソッド名
❷ 戻り値の型（種類）

5-2 メソッド 141

3 引数を指定する

メソッド名の後ろの「()」内には、「引数」の型（種類）と名前を指定します **1**。引数は、メソッドに処理の材料として渡される値です。引数が複数あるときには、「,（カンマ）」で区切って記述します **2**。

```
1
2  public class chap5 {
3      int add(int a , int b){
4
5  }
6      public static void main(String[] args) {
7          // TODO 自動生成されたメソッド・スタブ
8
9      }
10
11 }
12
```

( ) 内に引数を指定

```
03:  int add(int a , int b) {
```

1 引数の型（種類）

1 引数名

2 複数あるときは「,（カンマ）」で区切って並べる

4 処理を指定する

「add()」の後ろの「{}」の間に、処理の詳細を記述します **1**。「整数aと整数bを足した値を戻り値として返す」という処理が書かれています。

```
1
2  public class chap5 {
3      int add(int a , int b){
4          return a + b;
5  }
6      public static void main(String[] args) {
7          // TODO 自動生成されたメソッド・スタブ
8
9      }
10
11 }
12
```

```
03:  int add(int a, int b) {
04:      return a + b;
05: }
```

1 処理を記述する

142 ● 5 ● プログラムの構成要素を知る

⑤ main()メソッドの処理を指定する

「main()」の後ろの「{}」の間に、main()メソッドで行う処理を指定します **1**。ここでは、println()メソッドを使って3行の文字列を表示しますが、2行目にadd()メソッドの実行結果を表示するように指定しています **2**。

このとき、add()メソッドの引数a、bの値としてそれぞれ5と7が与えられています。

main()メソッドと同じクラスにあるメソッドには「static」という修飾子をつけることになっているので、add()メソッドの前に「static」を記述しておきます **3**。static修飾子については、**第10章**で詳しく説明します。

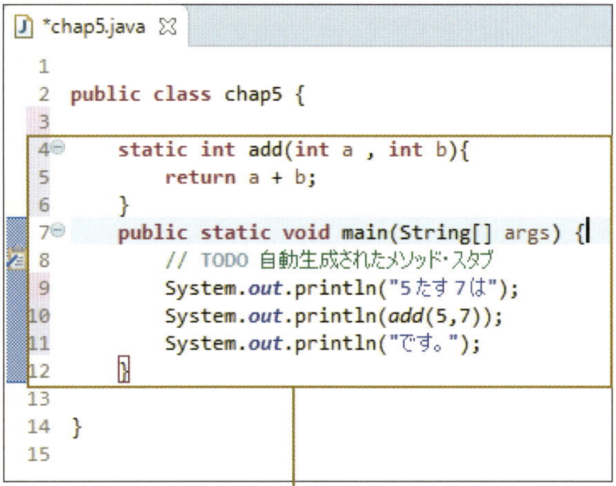

```
🗋 *chap5.java ✕

 1
 2  public class chap5 {
 3
 4      static int add(int a , int b){
 5          return a + b;
 6      }
 7  public static void main(String[] args) {
 8          // TODO 自動生成されたメソッド・スタブ
 9          System.out.println("5たす7は");
10          System.out.println(add(5,7));
11          System.out.println("です。");
12      }
13
14  }
15
```

```
04: static int add(int a, int b) {
05:     return a + b;
06: }
07: public static void main(String[] args) {
08:
09:     System.out.println("5 たす 7 は");   ← 文字列を表示
10:     System.out.println(add(5,7));
11:     System.out.println("です。");        ← 文字列を表示
12: }
```

3 static修飾子

1 main()メソッドで実行する処理

2 add()メソッドの実行結果を表示

⑥ 保存して実行する

ソースファイルを保存して実行してみると、図のように3行の文字列が表示されます。2行目に、add()メソッドの実行結果が「12」と表示されています。

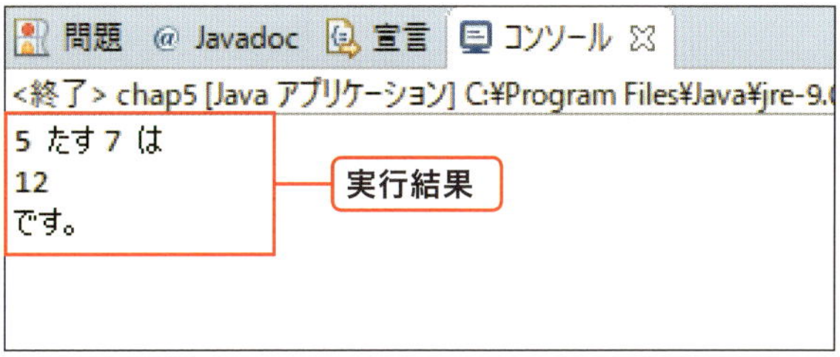

```
🕵 問題  @ Javadoc  🔲 宣言  🖥 コンソール ✕
<終了> chap5 [Java アプリケーション] C:¥Program Files¥Java¥jre-9.(

5 たす 7 は
12          ── 実行結果
です。
```

5-2 メソッド 143

理解 メソッドについて

>>> メソッドとは

クラスの主な構成要素は、どのようなデータを持つかを表す「**フィールド**」と、どのような処理を行うかを表す「**メソッド**」の2つです。

一般に、メソッドは、与えられた値について処理を行い、結果を返すという働きをするものです。メソッドに処理の対象として与えられる値を「**引数（パラメータ）**」といいます。処理の結果として返す値は「**戻り値**」と呼ばれます。メソッドの中には、引数を持たないものや、結果を返さないものもあります。

メソッドの定義では、始めにどのような種類の戻り値を返すメソッドなのかを示し、メソッド名、引数の種類や数、処理の内容などを記述します。

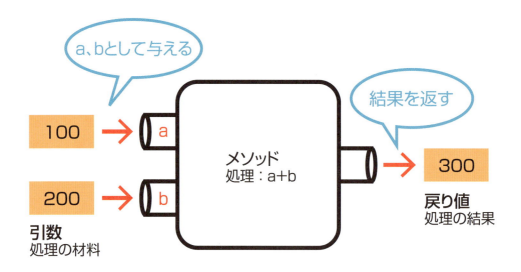

⫸ main()メソッド

main()メソッドは「**プログラムの開始位置を示す特殊なメソッド**」です。プログラムは起動すると、最初にmain()メソッドを探して、main()メソッドに定義されている処理から実行を始めます。開始位置が複数あっては混乱するので、1つのクラスには1つだけmain()メソッドを指定することができます。

main()メソッドの前には「public static」という修飾子と、「**void**」というキーワードを記述することになっています。また、()内には「String[] args」という引数を指定します。これらの詳しい意味は**第10章**で説明します。

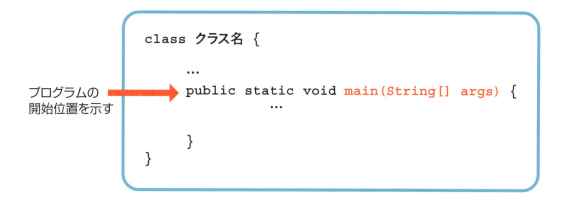

まとめ

- ●「メソッド」は、与えられた値について処理を行い、結果を返す働きをする
- ●処理の対象として与えられる値を「引数」、結果を「戻り値」という
- ●main()メソッドは1つのクラスには1つだけ指定できる

第5章 プログラムの構成要素を知る

3 フィールド

完成ファイル │ [chap05]→[05-03]→[finished]→[Chap5Ex.java]

 予習 フィールドとローカル変数を理解する

前の項では、クラス内で定義された変数を「**フィールド**」、処理を「**メソッド**」といい、フィールドやメソッドはクラスの「**メンバ**」と呼ぶという説明をしました。フィールドは「**メンバ変数**」とも呼ばれ、オブジェクトの属性を記憶するものです。フィールドは、クラス内のどこからでも参照して利用することができます。

一方、変数にはフィールドのほかに「**ローカル変数**」と呼ばれるものもあります。ローカル変数は、クラスではなくメソッドに属する変数で、他のメソッドからは利用することができません。また、メソッド内部においてもさらに利用範囲を限定することもできます。
フィールドやローカル変数の利用はサンプルプログラムの中で何度も行っていますが、代入と参照の仕組みを確認してみましょう。

```
class Sample {
    int a;          ← フィールド（メンバ変数）

    int calc() {
        int b;
        b = a + 3   ← ローカル変数
        return b;
    }
}
```

体験 作成されたファイルを確認する

1 サンプルファイルを開く

Eclipseを起動して「Example」プロジェクトを表示し、ダウンロードしたファイルの「Chap5Ex.java」をデフォルトパッケージの上にドラッグ＆ドロップします❶。「ファイル操作」ダイアログが表示されるので「ファイルをコピー」を選択して[OK]を押してください❷。インポート方法のこの時点で自動的にsrcフォルダに保存されています。

❶ ドラッグ＆ドロップ

❷ クリック

> **Tips**
> String型の変数は、宣言しただけでは参照する初期値が用意されません。エラーを避けるため、空の値を代入して初期化しています。

2 フィールドを宣言する

Magazineクラスにフィールドを宣言します❶。フィールドに代入された値を使ってテキストを表示します❷。同じオブジェクト内のフィールドは、変数名だけで参照して利用することができます。

```
1
2  public class chap5Ex {
3      public static void main(String[] args) {
4
5      }
6  }
7
8  class Magazine{
9      String title = "";
10     int vol;
11
12     void disp() {
13
14         System.out.println(title + vol + "号");
15     }
16 }
17
```

```
09:  String title = "";
10:  int vol;
11:
12:  void disp() {
13:
14:      System.out.println(title + vol + "号");
```

❶ フィールドを宣言

❷ 変数名のみで値を参照できる

5-3 フィールド　147

③ 異なるオブジェクトの フィールドを利用する

Headerクラスにフィールドを宣言します**①**。
このフィールドの値をMagazineクラスから
利用したいのですが、異なるオブジェクトの
フィールドは変数名だけでは参照することが
できません**②**。

```
10      int vol;
11
12⊖    void disp() {
13        System.out.println(msg);
14        System.out.println(title + vol + "号");
15
16        String msg = "【図書館ニュース】今週のおすすめ";
17    }
18  }
19
20  class Header{
21
22  }
```

1 フィールドを宣言

```
13:  System.out.println(msg);
```

```
16:  String msg = "【図書館ニュース】今週のおすすめ";
```

2 異なるオブジェクトのフィールドは
変数名のみでは参照できない

④ フィールドをstatic修飾する

手順**③**とのフィールドをstatic修飾すると、
このフィールドはHeaderクラスをインスタン
ス化しなくても利用可能となり、すべてのイ
ンスタンス間で共有されるようになります**①**。
staticなフィールドは、変数名の前にクラス
名と「.(ピリオド)」をつけて参照します**②**。

```
1
2  public class chap5Ex {
3⊖    public static void main(String[] args) {
4
5    }
6  }
7
8  class Magazine{
9      String title = "";
10      int vol;
11
12⊖    void disp() {
13        System.out.println(Header.msg);
14        System.out.println(title + vol + "号");
15    }
16  }
17
18  class Header{
19      static String msg = "【図書館ニュース】今週のおすすめ";
20  }
```

≫Tips

staticなフィールドはクラス固有となることから、
「クラス変数」とも呼ばれます。

```
13:  System.out.println(Header.msg);
```

1 フィールドをstatic修飾する

2 クラス名を付けて参照する

```
19:  static String msg = "【図書館ニュース】今週のおすすめ";
```

5 オブジェクトを生成する

Magazineクラスからオブジェクトを生成します**1**。2つのフィールドにそれぞれ値を代入して**2**、メソッドを呼び出し実行します**3**。異なるオブジェクトのフィールドは、変数名の前にオブジェクト変数名と「.」をつけて参照します。メソッドも同様の方法で呼び出します。

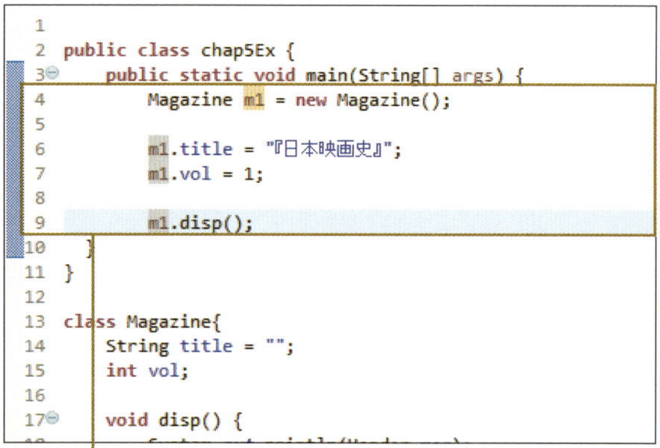

```
1
2  public class chap5Ex {
3      public static void main(String[] args) {
4          Magazine m1 = new Magazine();
5
6          m1.title = "『日本映画史』";
7          m1.vol = 1;
8
9          m1.disp();
10     }
11 }
12
13 class Magazine{
14     String title = "";
15     int vol;
16
17     void disp() {
```

```
04:  Magazine m1 = new Magazine();          ━ 1 オブジェクトを生成
05:
06:  m1.title = "『日本映画史』";            ━ 2 オブジェクトのフィールドに値を代入
07:  m1.vol = 1;
08:
09:  m1.disp();                              ━ 3 オブジェクトのメソッドを呼び出し
```

6 保存して実行する

保存して実行します。各フィールドの値が表示されています**1**。

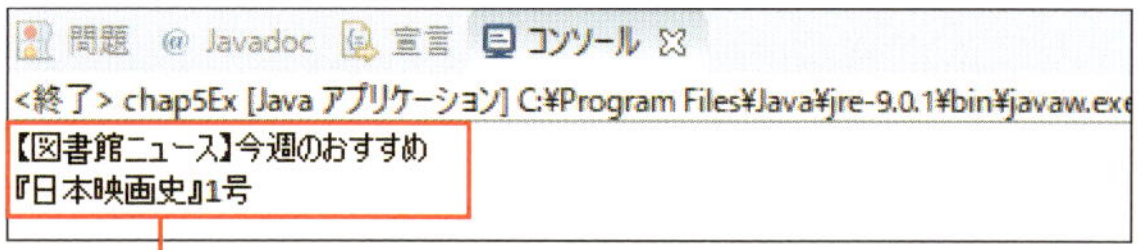

```
問題  @ Javadoc  宣言  コンソール
<終了> chap5Ex [Java アプリケーション] C:¥Program Files¥Java¥jre-9.0.1¥bin¥javaw.exe
【図書館ニュース】今週のおすすめ
『日本映画史』1号
```

1 各フィールドの値が表示される

7 ローカル変数を利用する

変数volの値によって、異なるテキストが表示されるようにしてみましょう。Magazineクラスに図のようにif文を記述します**1**。変数noteはローカル変数です。変数volの値によって、変数noteに異なる値を代入しています。

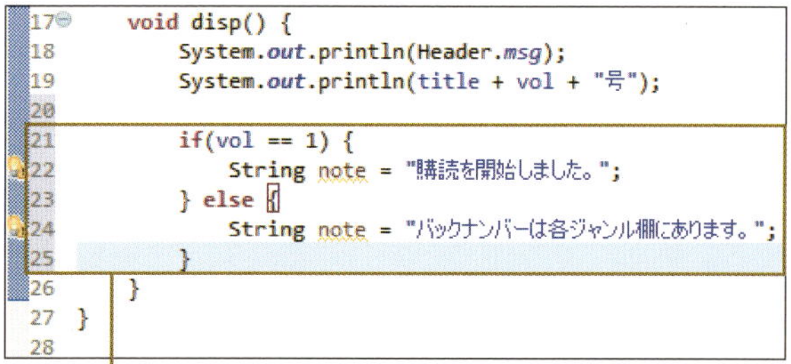

```
17     void disp() {
18         System.out.println(Header.msg);
19         System.out.println(title + vol + "号");
20
21         if(vol == 1) {
22             String note = "購読を開始しました。";
23         } else {
24             String note = "バックナンバーは各ジャンル棚にあります。";
25         }
26     }
27 }
28
```

```
21:  if(vol == 1) {
22:      String note = "購読を開始しました。";
23:  } else {
24:      String note = "バックナンバーは各ジャンル棚にあります。";
25:  }
```

1 if文を記述

5-3 フィールド 149

⑧ 条件に応じてテキストを表示する

図のように変数noteの値を参照すると、警告アイコンが表示されます **1**。これは、変数noteがif文のブロック内で宣言されており、このprintln()メソッドからは参照できないためです。

> **≫Tips**
>
> ローカル変数は、その変数を宣言したブロック内でのみ利用できます。ローカル変数の有効範囲を「スコープ」といいます。

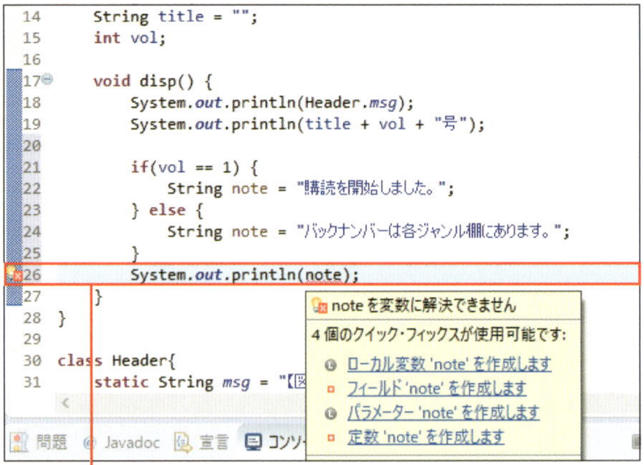

```
14      String title = "";
15      int vol;
16
17⊝    void disp() {
18          System.out.println(Header.msg);
19          System.out.println(title + vol + "号");
20
21          if(vol == 1) {
22              String note = "購読を開始しました。";
23          } else {
24              String note = "バックナンバーは各ジャンル棚にあります。";
25          }
26          System.out.println(note);
27      }
28  }
29
30  class Header{
31      static String msg = "【図
```

note を変数に解決できません
4 個のクイック・フィックスが使用可能です:
- ローカル変数 'note' を作成します
- フィールド 'note' を作成します
- パラメーター 'note' を作成します
- 定数 'note' を作成します

🔲 問題 @ Javadoc 🔲 宣言 🔲 コンソー

1 変数noteを参照できない

⑨ ローカル変数のスコープを変更する

変数noteをif文の外側で宣言するように変更します **1**。

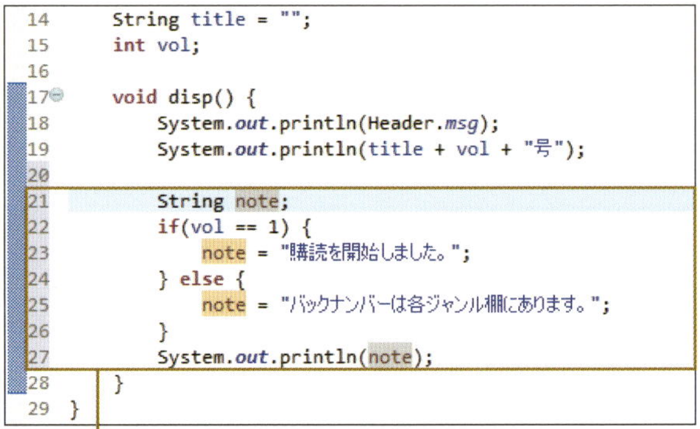

```
14      String title = "";
15      int vol;
16
17⊝    void disp() {
18          System.out.println(Header.msg);
19          System.out.println(title + vol + "号");
20
21          String note;
22          if(vol == 1) {
23              note = "購読を開始しました。";
24          } else {
25              note = "バックナンバーは各ジャンル棚にあります。";
26          }
27          System.out.println(note);
28      }
29  }
```

1 変数noteをif文の外で宣言する

```
21:  String note;
22:  if(vol == 1) {
23:      note = "購読を開始しました。";
24:  } else {
25:      note = "バックナンバーは各ジャンル棚にあります。";
26:  }
27:  System.out.println(note);
```

⑩ 保存して実行する

保存して実行します。手順❹で変数volに1が代入されているので、値が1の場合のテキストが表示されました **1**。

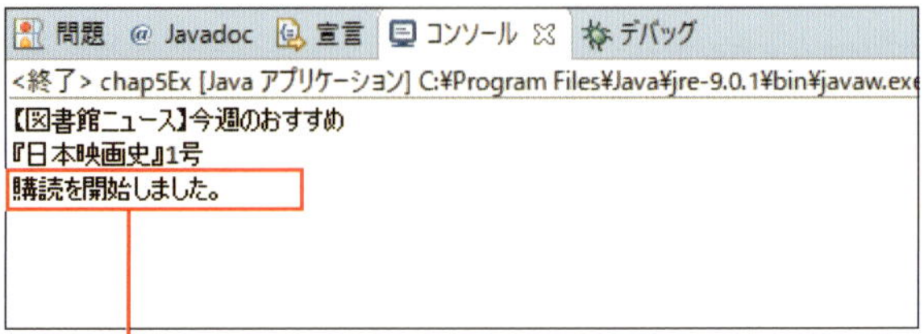

```
🔲 問題 @ Javadoc 🔲 宣言 🔲 コンソール ☒ 🔲 デバッグ
<終了> chap5Ex [Java アプリケーション] C:¥Program Files¥Java¥jre-9.0.1¥bin¥javaw.exe
【図書館ニュース】今週のおすすめ
『日本映画史』1号
購読を開始しました。
```

1 条件に応じたテキストが表示される

150 第5章 プログラムの構成要素を知る

理解 フィールドとローカル変数

>>> フィールドとは

クラス内、かつメソッドの外側に記述された変数は、メソッドとともにそのクラスのメンバと呼ばれます。クラスのメンバとなっている変数は「メンバ変数」と呼ばれ、オブジェクトの状態を表す属性を記憶する「**フィールド**」の役割を持っています。

static修飾されていないフィールドは、インスタンスごとに固有のフィールドとなるので「**インスタンス変数**」とも呼ばれます。これに対し、staticなフィールドはクラスに固有となるので「**クラス変数**」とも呼ばれます。

クラス内であっても、メソッドなどのブロック内に記述された変数は「**ローカル変数**」と呼ばれます。フィールドは、そのオブジェクトがどこかから参照されている限りメモリ上に記憶され続けますが、ローカル変数は、そのブロック内からプログラムの処理が移動するとメモリ上から廃棄されて後に残りません。

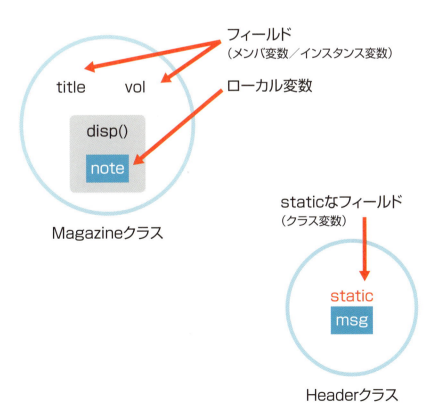

5-3 フィールド

>>> 変数の有効範囲

ある変数について参照することが可能な範囲を「**スコープ**」といいます。
フィールドは、そのオブジェクト内のどこからでも参照することが可能です。
一方、ローカル変数は、その変数が宣言されたブロック内からのみ参照することができます。別のブロックで同じ名前の変数が宣言されても、スコープが異なるので、異なる変数として扱われることになります。

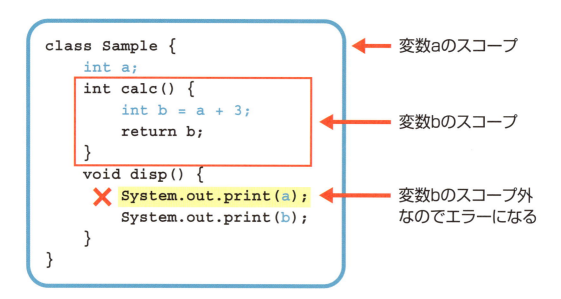

COLUMN　変数の初期化

メソッド内で定義されるローカル変数は、ソースコード上で値の代入を指定しなければ利用することができません。

一方、クラス内で定義するフィールドは、クラスからオブジェクトを生成する際にコンストラクタによって自動的に初期化され、利用できるようになります。
特にコンストラクタが定義されていない場合には、デフォルトコンストラクタによってそれぞれの変数の型に応じた初期値が代入され、初期化が行われます。ただし、String型などの参照型は、オブジェクト生成時に変数は用意されても代入する値自体はまだ存在しません。そのため、適切な参照先がないことを示す「null」という特殊な値が代入されることになります。

変数の型	初期値
byte型	0
short型	0
int型	0
long型	0L
float型	0.0f
double型	0.0d
char型	'¥u0000'
boolean型	false
参照型	null

まとめ

- フィールドは、そのオブジェクト内のどこからでも参照できる
- 異なるオブジェクトのフィールドは、オブジェクト変数名と「.」をつけて参照する
- ローカル変数は、その変数を宣言したブロック内からのみ参照できる

第5章 プログラムの構成要素を知る

4 コメント

完成ファイル｜[chap05]→[05-02]→[finished]→[Chap5.java]

 予習 ソースコード内にコメントを記述する

ソースコードの中にはコメントを記述することができます。
コメントを使って処理の概要やメモ、更新日などをソースコード内に記述しておくと、後で修正を行う場合にわかりやすくなり、バージョン管理にもなります。グループで開発を行う場合には、作業担当者の名前などをコメントとして記述しておくことで引き継ぎをスムーズに行うことができます。
また、プログラムの一部を一時的にコメントに変更することで動作の確認を行うこともできます。
このようにソースコード上の内容をコメントとして扱うように変更することを、「**コメントアウト**」といいます。

目的1：ソースコードをわかりやすくする

```
/* 「Hello」と表示する */
System.out.println("Hello");
```

目的2：一時的に実行されないようにする

```
/* System.out.println("Hello"); */
System.out.println("こんにちは");
```

154 第5章 プログラムの構成要素を知る

体験 コメントを記述してみよう

1 範囲指定のコメントを記述する

Eclipseを起動し、前項で作成した「Chap5」クラスを表示します。「/*」を入力し、コメントを追加してみましょう**1**。コメント部分は、プログラムの動作には影響しません

>> **Tips**
「/*」と「*/」で囲まれた範囲がコメントになります。それ以外の「*」は、コメントを読みやすくするためのものなので、削除しても構いません。

```java
*chap5.java
1
2  public class chap5 {
3      /*
4       * Java言語のサンプルプログラム
5       * main()メソッドから、add()メソッドの結果を表示
6       */
7      static int add(int a , int b){
8          return a + b;
9      }
10     public static void main(String[] args) {
11         // TODO 自動生成されたメソッド・スタブ
12         System.out.println("5たす7は");
13         System.out.println(add(5,7));
14         System.out.println("です。");
15     }
16
17 }
18
```

1 コメントを入力

2 保存して実行する

ソースファイルを保存すると同時にコンパイルが行われますが、コメント部分はコンパイルに影響しないのでエラーにはなりません。次に、プログラムを実行してみます。[コンソール]ビューにプログラムの実行結果が表示されますが、追加したコメントは何も表示されません**1**。

```java
chap5.java
1
2  public class chap5 {
3      /*
4       * Java言語のサンプルプログラム
5       * main()メソッドから、add()メソッドの結果を表示
6       */
7      static int add(int a , int b){
8          return a + b;
9      }
10     public static void main(String[] args) {
11         // TODO 自動生成されたメソッド・スタブ
12         System.out.println("5たす7は");
13         System.out.println(add(5,7));
14         System.out.println("です。");
15     }
16
17 }
18
```

問題 @ Javadoc 宣言 コンソール デバッグ
<終了> chap5 [Java アプリケーション] C:¥Program Files¥Java¥jre-9.0.1¥bin¥javaw.exe
```
5たす7は
12
です。
```

1 コメントは影響しない

5-4 コメント 155

③ 行指定のコメントを確認する

もう一度ソースコードを確認すると、main()
メソッド内に「//」で始まる行（11行目）があ
ります。この部分もプログラムの動作には影
響していません。
「//」からその行の行末までは、コメントとし
て扱われます。

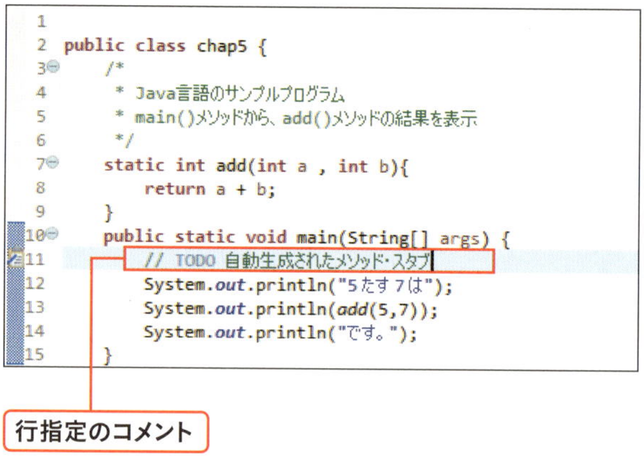

```
1
2  public class chap5 {
3    /*
4     * Java言語のサンプルプログラム
5     * main()メソッドから、add()メソッドの結果を表示
6     */
7    static int add(int a , int b){
8        return a + b;
9    }
10   public static void main(String[] args) {
11       // TODO 自動生成されたメソッド・スタブ
12       System.out.println("5たす 7は");
13       System.out.println(add(5,7));
14       System.out.println("です。");
15   }
```

行指定のコメント

④ 行指定のコメントを記述する

図のように、ソースコードの一部をコメント
アウトしてみましょう **1**。また、ソースコード
の後にコメントを追加してみます **2**。

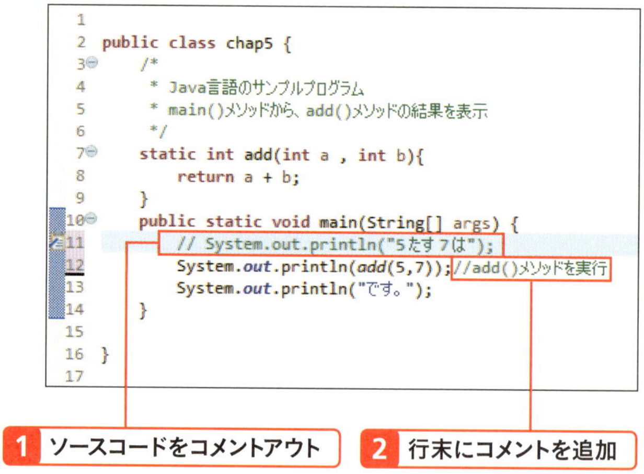

```
1
2  public class chap5 {
3    /*
4     * Java言語のサンプルプログラム
5     * main()メソッドから、add()メソッドの結果を表示
6     */
7    static int add(int a , int b){
8        return a + b;
9    }
10   public static void main(String[] args) {
11       // System.out.println("5たす 7は");
12       System.out.println(add(5,7));//add()メソッドを実行
13       System.out.println("です。");
14   }
15
16 }
17
```

1 ソースコードをコメントアウト　**2** 行末にコメントを追加

⑤ 保存して実行してみる

ソースファイルを保存すると同時にコンパイ
ルが行われますが、コメント部分はコンパイ
ルに影響しないのでエラーにはなりません。
次に、プログラムを実行してみます。［コンソー
ル］ビューで実行結果を確認すると、手順
⑤でコメントアウトした行の処理が実行され
ていないことがわかります **1**。また、行末に
追加したコメントは、動作に影響していませ
ん。

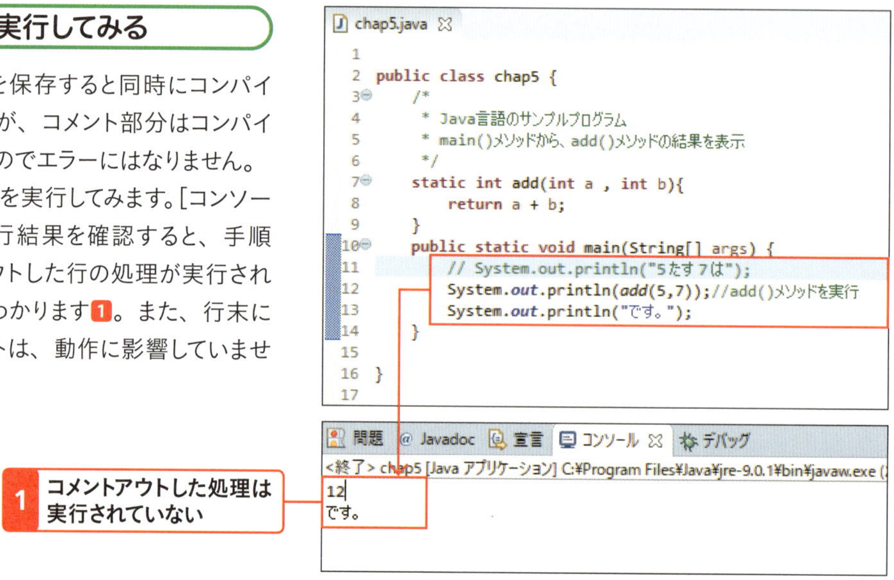

```
🗋 chap5.java ✕
1
2  public class chap5 {
3    /*
4     * Java言語のサンプルプログラム
5     * main()メソッドから、add()メソッドの結果を表示
6     */
7    static int add(int a , int b){
8        return a + b;
9    }
10   public static void main(String[] args) {
11       // System.out.println("5たす 7は");
12       System.out.println(add(5,7));//add()メソッドを実行
13       System.out.println("です。");
14   }
15
16 }
17
```

🔲 問題　@ Javadoc　🔲 宣言　🔲 コンソール ✕　🐞 デバッグ

`<終了> chap5 [Java アプリケーション] C:¥Program Files¥Java¥jre-9.0.1¥bin¥javaw.exe (`
```
12
です。
```

1 コメントアウトした処理は
実行されていない

156　⑤ プログラムの構成要素を知る

理解 コメントについて

>>> 範囲指定のコメント

「/*」と「*/」で囲まれた範囲はコメントとして扱われるようになります。この範囲内では、コメントを改行し、複数行にわたって記述することもできます。

```
/* ------------------------------------------- *
 * 複数行にわたるコメントが可能です。
 * 読みやすくなるように工夫してみましょう。
 * ------------------------------------------- */
```

>>> 行指定のコメント

「//」からその行の行末までは、コメントとして扱われます。

```
// System.out.println("Hello");
System.out.println("こんにちは");  //日本語表記
// 一時的な動作チェックやメモに便利です。
```

まとめ

- コメントはプログラムの動作に影響しない
- 「/*」と「*/」で囲まれた範囲は、コメントとして扱われる
- 「//」から行末まではコメントとして扱われる
- コメントとして扱われるようにすることを「コメントアウト」という

第5章 プログラムの構成要素を知る

5 ブレークポイント

完成ファイル | なし

予習 Eclipseのデバッグ機能を使う

ソースコードの文法が間違っている場合には、Eclipseのエディタに警告のマークが表示されたり、コンパイルのときにエラーとなったりすることで発見できます。しかし、それ以外にも文法的には正しくても、処理の流れとしては想定通りの動作を行わない＝間違っているという場合もあります。この場合には、コンパイルしたプログラムを実行しても、プログラムは正しく動作しません。

プログラムの間違いは「バグ」と呼ばれ、バグを発見して修正することを「デバッグ」といいます。デバッグに使用するツールが「デバッガ」です。

プログラムを普通に実行すると最後まで処理が次々に進んでしまい、ソースコードのどこに間違いがあるかわかりません。そこで、デバッガでソースコードの途中に「**ブレークポイント**」を設定しておくと、プログラムの実行を一時停止して、少しずつ処理の流れを確認しながら、問題のある場所を探すことができます。

```
普通に実行                    class Num {
      │                           public static void main(String[] args) {
      │  最後まで                      System.out.println("1");
      │  一度に実行                    System.out.println("2");
      ▼                               System.out.println("3");
                                 }
                             }

ブレークポイントを          ここまでの   class Num {
設定してデバッグ            動作を確認       public static void main(String[] args) {
      │                                       System.out.println("1");
      │  ブレークポイントの     ブレークポイント System.out.println("2");
      ▼  手前で一時停止                       System.out.println("3");
                                         }
                                     }
```

体験 # Eclipseでデバッグする

1 文法上の間違いを確認する

デバッグ機能を使う前に、ソースコードの文法が間違っている場合を見てみましょう。Eclipseを起動し、前項で作成した「Chap5」クラスを表示します。ソースコードを図のように変更してみます❶。文法に間違いがあると、エディタの左端に構文エラーを示すアイコンが表示されます❷。

❶「{」を削除

❷ 構文エラーのマーク

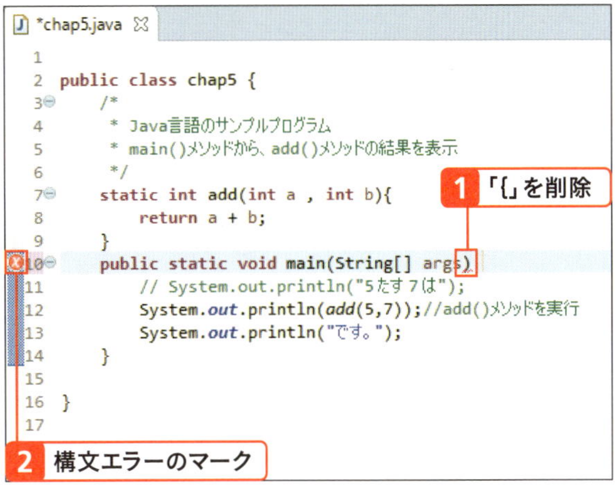

2 構文エラーの詳細を見る

構文エラーアイコンにマウスカーソルを合わせると、エラーの詳細がポップアップで表示されます。

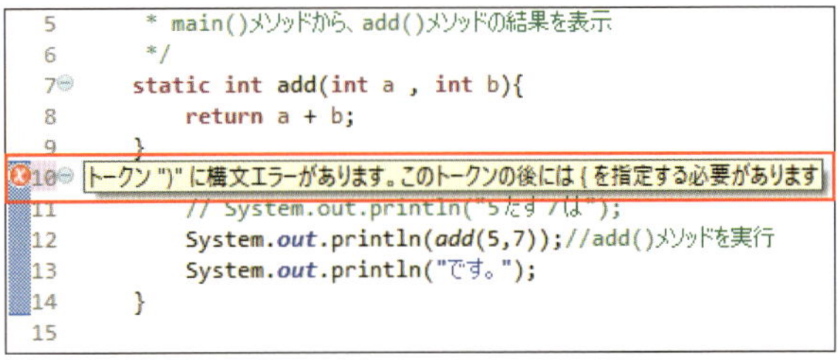

3 コンパイルエラーを確認する

この状態で[保存]アイコンをクリックするとコンパイル時に、エラーとなるため、警告のダイアログが表示されます。[終了]ボタンをクリックして、エディタに戻ります❶。

❶ クリック

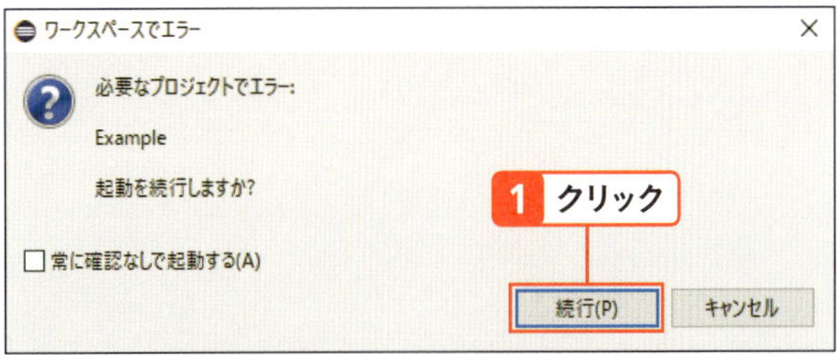

4 ブレークポイントを設定する

ソースコードを図のように修正します❶。今度はデバッグ機能を使ってみましょう。
デバッグを行う前に、ソースコードにブレークポイントを設定します。実行を一時停止したい行の左端でダブルクリックすると、ブレークポイントが設定されます❷。

❶ ソースコードを修正

❷ ダブルクリックでブレークポイントを設定

5-5 ブレークポイント

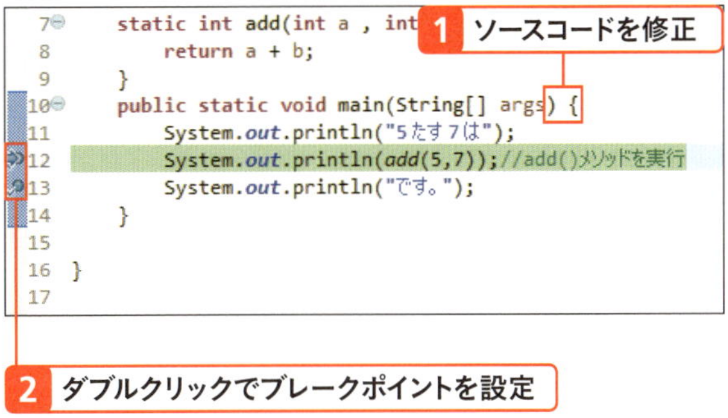

5 デバッグを実行する

[デバッグ]アイコンをクリックして、デバッグを実行します❶。

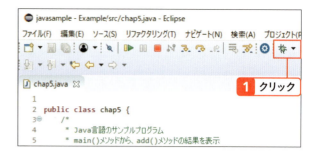

6 「デバッグ」パースペクティブに切り替える

初めてデバッグを実行すると、デバッグ用の画面（パースペクティブ）の表示を確認するダイアログが表示されます。[はい]ボタンをクリックします❶。

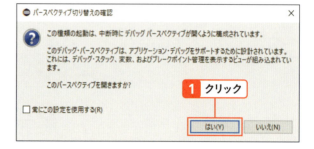

7 実行状態を確認する

「デバッグ」パースペクティブが表示されます。ソースコードとコンソールビューを確認すると、最初のブレークポイントまで実行が進んだところで、実行が一時停止しています❶。

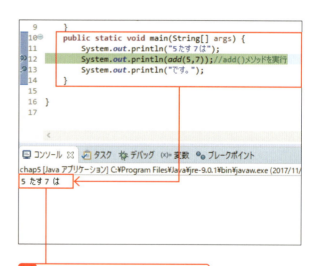

❶ 最初のブレークポイントで一時停止

8 デバッグを再開する

[再開]アイコンをクリックすると、実行が再開します❶。

9 再び一時停止して確認する

次のブレークポイントで一時停止します❶。このようにプログラムを少しずつ実行して、動作を確認していきます。

❶ 次のブレークポイントで一時停止

10 デバッグを終了する

[終了] アイコンをクリックして、デバッグを終了します❶。元の画面に戻るには、右上の [「Java」パースペクティブ] アイコンをクリックします❷。

まとめ

- ブレークポイントを設定してデバッグを行う
- デバッグの実行はブレークポイントの手前で一時停止する

第 5 章 プログラムの構成要素を知る

6 ステップ実行

完成ファイル | なし

 予習 ステップ実行について理解する

デバッガの基本機能には、ブレークポイントのほかに「**ステップ実行**」があります。ステップ実行は、停止位置から実行を再開して、次の処理が完了したところで、また一時停止するという機能です。ステップ実行を利用することで、ブレークポイントを数多く設定しなくても、処理ごとに少しずつ実行を進めてソースコードを確認することができます。
ステップ実行には、次の3つの方法があります。ステップ実行は、それぞれソースコード上の行単位で実行されます。実際にサンプルをデバッグして、ステップ実行の動作を覚えましょう。

- ステップオーバー
  再開後の処理が完了したところで一時停止します。

- ステップイン
  再開後の処理の中で別のメソッドが実行される場合に、そのメソッドの中まで進んだところで一時停止します。再開後の処理の中で別のメソッドを実行しない場合は、ステップオーバーと同様の動作となります。

- ステップリターン
  ステップオーバーやステップインを実行して別のメソッドへ進んだ場合に、各操作を実行する直前の停止位置まで戻ります。

体験 Eclipseでステップ実行してみよう

1 ブレークポイントを設定する

2 ブレークポイントを設定

Eclipseを起動し、前項で作成した「Chap5」クラスを表示します。デバッグの動作をわかりやすくするため、図のようにソースコードを追加します❶。次にブレークポイントを設定します❷。

```
10:    public static void main(String[] args) {
11:        System.out.println("【サンプルプログラム】");
12:        System.out.println("足し算をします。");
```

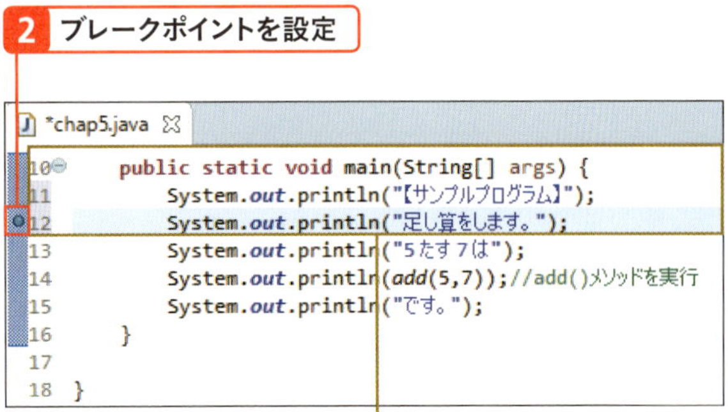

❶ ソースコードを入力

2 デバッグを実行する

❶ ブレークポイントで一時停止

[デバッグ]アイコンをクリックしてデバッグを実行します。「デバッグ」パースペクティブ画面で、最初のブレークポイントで一時停止していることを確認します❶。

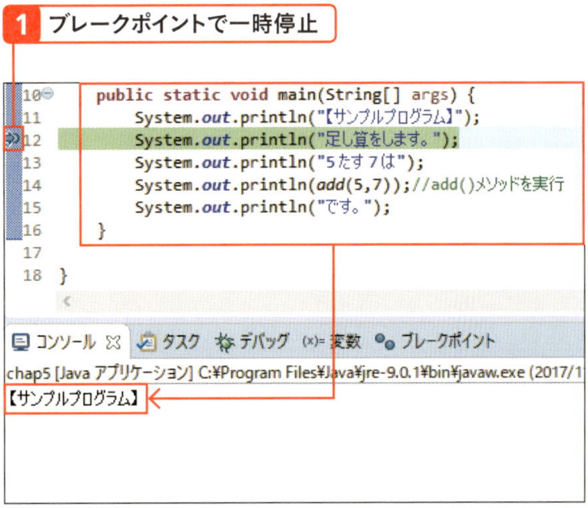

3 ステップオーバーを実行する

[ステップオーバー]アイコンをクリックします❶。

❶ クリック

5-6 ステップ実行　163

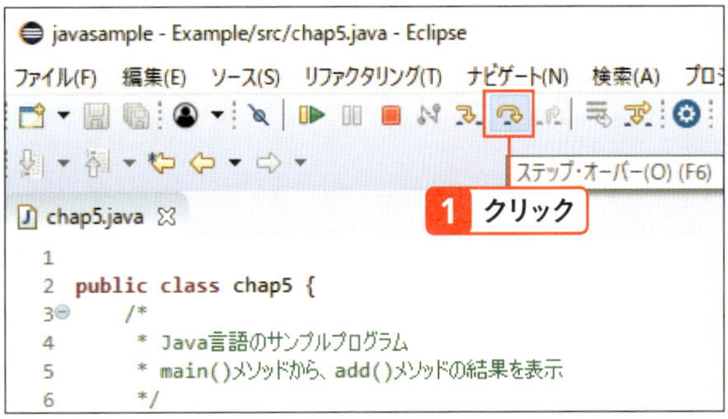

4 ステップオーバーの実行を確認する

ステップオーバー実行前の停止位置 **1** から実行が再開し、次の処理が完了したところで一時停止します **2**。

1 ステップオーバー実行前の停止位置

```
10⊝    public static void main(String[] args) {
11         System.out.println("【サンプルプログラム】");
12         System.out.println("足し算をします。");
13         System.out.println("5たす7は");
14         System.out.println(add(5,7));//add()メソッドを実行
15         System.out.println("です。");
16     }
17
18 }
```

コンソール ✕　タスク　デバッグ　(x)= 変数　ブレークポイント

chap5 [Java アプリケーション] C:¥Program Files¥Java¥jre-9.0.1¥bin¥javaw.exe (2017/1
【サンプルプログラム】
足し算をします。

2 次の処理が完了したところで一時停止

---

5 もう一度ステップオーバーを実行する

もう一度ステップオーバーを実行してみましょう。[ステップオーバー] アイコンをクリックすると、次の処理が完了したところで一時停止しています **1**。

1 次の処理が完了したところで一時停止

```
10⊝    public static void main(String[] args) {
11         System.out.println("【サンプルプログラム】");
12         System.out.println("足し算をします。");
13         System.out.println("5たす7は");
14         System.out.println(add(5,7));//add()メソッドを実行
15         System.out.println("です。");
16     }
17
18 }
```

コンソール ✕　タスク　デバッグ　(x)= 変数　ブレークポイント

chap5 [Java アプリケーション] C:¥Program Files¥Java¥jre-9.0.1¥bin¥javaw.exe (2017/1
【サンプルプログラム】
足し算をします。
5 たす 7 は

---

6 ステップインを実行する

[ステップイン] アイコンをクリックします **1**。

javasample - Example/src/chap5.java - Eclipse

ファイル(F)　編集(E)　ソース(S)　リファクタリング(T)　ナビゲート(N)　検索(A)　プロ

1 クリック

ステップ・イン(I) (F5)

chap5.java ✕

```
1
2 public class chap5 {
3⊝    /*
4     * Java言語のサンプルプログラム
5     * main()メソッドから、add()メソッドの結果を表示
6     */
```

164　5　プログラムの構成要素を知る

7 ステップインの実行を確認する

ステップイン実行前の停止位置①から実行が再開し、次の処理で実行されるメソッドの中まで進んで一時停止します②。サンプルのように別のメソッドが実行されるのではない場合には、ステップオーバーと同様の動作となります。

1 ステップイン実行前の停止位置

```java
public class chap5 {
    /*
     * Java言語のサンプルプログラム
     * main()メソッドから、add()メソッドの結果を表示
     */
    static int add(int a , int b){
        return a + b;
    }
    public static void main(String[] args) {
        System.out.println("【サンプルプログラム】");
        System.out.println("足し算をします。");
        System.out.println("5たす7は");
        System.out.println(add(5,7));//add()メソッドを実行
        System.out.println("です。");
    }
}
```

2 次の処理が完了したところで一時停止

8 ステップリターンを実行する

[ステップリターン] アイコンをクリックします①。

javasample - Example/src/chap5.java - Eclipse

ファイル(F)　編集(E)　ソース(S)　リファクタリング(T)　ナビゲート(N)　検索(A)　プロ

1 クリック　ステップ・リターン(U)

```java
public class chap5 {
    /*
     * Java言語のサンプルプログラム
     * main()メソッドから、add()メソッドの結果を表示
     */
```

9 ステップリターンの実行を確認する

ステップインを実行する前の停止位置まで戻ります①。ステップ実行の動作を確認したら、[終了] アイコンをクリックして、デバッグを終了します。

```java
public class chap5 {
    /*
     * Java言語のサンプルプログラム
     * main()メソッドから、add()メソッドの結果を表示
     */
    static int add(int a , int b){
        return a + b;
    }
    public static void main(String[] args) {
        System.out.println("【サンプルプログラム】");
        System.out.println("足し算をします。");
        System.out.println("5たす7は");
        System.out.println(add(5,7));//add()メソッドを実行
        System.out.println("です。");
    }
```

1 元の停止位置に戻る

5-6　ステップ実行　165

COLUMN 「デバッグ」パースペクティブ画面

「デバッグ」パースペクティブ画面でよく利用するビューを紹介しておきます。
デバッグビューには、デバッグの進行状況が表示されます❶。
エディタビューで、現在ソースコードのどの部分を実行しているかを確認できます❷。「デバッグ」パースペクティブ画面のエディタでもソースコードを編集することができます。
ブレークポイントビューには、ソースコード内に設定されたブレークポイントの一覧が表示されます❸。

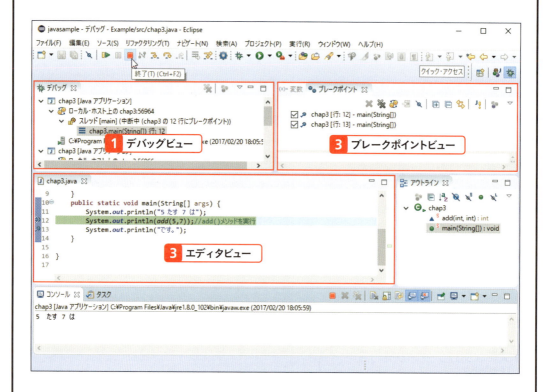

ブレークポイントビューの位置のタブを切り替えると、変数ビューが表示されます❹。変数については後で詳しく説明しますが、このビューにはプログラムが現在扱っているデータが表示されます。
たとえば、図のようにadd()メソッドの途中にブレークポイントを設定してデバッグを行うと、main()メソッドからadd()メソッドが実行されるときに引数として渡された5と7❺が、現在扱っているデータとして表示されています。

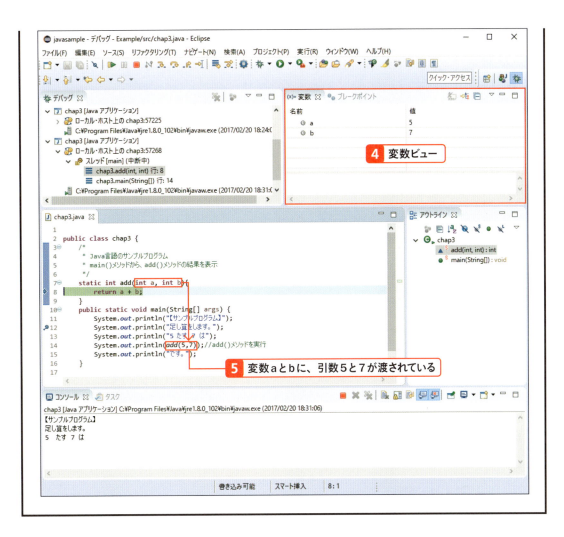

まとめ

- ステップ実行を利用すると、処理ごとにデバッグの実行を進めることができる
- ブレークポイントを数多く設定しなくてもよい

5-6　ステップ実行　167

第5章 練習問題

■ 問題1

次の文章の穴を埋めなさい。

Javaは　①　指向に基づいて開発されたプログラミング言語で、　①　と呼ばれる部品を組み合わせてプログラムの構築を行う。

プログラム部品の設計図をクラスといい、クラス内で定義されたデータは　②　、データに対する処理は　③　と呼ばれる。

ヒント「5-1　クラス」参照。

■ 問題2

次のソースコードの日本語部分をコメントにしなさい。

```
足し算を行うメソッドです。
作成者：田中一郎　作成日：2010/04/01
int add() {
    int a, b;
    return a + b; 戻り値として、変数aとbの和を返す
}
```

ヒント「5-4　コメント」参照。

■ 問題3

次の文章は、それぞれデバッガのどの機能を説明したものか答えなさい。

① デバッガでのプログラムの実行が一時停止した位置から実行を再開して、次の処理が完了したところでまた一時停止する。処理ごとに少しずつ動作を確認することができる。

② ソースコードの途中に設定すると、デバッガでのプログラムの実行がその場所で一時停止される。処理の流れがどの範囲までは正しく実行されているかを確認することができる。

③ 一時停止の位置からステップ実行を再開して、次の処理の中に別のメソッドがあれば、そのメソッドの中まで進んだところで一時停止する。

ヒント「5-5　ブレークポイント」「5-6　ステップ実行」参照。

配列

6-1　配列を利用する

6-2　複雑な配列

6-3　配列の要素数

第6章　練習問題

第6章 配列

1 配列を利用する

完成ファイル │ [chap06]→[06-01]→[finished]→[Chap6Ex1.java]

予習 配列について理解する

通常の変数は、1つの変数につき、1つの値を対応させて利用します。しかし、プログラムでたくさんの値を処理しなければならないときに、値ごとにそれぞれ別の変数を宣言して代入したり、1つの変数への代入を何度も繰り返すのは大変です。そこで、同じ型の値については、「配列」という特殊な変数にまとめて記憶させることができるようになっています。

配列を利用するには、通常の変数と同じようにどのような型の値を入れるかを最初に宣言します。また、配列の大きさ（配列で扱う要素の数）も指定します。配列の要素数は、一度指定すると変更することができません。

配列の仕組みと宣言の方法について見てみましょう。

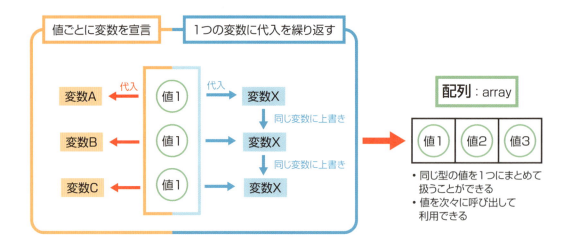

体験 配列を宣言する

1 サンプルファイルを開く

5-3を参考にサンプルファイルの「Chap6Ex1.java」を開き、保存します。
int型の変数a～dが宣言され、それぞれに値が代入されています❶。

```java
public class Chap6Ex1 {
    public static void main(String[] args) {
        int a = 1;
        int b = 2;
        int c = 3;
        int d = 4;

        System.out.print("今日のラッキーナンバーは " + c);

    }
}
```

❶ 値ごとに変数を宣言

2 配列を宣言する

複数の変数を配列で置き換えてみましょう。図のように記述して、int型の配列numを宣言します❶。「[]」は配列を表す記号です。

```java
public class Chap6Ex1 {
    public static void main(String[] args) {
        int[] num;

        System.out.print("今日のラッキーナンバーは " + c);

    }
}
```

❶ 配列を宣言する

3 配列用のメモリ領域を確保する

次に、配列に何個の値を記憶させるかを宣言して、配列で使用するためのメモリ領域を用意します❶。この宣言は「new演算子」を使って行います。ここでは4要素分のメモリ領域を使うことを宣言しています。

```java
public class Chap6Ex1 {
    public static void main(String[] args) {
        int[] num;
        num = new int[4];

        System.out.print("今日のラッキーナンバーは " + c);

    }
}
```

❶ 配列の要素数を宣言

> **Tips**
> new演算子を使って配列のためのメモリ領域を用意することを「配列の生成」といいます。配列内の値1個分のメモリ領域は「要素」と呼ばれます。

6-1 配列を利用する 171

4 配列に値を代入する

配列用のメモリ領域が用意されたので、各要素に値を代入します**1**。配列内の要素には、それぞれ0から始まるインデックス番号が付けられています。

>>> Tips

要素のインデックス番号を「添字」といいます。

```java
 1
 2  public class Chap6Ex1 {
 3      public static void main(String[] args) {
 4          int[] num;
 5          num = new int[4];
 6
 7          num[0] = 1;
 8          num[1] = 2;
 9          num[2] = 3;
10          num[3] = 4;
11
12          System.out.print("今日のラッキーナンバーは " + c);
13
14      }
15
16  }
17
```

1 配列の要素に値を代入

5 配列から値を参照する

配列の3番目の要素を参照して、表示してみましょう**1**。添字(インデックス番号)は0から始まるので、3番目の要素の添字は「2」になります。

>>> Tips

配列の規格外の添字を指定すると、実行時にエラーになります。この例の場合、添字に「4」以上を指定することはできません。

```java
 1
 2  public class Chap6Ex1 {
 3      public static void main(String[] args) {
 4          int[] num;
 5          num = new int[4];
 6
 7          num[0] = 1;
 8          num[1] = 2;
 9          num[2] = 3;
10          num[3] = 4;
11
12          System.out.print("今日のラッキーナンバーは " + num[2]);
13
14      }
15
16  }
17
```

1 配列の3番目の要素を参照

6 保存して実行する

保存して実行します。配列の3番目の要素が表示されます**1**。

```
問題  @ Javadoc  宣言  コンソール  デバッグ
<終了> Chap6Ex1 [Java アプリケーション] C:¥Program Files¥Java¥jre
今日のラッキーナンバーは 3
```

1 配列の3番目の要素を表示

7 宣言をまとめる

配列の宣言は、図のようにまとめて記述することもできます **1**。

```
1
2   public class Chap6Ex1 {
3       public static void main(String[] args) {
4           int[] num = new int[4];
5
6           num[0] = 1;
7           num[1] = 2;
8           num[2] = 3;
9           num[3] = 4;
10
11          System.out.print("今日のラッキーナンバーは " + num[2]);
12
13      }
14
15  }
16
```

1 宣言をまとめて記述

8 配列の宣言時に初期化する

要素への値の代入を、宣言と同時に行うこともできます **1**。要素に代入する値を「 {}」の中に「, (カンマ)」で区切って並べて記述します。この場合は、配列の要素数を指定する必要はありません。

≫Tips

宣言と同時に初期化する場合は、以下のようにnew 演算子を省略することもできます。

　int[] num = {1, 2, 3, 4};

```
Chap6Ex1.java

1
2   public class Chap6Ex1 {
3       public static void main(String[] args) {
4           int[] num = new int[] {1, 2, 3, 4};
5
6           System.out.print("今日のラッキーナンバーは " + num[2]);
7
8       }
9
10  }
11
```

1 宣言と同時に初期化

9 保存して実行する

保存して実行します。手順 **6** と同じ結果が表示されました **1**。

問題　@ Javadoc　宣言　コンソール　デバッグ

\<終了\> Chap6Ex1 [Java アプリケーション] C:¥Program Files¥Java¥jre

今日のラッキーナンバーは 3

1 配列の3番目の要素が表示される

6-1 配列を利用する 173

理解 配列について

>>> 配列の仕組み

配列は、同じ型の変数が複数あるときに、それらを1つにまとめて扱うことができるようにしたもので、「**配列変数**」とも呼ばれます。配列変数は、参照型の変数です。
基本データ型の配列を生成すると、型に応じた大きさのメモリ領域が、指定した要素数分だけ用意されます。配列変数には、用意されたメモリ領域の先頭を参照するための番地情報が記憶されることになります。配列の要素数を後で変更することはできません。

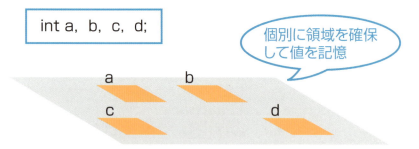

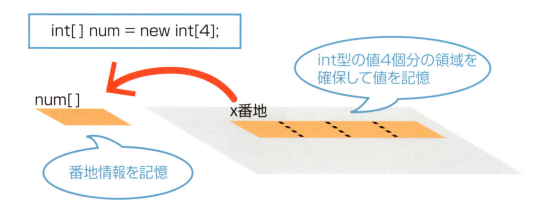

生成した配列の要素にまだ値が代入されていない場合には、型に応じてあらかじめ設定されている初期値(「**5-3　フィールド**」参照)が各要素の値として代入されることになっています。
ただし、String型などの参照型の配列の場合、配列を生成しただけでは要素に代入される値自体は生成されないため、適切な値がないことを示す「**null**」という特殊な値が代入されます。

▶▶▶ 配列要素の利用

配列の要素には、「添字」と呼ばれるインデックス番号が付けられています。インデックス番号は0から始まるので、配列の最後の要素の添字は、要素数より1少ない数になります。

配列内の特定の要素を利用するには、配列名と添字を使って参照先の要素を指定します。このとき、存在しない添字を使って指定すると、コンパイルは可能ですが、プログラムの実行時にエラーが生じます。たとえば、4個の要素を持つ配列num [ ]に対して「num [4]」のように要素を指定すると、存在しない5個目の要素が指定されたことになるためエラーとなります。

配列の添字は、int型の整数値です。そのため、int型の変数を使って表わすこともできます。プログラムでは、配列の値を順番に取り出してそれぞれに同じ処理を繰り返すことがよく行われますが、このような場合に添字を変数で表わすことで、ソースコードを簡潔に記述できるようになります。

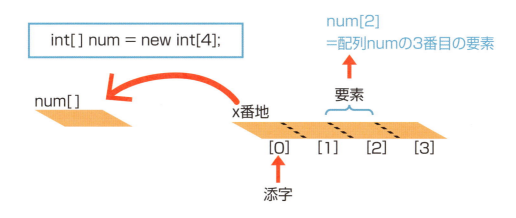

まとめ

- 同じ型の変数は、「配列」として1つにまとめて扱うことができる。
- 配列の大きさ（要素数）は、一度宣言すると変更できない
- 配列内の要素は「添字」で区別する

複雑な配列

完成ファイル | [chap06]→[06-02]→[finished]→[Chap6Ex2.java]

予習　2次元配列を利用する

前項で説明した配列は、要素が一方向に順番に並んでいるものでした。このような配列を「**1次元配列**」といいます。

配列は、表のように縦横の2方向に要素を並べることもできます。このような配列を「**2次元配列**」といいます。

2次元配列では、宣言時に2次元分の「[]」を指定します。各要素には次元ごとに異なるインデックス番号が付けられるので、2種類の番号を持つことになります。2次元配列を使ってみましょう。

1次元配列
int[] a = new int[3];

| a[0] | a[1] | a[2] |

2次元配列
int[][] a = new int[2][3];

| a[0][0] | a[0][1] | a[0][2] |
| a[1][0] | a[1][1] | a[1][2] |

体験 2次元配列を作る

1 サンプルファイルを開く

5-3を参考にサンプルファイルの「Chap6Ex2.java」を開き、保存します。
int型の1次元配列a、bが宣言されています❶。それぞれ、3個の要素を持っています。

❶ 配列a,b

2 実行する

プログラムを実行して、配列a、bの各要素に代入されている値を確認してみましょう❶。

❶ 各要素の値を確認

3 2次元配列を宣言する

配列a、bはどちらもint型なので、2次元配列として1つにまとめることができます。図のように、2次元配列xを宣言します❶。配列a、bはそれぞれ3個の要素を持つので、2次元配列xでは「2通りの、3個の要素を持つ配列」という指定をしています。この配列は、「1次元方向に2個、2次元方向に3個の要素を持つ」と考えることもできます。

❶ 2次元配列xを宣言

6-2 複雑な配列 177

4 2次元配列の要素に値を代入する

各要素に値を代入します 1 。参照先を変更して、2次元配列xの各要素に代入された値を表示してみましょう 2 。

>>> Tips

2次元配列の各要素を参照するには、2つの次元のインデックス番号を組み合わせて指定します。

*Chap6Ex2.java

```
public class Chap6Ex2 {
    public static void main(String[] args) {
        int[][] x = new int[2][3];

        x[0][0] = 1; x[0][1] = 2; x[0][2] = 3;
        x[1][0] = 4; x[1][1] = 5; x[1][2] = 6;

        System.out.print("x[0][0]=" + x[0][0] + ", ");
        System.out.print("x[0][1]=" + x[0][1]);
        System.out.println("x[0][2]=" + x[0][2]);

        System.out.print("x[1][0]=" + x[1][0] + ", ");
        System.out.println("x[1][1]=" + x[1][1]);
        System.out.println("x[1][2]=" + x[1][2]);
    }

}
```

1 各要素に値を代入

2 各要素の値を参照

5 保存して実行する

保存して実行します。2次元配列xの各要素に代入された値を確認します 1 。

問題 @ Javadoc 宣言 コンソール デバッグ

<終了> Chap6Ex2 [Java アプリケーション] C:¥Program Files¥Java¥jre

```
x[0][0]=1, x[0][1]=2, x[0][2]=3
x[1][0]=4, x[1][1]5, x[1][2]=6
```

1 各要素の値を確認

6 2次元配列をまとめて宣言する

2次元配列は「配列を要素に持つ配列」とも考えることができるので、2次元配列xへの値の代入は、図のように宣言とまとめて記述することができます 1 。

>>> Tips

配列の要素を囲んだ「{}」を1個の要素として、「{}」を入れ子にして記述します。

Chap6Ex2.java

```
public class Chap6Ex2 {
    public static void main(String[] args) {
        int[][] x = {{1,2,3},{4,5,6}};

        System.out.print("x[0][0]=" + x[0][0] + ", ");
        System.out.print("x[0][1]=" + x[0][1]);
        System.out.println("x[0][2]=" + x[0][2]);

        System.out.print("x[1][0]=" + x[1][0] + ", ");
        System.out.println("x[1][1]=" + x[1][1]);
        System.out.println("x[1][2]=" + x[1][2]);
    }

}
```

1 宣言と代入をまとめる

7 保存して実行する

保存して実行します。手順 5 と同様の値が
代入されていることを確認します **1**。

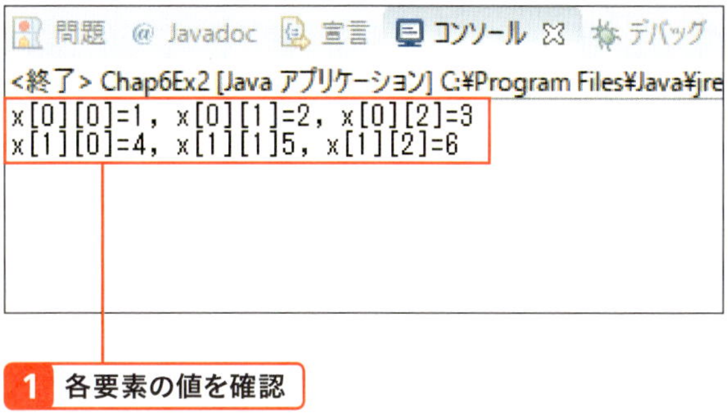

```
問題  @ Javadoc  宣言  コンソール ☆  デバッグ
<終了> Chap6Ex2 [Java アプリケーション] C:¥Program Files¥Java¥jre
x[0][0]=1, x[0][1]=2, x[0][2]=3
x[1][0]=4, x[1][1]5, x[1][2]=6
```

1 各要素の値を確認

8 2次元配列の構造を変更する

2次元配列xの構造を、「1次元方向に3個、
2次元方向に2個の要素を持つ」ように変更
してみましょう。ソースコードを読みやすくす
るため、「{}」内の配列の要素は図のように
改行して記述することができます **1**。各要素
に代入されている値を表示します **2**。

> **>>> Tips**
>
> 2次元配列xの宣言を省略せずに記述すると、次
> のようになります。
>
> ```
> int[][] x = new int[3][2];
> ```

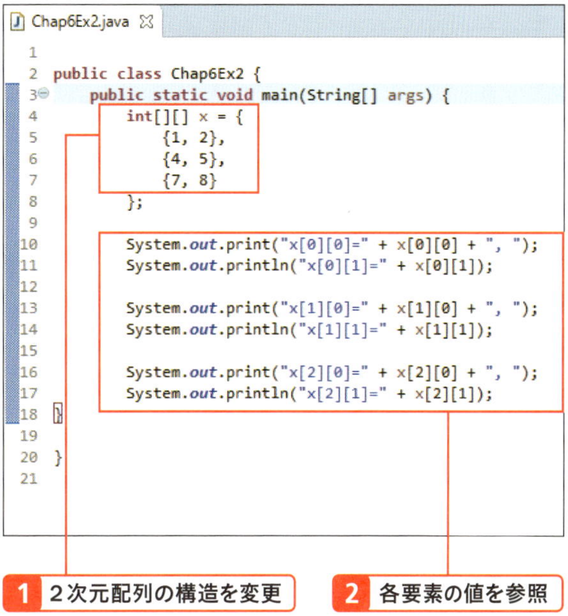

```java
 1
 2  public class Chap6Ex2 {
 3      public static void main(String[] args) {
 4          int[][] x = {
 5              {1, 2},
 6              {4, 5},
 7              {7, 8}
 8          };
 9
10          System.out.print("x[0][0]=" + x[0][0] + ", ");
11          System.out.println("x[0][1]=" + x[0][1]);
12
13          System.out.print("x[1][0]=" + x[1][0] + ", ");
14          System.out.println("x[1][1]=" + x[1][1]);
15
16          System.out.print("x[2][0]=" + x[2][0] + ", ");
17          System.out.println("x[2][1]=" + x[2][1]);
18      }
19
20  }
21
```

1 2次元配列の構造を変更　　**2** 各要素の値を参照

9 保存して実行する

保存して実行します。各要素に代入されて
いる値を確認します **1**。

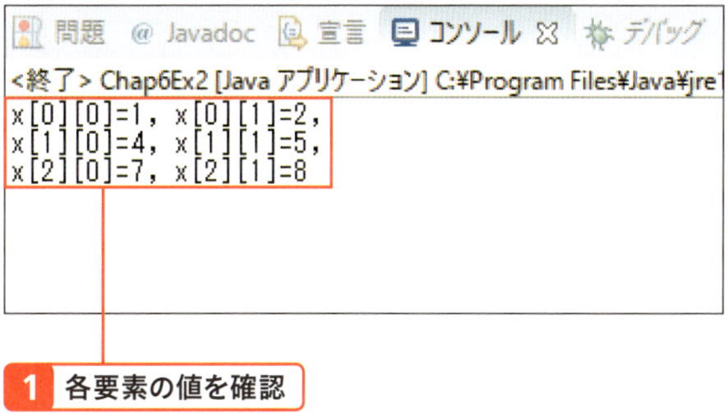

```
問題  @ Javadoc  宣言  コンソール ☆  デバッグ
<終了> Chap6Ex2 [Java アプリケーション] C:¥Program Files¥Java¥jre
x[0][0]=1, x[0][1]=2,
x[1][0]=4, x[1][1]=5,
x[2][0]=7, x[2][1]=8
```

1 各要素の値を確認

6-2　複雑な配列　179

多次元の配列について

>>> 2次元配列

2方向に向かって要素を並べる2次元配列は、「**1次元の配列を要素に持つ配列**」と考えることができます。各要素には、2次元分のインデックス番号が付けられています。

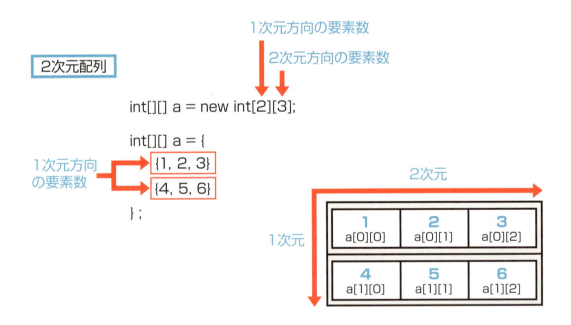

>>> 多次元配列

要素を並べる方向を増やすと、3次元、4次元などの配列を作ることもできます。2方向以上に要素を並べる配列は、まとめて「**多次元配列**」と呼ばれます。多次元になるほど多くのメモリ領域を使用することになります。

2次元以上の配列を利用する機会は少ないですが、考え方は2次元配列と同じです。たとえば3次元配列の場合は「『**配列を要素に持つ配列**』を要素に持つ配列」ということになるので、要素に値を代入するには、「**{}**」を入れ子にする階層を2次元配列から1階層増やして記述します。

```
3次元配列
int[][][] a = [2][2][3];

int[][][] a = {
    {
        {1, 2, 3}
        {4, 5, 6}
    },
    {
        {11,12,13}
        {14,15,16}
    }
};
```

まとめ

- 要素を2方向に並べた配列を「2次元配列」という。
- 並べる方向を増やすと、3次元、4次元の「多次元配列」を作ることもできる。

 ## 配列の要素数

完成ファイル │ [chap06]→[06-03]→[finished]→[Chap6Ex3.java]

 配列の要素数を調べる

配列の宣言と値の代入は、ソースコード上でまとめて記述することができます。しかし、この場合には配列の大きさ（要素の数）が自動的に定義され、直接数値で見ることができません。配列内に要素がいくつあるかは、「**length**」というフィールドを使って調べることができます。「**フィールド**」とは、その配列について定義されたデータのことです。

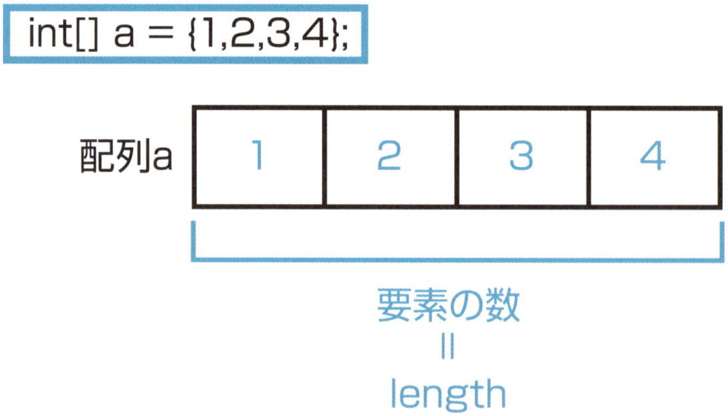

```
int[] a = {1,2,3,4};
```

配列a | 1 | 2 | 3 | 4 |

要素の数
＝
length

lengthフィールドを使ってみる

1 サンプルファイルを開く

5-3を参考にサンプルファイルの「Chap6Ex3.java」を開き、保存します。
int型の1次元配列aが宣言され、値が代入されています❶。

```
1
2  public class Chap6Ex3 {
3      public static void main(String[] args) {
4          int[] a = {1, 2, 3};
5
6      }
7
8  }
9
```

❶ 1次元配列a

2 配列aの要素数を取得する

図のように記述して、配列aの要素数が表示されるようにします❶。

>>> **Tips**
要素数を取得するには、配列名の後ろに「.length」をつけて記述します。

```
1
2  public class Chap6Ex3 {
3      public static void main(String[] args) {
4          int[] a = {1, 2, 3};
5
6          System.out.print("配列aの要素数は ");
7          System.out.println(a.length);
8      }
9
10 }
11
```

❶ 配列aの要素数を取得

3 保存して実行する

保存して実行します。要素数が表示されました❶。

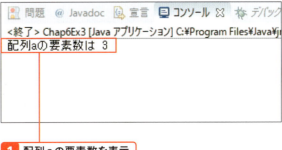

❶ 配列aの要素数を表示

6-3 配列の要素数 183

4 2次元配列に変更する

図のように記述を変更して、配列aを2次元配列に変更します❶。よく見ると、2次元方向の要素数がそれぞれ異なっています。このように、多次元配列では2次元以降の配列ごとに要素数を変えることができます。

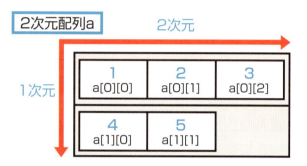

❶ 2次元配列に変更

5 2次元配列aの要素数を取得する

2次元配列aの1次元方向の要素数を調べるには、図のように記述します❶。また、1次元方向の各要素について、2次元方向の要素数を調べるには、図のように記述します❷。

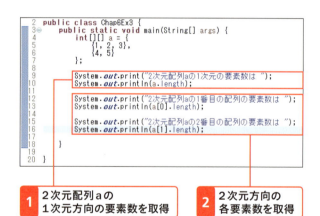

❶ 2次元配列aの1次元方向の要素数を取得

❷ 2次元方向の各要素数を取得

6 保存して実行する

保存して実行します。1次元方向、2次元方向のそれぞれの要素数が表示されました❶。

❶ それぞれの要素数を表示

理解 配列の要素数の調べ方

>>> lengthフィールド

配列に定義されている要素数は、lengthフィールドを使って調べます。

多次元配列では、1次元方向の配列の要素ごとに、要素数の異なる配列を代入することができます。そのため、1次元方向のインデックス番号を指定して、それぞれの配列の要素数を調べることができるようになっています。

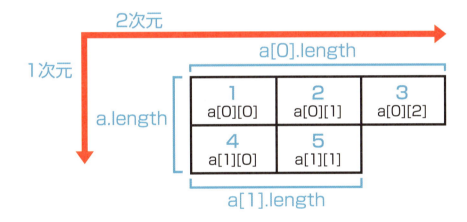

まとめ

- 配列の要素数はlengthフィールドを使って調べる
- 多次元配列では1次元ごとに異なる要素数の配列を持つことができる

第6章 練習問題

■問題1

次の文章の穴を埋めなさい。

配列は複数の値を記憶可能な特殊な変数と言うことができる。配列の　①　は、それぞれ　②　と呼ばれるインデックス番号によって特定される。配列は、普通の変数と同様に型と名前を宣言してから使用する。このとき　①　数も宣言する必要がある。

ヒント 「6-1　配列を利用する」参照。

■問題2

次のソースコードの穴を埋め、実行したとき画面に表示される内容を答えなさい。

```java
public class Chap6Test2 {
    public static void main(String[] args) {
        int[] a = ① ② [2];
        a[0] = 100; a[1] = 200;
        int[][] b = { {1, 2, 3}, {11, 12, 13} };
        System.out.print(a[0] + "+" + b[1][2] + "=");
        System.out.print(a[0] + b[1][2]);
    }
}
```

ヒント 「6-1　配列を利用する」「6-2　複雑な配列」参照。配列bは、2次元配列です。

■問題3

次のソースコードを実行したとき画面に表示される内容を答えなさい。

```java
public class Chap6Test3 {
    public static void main(String[] args) {
        int[][] a = { {100, 200, 300}, {10, 20, 30, 40} };
        System.out.println("a.length : " + a.length);
        System.out.println("a[1].length : " + a[1].length);
    }
}
```

ヒント 「6-3　配列の要素数」参照。lengthフィールドは配列の要素数を表します。

制御文

7-1　if

7-2　条件式

7-3　else

7-4　if文のネスト

7-5　文字列を比較する条件式

7-6　入力内容で分岐する

第7章　練習問題

第7章 制御文

1 if

完成ファイル│ [chap07]→[07-01]→[finished]→[Chap7Ex1.java]

予習 if文による処理の分岐について理解する

プログラムは、通常、ソースコードの初めから順番に処理を実行していきます。しかし、複雑なプログラムを作成するには、条件に応じて異なる処理を行ったり、同じ処理を繰り返したりすることが必要です。このようにソースコード上に記述された順番から外れて、処理の実行順序を変更するには、「**制御文**」を利用します。制御文には**第8章**で解説する「**繰り返し文**」と本章で解説する「**条件文**」などがあります。

制御文の中で特によく利用されるのが、「もし○○なら、〜を行う」という条件分岐を指定する「**if文**」です。if文でははじめに条件式が成立するかどうかについて評価を行い、成立する場合には指定されている処理を実行します。

通常のプログラムの流れ　　if文を使ったプログラムの流れ

188　第7章 制御文

体験 if文を作る

1 サンプルファイルを開き、変数を宣言する

5-3を参考にサンプルファイルの「Chap7Ex1.java」を開き、保存します。
int型の変数testを宣言して、値を代入します❶。

```
04: int test = 80;
```

❶ 入力

2 if文の条件式を設定する

図のようにif文を記述します❶。「if」の後ろの「()」内に、条件式を記述します。

>>> Tips
ここでは、「変数testの値が70以上のとき」という条件が設定されています。

```
06: if(test >= 70){
07:
08: }
```

❶ if文に条件式を記述

3 条件式が成立する場合の処理を記述する

「if()」の後ろの「{}」で囲まれたブロック内に、条件式が成立する場合の処理を記述します❶。

```
07: System.out.print("おめでとう。合格です。");
```

❶ ブロック内に条件式が成立する場合の処理を記述

7-1 if 189

4 保存して実行する

保存して実行します。手順①で、あらかじめ変数testに「80」が代入されているので、if文の条件式が成立します。そのため、手順③で指定した処理が実行されています①。

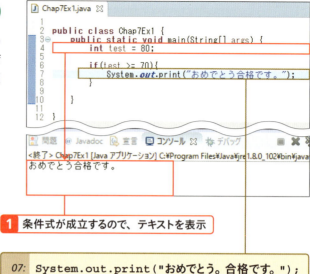

1 条件式が成立するので、テキストを表示

```
07:  System.out.print("おめでとう。合格です。");
```

5 変数の値を変更する

変数testに代入する値を変更します①。

```
04:  int test = 69;
```

1 代入する値を変更

6 保存して実行する

保存して実行します。if文の条件式が成立しなくなったので、プログラムを実行しても何も処理は行われません①。

1 条件式が成立しないので、何も表示されない

理解 if文の仕組み

>>> if文

if文は、通常は1方向だけのプログラムの流れを、「条件式が成立した場合」と「成立しなかった場合」に分岐させるための制御文です。

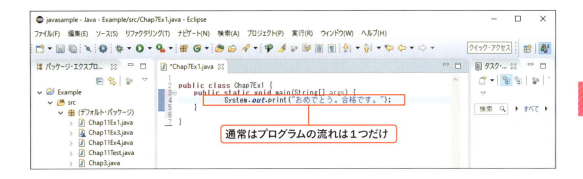

通常はプログラムの流れは1つだけ

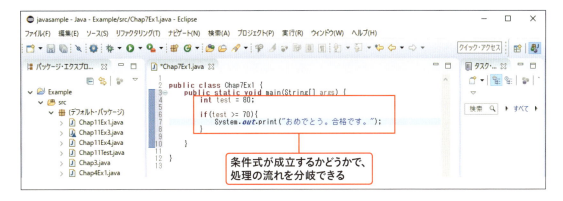

条件式が成立するかどうかで、処理の流れを分岐できる

まとめ

- 通常、プログラムはソースコードの初めから順番に実行される
- if文を使うと、条件が成立するかどうかでプログラムの流れを分岐できる

条件式

完成ファイル | [chap07]→[07-02]→[finished]→[Chap7Ex2.java]

 予習 いろいろな条件式の書き方を覚える

制御文を使ってプログラムの流れを変える場合に、目的に合わせて条件式をうまく設定することが必要になります。条件の内容によっては、同じ内容を複数の条件式で表すことも可能です。

int型の変数aが宣言されているときに、「変数aが0でも1でもない」という条件を、いろいろな条件式で記述してみましょう。

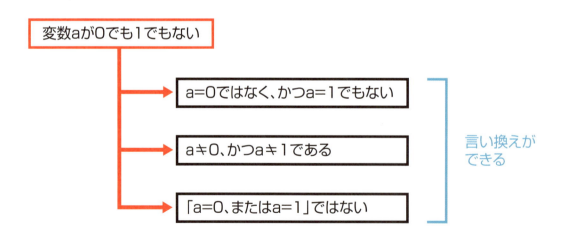

体験 条件式を使ってみる

1 サンプルファイルを開き、変数を宣言する

5-3を参考にサンプルファイルの「Chap7Ex2.java」を開き、保存します。
int型の変数aを宣言して、あらかじめ「2」を代入しておきます1。

*Chap7Ex2.java

```
public class Chap7Ex2 {
    public static void main(String[] args) {
        int a = 2;
    }

}
```

1 変数を宣言

2 if文の処理を記述する

if文を記述して、条件が成立するときにはテキストを表示するように指定します1。

*Chap7Ex2.java

```
public class Chap7Ex2 {
    public static void main(String[] args) {
        int a = 2;
        if() {
            System.out.print("aは0でも1でもない。");
        }
    }

}
```

1 条件式が成立した場合の処理を指定

3 条件式を記述する

「変数aが0でも1でもない」という条件を、図のように指定します1。この場合の条件式は、「a=0ではなく、かつa=1でもない」という意味になります。

Chap7Ex2.java

```
public class Chap7Ex2 {
    public static void main(String[] args) {
        int a = 2;
        if(!(a == 0) && !(a == 1)) {
            System.out.print("aは0でも1でもない。");
        }
    }

}
```

```
05: if(!(a == 0) && !(a ==1)) {
```

1 条件式を記述

4 保存して実行する

保存して実行します。変数aにはあらかじめ「2」が代入されているので、条件式が成立し、テキストが表示されます❶。

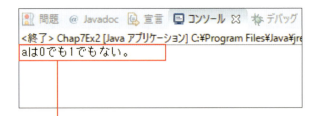

❶ 条件式が成立するので、テキストを表示

5 条件式を変更する

条件式を図のように変更します❶。今度は「a≠0、かつa≠1である」という意味になります。

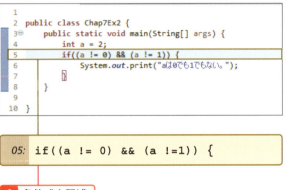

❶ 条件式を記述

6 保存して実行する

保存して実行します。この条件式も成立するので、テキストが表示されます❶。

❶ 条件式が成立するので、テキストを表示

7 条件式を変更する

条件式を図のように変更します❶。今度は「『a=0、またはa=1』ではない」という意味になります。

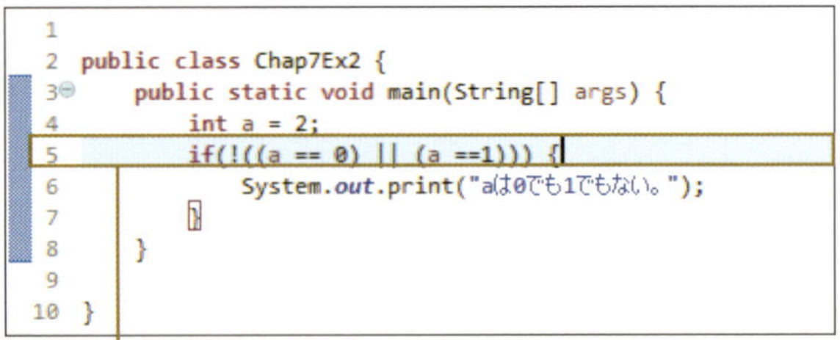

❶ 条件式を記述

8 保存して実行する

保存して実行します。この条件式も成立するので、テキストが表示されます **1**。

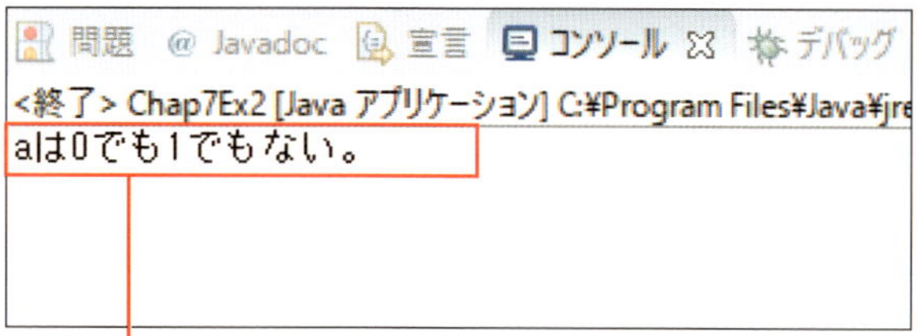

```
問題  @ Javadoc  宣言  コンソール ※  デバッグ
<終了> Chap7Ex2 [Java アプリケーション] C:¥Program Files¥Java¥jre
aは0でも1でもない。
```

1 条件式が成立するので、テキストを表示

9 boolean型変数を宣言する

if文は、条件式自体の値が「true（真）」か「false（偽）」かによって処理を分岐しているので、次のようにソースコードを記述することもできます。boolean型の変数bを宣言して、条件式を代入します **1**。

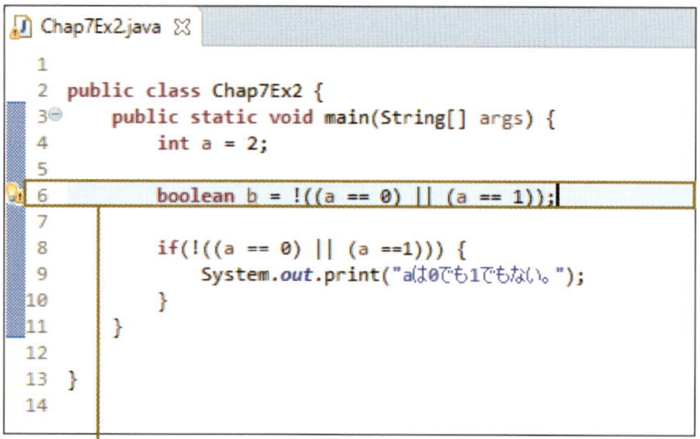

```
Chap7Ex2.java ※
1
2  public class Chap7Ex2 {
3      public static void main(String[] args) {
4          int a = 2;
5
6          boolean b = !((a == 0) || (a == 1));
7
8          if(!((a == 0) || (a ==1))) {
9              System.out.print("aは0でも1でもない。");
10         }
11     }
12
13 }
14
```

```
06:  boolean b = !((a == 0) || (a == 1));
```

1 変数を宣言

10 if文の条件式を変更する

if文の「()」内を図のように変更します **1**。

>>> Tips

「変数bの値が『true』と等しいとき」という意味になります。

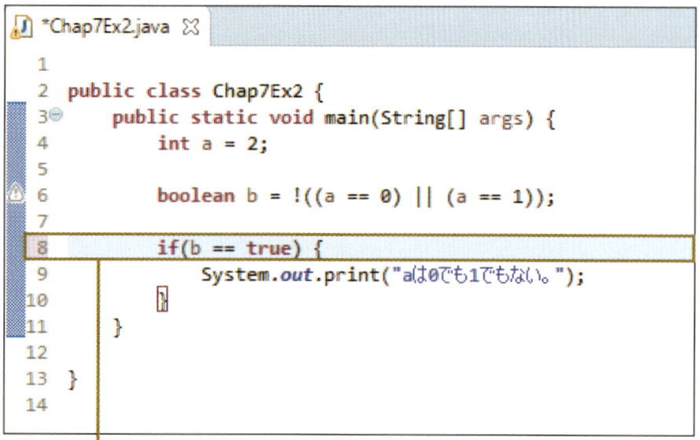

```
*Chap7Ex2.java ※
1
2  public class Chap7Ex2 {
3      public static void main(String[] args) {
4          int a = 2;
5
6          boolean b = !((a == 0) || (a == 1));
7
8          if(b == true) {
9              System.out.print("aは0でも1でもない。");
10         }
11     }
12
13 }
14
```

```
08:  if(b == true) {
```

1 条件式を記述

7-2 条件式 | 195

11 保存して実行する

保存して実行します。変数bに代入した条件式は成立するので、変数bの値は「true」ということになります。このため、テキストが表示されます❶。

❶ 条件式が成立するので、テキストを表示

12 if文の条件式を省略する

if文の「()」内を図のように変更します❶。

>>> Tips
if文でboolean型変数の値に応じて処理を分岐する場合は、記述を省略することができます。

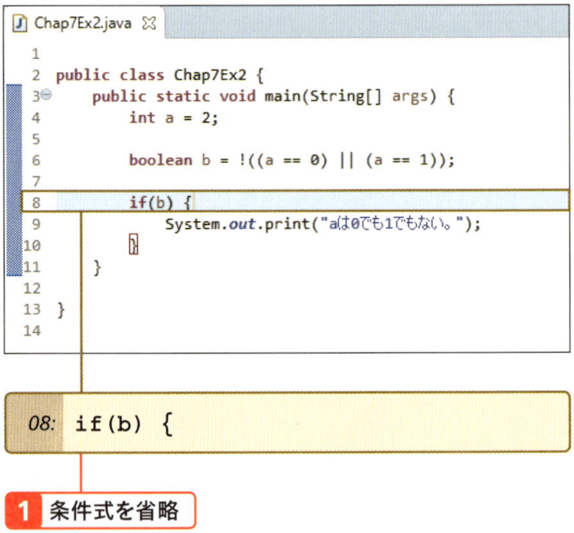

```
1
2 public class Chap7Ex2 {
3   public static void main(String[] args) {
4       int a = 2;
5
6       boolean b = !((a == 0) || (a == 1));
7
8       if(b) {
9           System.out.print("aは0でも1でもない。");
10      }
11  }
12
13 }
14
```

08: `if(b) {`

❶ 条件式を省略

13 保存して実行する

保存して実行します。変数bの値は「true」なので、テキストが表示されます❶。

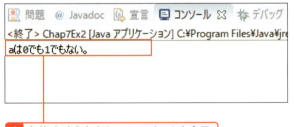

❶ 条件式が成立するので、テキストを表示

理解 いろいろな条件式の書き方

>>> 論理演算子の利用方法

条件が示す内容を考えてみると、サンプルプログラムのように、同じ内容をいろいろな条件式で表すことができる場合もあります。比較演算子や論理演算子を組み合わせて、正しい条件式となるようにしましょう。

論理演算子の「&&」と「||」を使った条件式では、左辺と右辺の2つの条件式の真偽（成立するかどうか）によって、条件式全体の真偽を決定します。さらに「!」を使って条件式の一部または全体を否定して、内容を反転させることもできます。

| 左辺の条件式 | && | 右辺の条件式 |

左辺：真 ／ 右辺：真 → 全体：真
左辺：真 ／ 右辺：偽 → 全体：偽
左辺：偽 ／ 右辺：真 → 全体：偽
左辺：偽 ／ 右辺：偽 → 全体：偽

| 左辺の条件式 | || | 右辺の条件式 |

左辺：真 ／ 右辺：真 → 全体：真
左辺：真 ／ 右辺：偽 → 全体：真
左辺：偽 ／ 右辺：真 → 全体：真
左辺：偽 ／ 右辺：偽 → 全体：偽

まとめ

- 1つの条件を、いろいろな条件式で表すことができる場合もある
- 論理演算子「!」は、条件式の内容を反転させる

第7章 制御文

3 else

完成ファイル | [chap07]→[07-03]→[finished]→[Chap7Ex3.java]

予習 3通り以上の分岐を作る

if文を使うとプログラムの流れを2通りに分岐することができますが、if文では条件式が成立した場合の処理しか設定されていません。条件式が成立しない場合の処理を指定するには「**else文**」を使います。

また、if文で設定した条件式が成立しない場合について、さらに別の条件分岐を行いたいこともあります。3通り以上の分岐を作るには、「**else if文**」を使います。else if文は、if文で設定した条件式が成立しない場合について、別の条件式を設定して処理を分岐するものです。if文、else if文で条件分岐を行い、最後にelse文を使ってどの条件式も成立しない場合の処理を記述します。

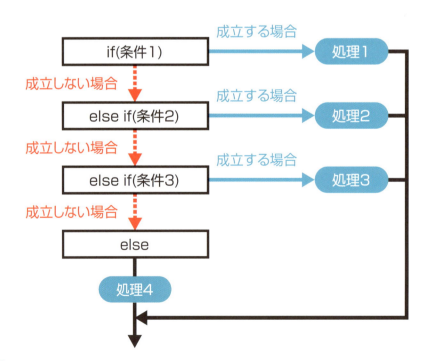

else if 文で複数の条件分岐を指定する

1 サンプルファイルを開き、変数を宣言する

5-3 を参考にサンプルファイルの「Chap7Ex3.java」を開き、保存します。
変数 test の値をテストの点数として、成績を A・B・C の 3 ランクに分けるプログラムを作成してみましょう。int 型の変数 test を宣言して、値を代入します❶。

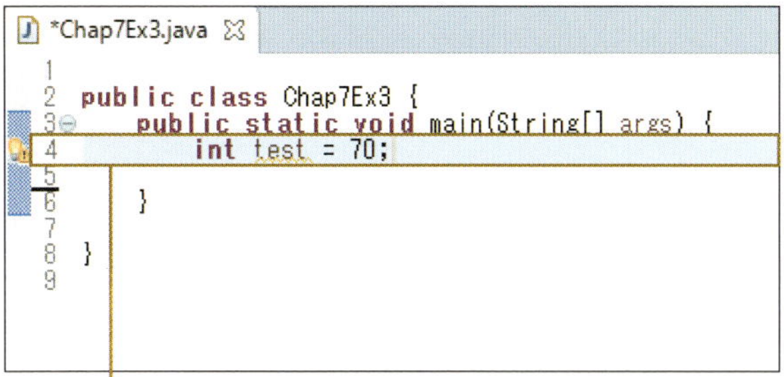

```
04:     int test = 70;
```
❶ 入力

2 if 文を記述する

if 文を記述します❶。80点以上の場合に「Aランクです。」と表示されるようにします。

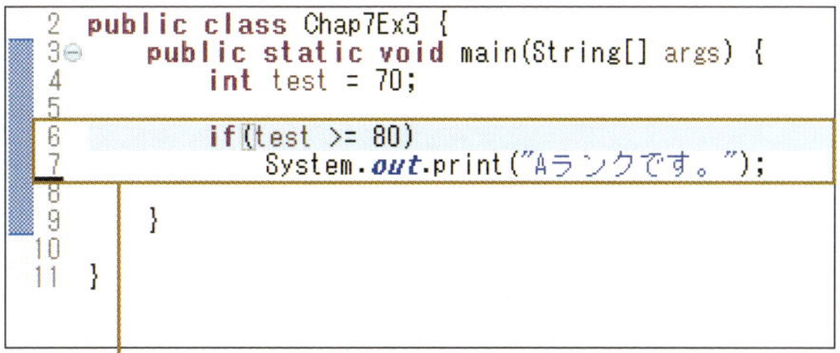

>>> **Tips**
通常、if 文、else if 文、else 文で実行する処理はブロック内に記述しますが、処理が1文だけの場合は図のようにブロックを省略することができます。

```
06:     if(test >= 80)
07:         System.out.print("Aランクです。");
```
❶ 入力

3 else if 文を記述する

次に else if 文を記述します❶。50点以上80点未満の場合に「Bランクです。」と表示されるようにします。

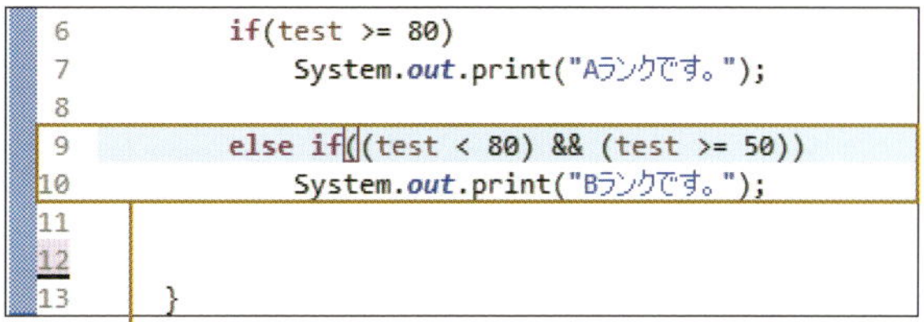

>>> **Tips**
ランクをさらに細かく分ける場合は、else if 文を複数記述します。

```
09:     else if((test < 80) && (test >= 50))
10:         System.out.print("Bランクです。");
```
❶ 入力

4 else文を記述する

最後にelse文を記述します**1**。else文が実行されるのは、if文とelse if文で指定した条件式がすべて成立しない場合なので、50点未満の場合に「Cランクです。」と表示されることになります。

```
8
9           else if((test < 80)&&(test >= 50))
10              System.out.print("Bランクです。");
11
12          else
13              System.out.print("Cランクです。");
14
15
16      }
```

1 入力

```
12:  else
13:      System.out.print("Cランクです。");
```

5 保存して実行する

保存して実行します。手順**1**で変数testにはあらかじめ「70」が代入されているので、50点以上80点未満の場合の処理が実行されます**1**。

```
2   public class Chap7Ex3 {
3⊖      public static void main(String[] args) {
4           int test = 70;
5
6           if(test >= 80)
7               System.out.print("Aランクです。");
8
9           else if((test < 80) && (test >= 50))
10              System.out.print("Bランクです。");
11
```

```
問題  @ Javadoc  宣言  コンソール 🖾  デバッグ
<終了> Chap7Ex3 [Java アプリケーション] C:¥Program Files¥Java¥jre-9.0.1¥bin¥
Bランクです。
```

1 50点以上80点未満の場合の処理を実行

6 処理を追加する

if文、else if文、else文で実行する処理を追加してみます**1**。それぞれの場合に2つの処理を実行することになりますが、ブロックで囲まれていないため、このまま保存して実行するとエラーになります。

```
6           if(test >= 80)
7               System.out.print(test + "点:");
8               System.out.print("Aランクです。");
9
10          else if((test < 80) && (test >= 50))
11              System.out.print(test + "点:");
12              System.out.print("Bランクです。");
13
14          else
15              System.out.print(test + "点:");
16              System.out.print("Cランクです。");
```

```
06:  if(test >= 80)
07:      System.out.print(test + "点:");
08:      System.out.print("Aランクです。");
09:
10:  else if((test < 80) && (test >= 50))
11:      System.out.print(test + "点:");
12:      System.out.print("Bランクです。");
13:
14:  else
15:      System.out.print(test + "点:");
16:      System.out.print("Cランクです。");
```

1 それぞれの場合に処理を追加

200　第7章 制御文

7 ブロックを追加する

if文、else if文、else文で実行する処理を、
それぞれブロックで囲みます **1**。

```
 2  public class Chap7Ex3 {
 3      public static void main(String[] args) {
 4          int test = 70;
 5
 6          if(test >= 80){
 7              System.out.print(test +"点:");
 8              System.out.print("Aランクです。");
 9          }
10          else if((test < 80) && (test >= 50)){
11              System.out.print(test + "点:");
12              System.out.print("Bランクです。");
13          }
14          else{
15              System.out.print(test + "点:");
16              System.out.print("Cランクです。");
17
18
19
20      }
21
22  }
```

```
06: if(test >= 80) {
07:     System.out.print(test + "点:");
08:     System.out.print("Aランクです。");
09: }
10: else if((test < 80) && (test >= 50)) {
11:     System.out.print(test + "点:");
12:     System.out.print("Bランクです。");
13: }
14: else {
15:     System.out.print(test + "点:");
16:     System.out.print("Cランクです。");
17: }
```

1 ブロックで囲む

8 保存して実行する

保存して実行します。今度は処理が実行さ
れて、テキストが表示されました **1**。

```
 1
 2  public class Chap7Ex3 {
 3      public static void main(String[] args) {
 4          int test = 70;
 5
 6          if(test >= 80){
 7              System.out.print(test +"点:");
 8              System.out.print("Aランクです。");
 9          }
10          else if((test < 80) && (test >= 50)){
11              System.out.print(test + "点:");
12              System.out.print("Bランクです。");
13          }
14          else{
15              System.out.print(test + "点:");
16              System.out.print("Cランクです。");
17          }
18
19
```

🖳 問題 ＠ Javadoc 🔩 宣言 💬 コンソール ⬛ 🐾 デバッグ

\<終了\> Chap7Ex3 [Java アプリケーション] C:¥Program Files¥Java¥jre-9.0.1¥bin¥
70点：Bランクです。

1 50点以上80点未満の場合の処理を実行

7-3 else 201

理解 条件分岐の制御文

>>> if文、else if文、else文

条件分岐の制御文は、if文を使って1番目の条件を設定するところから始まります。その後で、1番目の条件が成立しない場合について、else if文を使って2番目以降の別の条件を設定していきます。最後に、どの条件も成立しない場合について、else文を記述します。したがって、if文を記述せずにelse if文やelse文だけを記述することはできません。

if文、else if文、else文は「文」なので、本来、条件が成立する場合の処理として記述できるのは1つの命令文だけです。しかし、これでは複雑な処理を実行することができないため、複数の命令文をブロックで囲んで1つの文として扱われるようにします。
ソースコード上の記述をわかりやすくするには、処理が1文だけであってもブロックで囲んで記述するほうがよいでしょう。

```
if(条件式1) {
    命令文1;
    命令文2;
}
```
処理の命令文が複数の場合はブロックで囲む

```
else if(条件式2) 命令文3;
```

```
else {
    命令文4;
}
```
命令文が1つだけの場合は、ブロックを省略できる

命令文が1つだけでも、ブロックで囲んだ方がわかりやすい

>>> else文の省略

else文は、if文とelse if文で設定した条件式がどれも成立しない場合の処理を記述するための制御文です。if文とelse if文で条件をすべて設定している場合や、設定した条件以外の場合を考えなくてよいときには、else文を省略することができます。

```
if(test >= 80) {
    …
}
else if ((test <80) && (test >= 50)) {
    …
}
else if(test < 50) {
    …
}
```

> すべての条件が設定されているのでelse文は不要

まとめ

- 3通り以上に条件分岐を行う場合は、else if文を利用する
- else文を使って、どの条件も成立しない場合の処理について記述する
- else文は省略することができる

第7章 制御文

4 if文のネスト

完成ファイル [chap07]→[07-04]→[finished]→[Chap7Ex4.java]

予習 if文のネスト（入れ子）について理解する

前項までで、if文やelse if文を使って複数の条件分岐を指定できるようになりました。では、一度条件に応じて分岐した処理の流れを、さらに細かい条件に応じて分岐するにはどうすればよいでしょうか。

これには、if文などのブロックの中にもう一度if文を記述して、細かい条件式を指定します。このような記述の方法を「**ネスト（入れ子）**」といいます。if文は何階層でもネストすることができます。

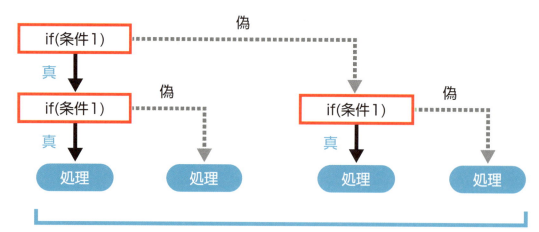

体験 if文をネストする

1 サンプルファイルを開き、変数を宣言する

5-3を参考にサンプルファイルの「Chap7Ex4.java」を開き、保存します。
int型の変数ptを宣言して、値を代入します**1**。変数ptの値をポイントとして、獲得ポイントに応じてレベルを分けるプログラムを作成します。

```
04:    int pt = 500;
```

1 入力

2 1階層目の条件分岐を記述する

最初に条件分岐を行うif文を記述します**1**。500ポイント未満をレベル1、500ポイント以上1000ポイント未満をレベル2、1000ポイント以上をレベル3とします。

```
06: if(pt >= 1000) {
07:     System.out.print(pt + "ポイント獲得。");
08:     System.out.println("現在【レベル 3】");
09: } else if((pt < 1000) && (pt >= 500)) {
10:     System.out.print(pt + "ポイント獲得。");
11:     System.out.println("現在【レベル 2】");
12: } else if(pt < 500) {
13:     System.out.print(pt + "ポイント獲得。");
14:     System.out.println("現在【レベル 1】");
15: }
```

1 1階層目の条件分岐を記述

7-4 if文のネスト 205

3 保存して実行する

保存して実行します。あらかじめ手順❶で変数ptには「500」が代入されているので、レベル2の場合のテキストが表示されます❶。

```java
 1
 2  public class Chap7Ex4 {
 3      public static void main(String[] args) {
 4          int pt = 500;
 5
 6          if(pt >= 1000) {
 7              System.out.print(pt + "ポイント獲得。");
 8              System.out.println("現在【レベル 3】");
 9          } else if((pt < 1000) && (pt >= 500)) {
10              System.out.print(pt + "ポイント獲得。");
11              System.out.println("現在【レベル 2】");
12          } else if(pt < 500) {
13              System.out.print(pt + "ポイント獲得。");
14              System.out.println("現在【レベル 1】");
15          }
16
17      }
```

```
<終了> Chap7Ex4 [Java アプリケーション] C:¥Program Files¥Java¥jre-9.0.1¥bin¥javaw.e
500ポイント獲得。現在【レベル 2】
```

1 結果を表示

4 2階層目の条件分岐を記述する

レベル2の場合に、獲得ポイントに応じてさらに異なるテキストが表示されるようにします。ブロックの中に、2階層目のif文などを記述します❶。

>>> **Tips**

ブロックの中でも初めから順番に処理が行われ、if文があればそこから処理が分岐していきます。

```java
 1
 2  public class Chap7Ex4 {
 3      public static void main(String[] args) {
 4          int pt = 500;
 5
 6          if(pt >= 1000) {
 7              System.out.print(pt + "ポイント獲得。");
 8              System.out.println("現在【レベル 3】");
 9          } else if((pt < 1000) && (pt >= 500)) {
10              System.out.print(pt + "ポイント獲得。");
11              if((pt < 1000) && (pt >= 950)) {
12                  System.out.println("あと" + (1000 - pt) + "で【レベル 3】");
13              } else if(pt == 500) {
14                  System.out.println("おめでとう!【レベル 2】到達!");
15              } else {
16                  System.out.println("現在【レベル 2】");
17              }
18          } else if(pt < 500) {
19              System.out.print(pt + "ポイント獲得。");
20              System.out.println("現在【レベル 1】");
21          }
22      }
23
```

```java
11:  if((pt < 1000) && (pt >= 950)) {
12:      System.out.println("あと" + (1000 - pt) + "で【レベル 3】");
13:  } else if(pt == 500) {
14:      System.out.println("おめでとう!【レベル 2】到達!");
15:  } else {
16:      System.out.println("現在【レベル 2】");
17:  }
```

1 2階層目の条件分岐を記述

5 保存して実行する

保存して実行します。500ポイント獲得した場合のテキストが表示されます **1**。

```java
 2  public class Chap7Ex4 {
 3      public static void main(String[] args) {
 4          int pt = 500;
 5
 6          if(pt >= 1000) {
 7              System.out.print(pt + "ポイント獲得。");
 8              System.out.println("現在【レベル 3】");
 9          } else if((pt < 1000) && (pt >= 500)) {
10              System.out.print(pt + "ポイント獲得。");
11              if((pt < 1000) && (pt >= 950)) {
12                  System.out.println("あと" + (1000 - pt) + "で【レベル 3】");
13              } else if(pt == 500) {
14                  System.out.println("おめでとう！【レベル 2】到達！");
15              } else {
16                  System.out.println("現在【レベル 2】");
17              }
```

```
📷 問題  @ Javadoc  🔍 宣言  🖥 コンソール ⋊  🐞 デバッグ
<終了> Chap7Ex4 [Java アプリケーション] C:¥Program Files¥Java¥jre-9.0.1¥bin¥javaw.e
500ポイント獲得。おめでとう！【レベル 2】到達！
```

1 500ポイントの場合のテキストを表示

6 変数の値を変更する

変数ptの値を「600」に変更します **1**。

```java
 1
 2  public class Chap7Ex4 {
 3      public static void main(String[] args) {
 4          int pt = 600;
 5
 6          if(pt >= 1000) {
 7              System.out.print(pt + "ポイント獲得。");
 8              System.out.println("現在【レベル 3】");
 9          } else if((pt < 1000) && (pt >= 500)) {
10              System.out.print(pt + "ポイント獲得。");
```

```
04:  int pt = 600;
```

1 値を変更

7 保存して実行する

保存して実行します。600ポイント獲得した場合のテキストが表示されます **1**。

```java
 3      public static void main(String[] args) {
 4          int pt = 600;
 5
 6          if(pt >= 1000) {
 7              System.out.print(pt + "ポイント獲得。");
 8              System.out.println("現在【レベル 3】");
 9          } else if((pt < 1000) && (pt >= 500)) {
10              System.out.print(pt + "ポイント獲得。");
11              if((pt < 1000) && (pt >= 950)) {
12                  System.out.println("あと" + (1000 - pt) + "で【レベル 3】");
13              } else if(pt == 500) {
14                  System.out.println("おめでとう！【レベル 2】到達！");
15              } else {
16                  System.out.println("現在【レベル 2】");
17              }
18          } else if(pt < 500) {
```

```
📷 問題  @ Javadoc  🔍 宣言  🖥 コンソール ⋊  🐞 デバッグ
<終了> Chap7Ex4 [Java アプリケーション] C:¥Program Files¥Java¥jre-9.0.1¥bin¥javaw.e
600ポイント獲得。現在【レベル 2】
```

1 600ポイントの場合のテキストを表示

7-4 if文のネスト　207

8 変数の値を変更する

変数ptの値を「980」に変更します **1**。

```
 1
 2  public class Chap7Ex4 {
 3      public static void main(String[] args) {
 4          int pt = 980;
 5
 6          if(pt >= 1000) {
 7              System.out.print(pt + "ポイント獲得。");
 8              System.out.println("現在【レベル 3】");
 9          } else if((pt < 1000) && (pt >= 500)) {
```

```
04:  int pt = 980;
```

1 値を変更

9 保存して実行する

保存して実行します。980ポイント獲得した場合のテキストが表示されます **1**。

```
 1
 2  public class Chap7Ex4 {
 3      public static void main(String[] args) {
 4          int pt = 980;
 5
 6          if(pt >= 1000) {
 7              System.out.print(pt + "ポイント獲得。");
 8              System.out.println("現在【レベル 3】");
 9          } else if((pt < 1000) && (pt >= 500)) {
10              System.out.print(pt + "ポイント獲得。");
11              if((pt < 1000) && (pt >= 950)) {
12                  System.out.println("あと" + (1000 - pt) + "で【レベル 3】");
13              } else if(pt == 500) {
14                  System.out.println("おめでとう！【レベル 2】到達！");
15              } else {
16                  System.out.println("現在【レベル 2】");
17              }
18          } else if(pt < 500) {
19              System.out.print(pt + "ポイント獲得。");
20              System.out.println("現在【レベル 1】");
21          }
22
23      }
```

問題 @ Javadoc 宣言 コンソール デバッグ

<終了> Chap7Ex4 [Java アプリケーション] C:¥Program Files¥Java¥jre-9.0.1¥bin¥javaw.e
980ポイント獲得。あと20で【レベル 3】

1 980 ポイントの場合のテキストを表示

COLUMN インデントの利用

if文は何階層でもネストすることができますが、if文や階層が増えると、ブロックの区切りや、どのif文に対応するelse if文かなどがわかりにくくなり、記述を間違えることも増えてきます。
間違いを防いで、ソースコード上で条件分岐の流れをわかりやすくするためには、if文のブロック内を記述するときに、先頭にインデント（字下げ）を入れるようにします。インデントは、Tabキーを使って追加します。ネストしたif文のブロック内の記述にもインデントを加えると、入れ子の階層が目で見てすぐにわかるようになります。

208 第7章 制御文

理解 | if文のネスト

>>> ネストしたif文の条件分岐

if文では「()」内で指定した条件式（条件式1）が成立すると、「{}」で囲まれたブロック内の処理を実行します。このブロック内にif文を記述して「()」内に条件式2を指定すると、条件式1が成立する場合の処理の流れを、条件式2が成立するかどうかによってさらに細かく条件分岐することができるようになります。if文のブロック内にif文を記述することを「**if文のネスト（入れ子）**」といいます。

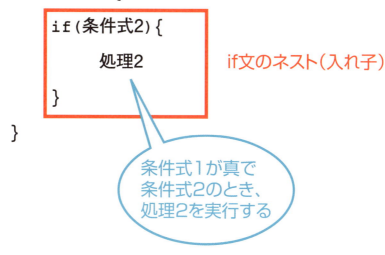

まとめ

- if文を入れ子にして、さらに細かい条件分岐を行うことができる
- if文は何階層でも入れ子にすることができる
- インデントを使ってソースコードをわかりやすく記述する

第7章 制御文

5 文字列を比較する条件式

完成ファイル | 📁[chap07]→📁[07-05]→📁[finished]→📄[Chap7Ex5.java]

 予習 文字列を比較する方法を覚える

2つの数値が等しいことを表す条件式は、比較演算子の「**==**」を使って記述します。では、2つの文字列が同じかどうかを調べるにはどうすればよいでしょうか？

文字列の内容を比較するには、**equals()メソッド**を利用します。「==」演算子で文字列を比較しようとすると、予想とは異なる結果になることがあります。これは、基本データ型と参照型の仕組みの違いが原因です。

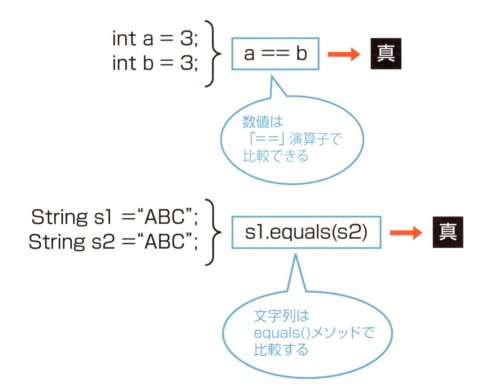

体験 文字列を比較する

1 サンプルファイルを開き、変数を宣言する

5-3を参考にサンプルファイルの「Chap7Ex5.java」を開き、保存します。
String型の変数s1、s2を宣言します。new演算子を使って変数ごとに記憶領域を用意し、文字列を代入します❶。

```
public class Chap7Ex5 {
    public static void main(String[] args) {
        String s1 = new String("パスワード");
        String s2 = new String("パスワード");
    }
}
```

```
04: String s1 = new String("パスワード");
05: String s2 = new String("パスワード");
```

❶ new演算子で個別に記憶する

>>>Tips
Javaでは通常、同一クラス内に同じ内容の文字列リテラルがあるときには、同一のオブジェクトと見なして同じメモリ領域を参照することになっています。しかし、ここでは実験のため、new演算子を使って同じ内容の文字列リテラルが個別に記憶されるようにしています。

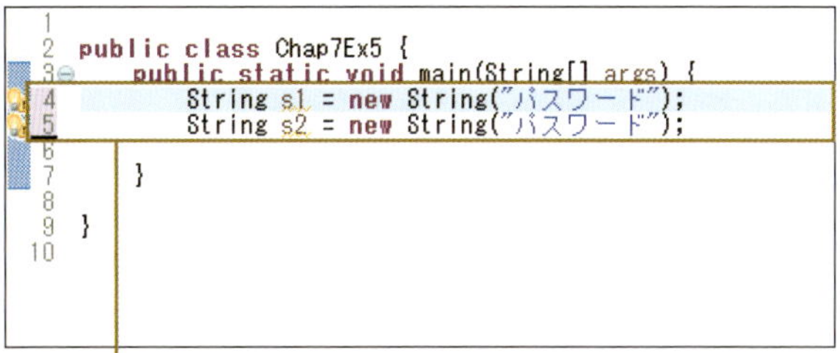

2 ==演算子で条件式を記述してみる

「==」演算子では文字列を比較できないことを確認してみましょう。図のようにif文の条件式と処理を記述します❶。

```
Chap7Ex5.java
public class Chap7Ex5 {
    public static void main(String[] args) {
        String s1 = new String("パスワード");
        String s2 = new String("パスワード");

        if(s1 == s2) {
            System.out.print("一致します。");
        }
        else {
            System.out.print("一致しません。");
        }
    }
}
```

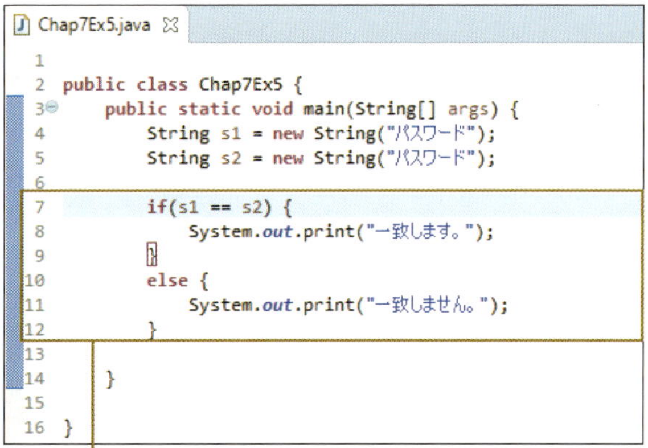

```
07: if(s1 == s2) {
08:     System.out.print("一致します。");
09: }
10: else {
11:     System.out.print("一致しません。");
12: }
```

❶ String型変数を「==」演算子で比較

7-5 文字列を比較する条件式 | 211

3 保存して実行する

保存して実行します。手順①で変数s1、s2には同じ内容の文字列が代入されています。しかし、「==」演算子を使って比較すると、変数に記憶されている番地情報を比較することになるので、変数s1とs2は一致しないことになります①。

① 番地情報を比較するので一致しない

4 equals()メソッドで比較する

String型変数の文字列を比較するには、条件式の記述を図のように変更します①。

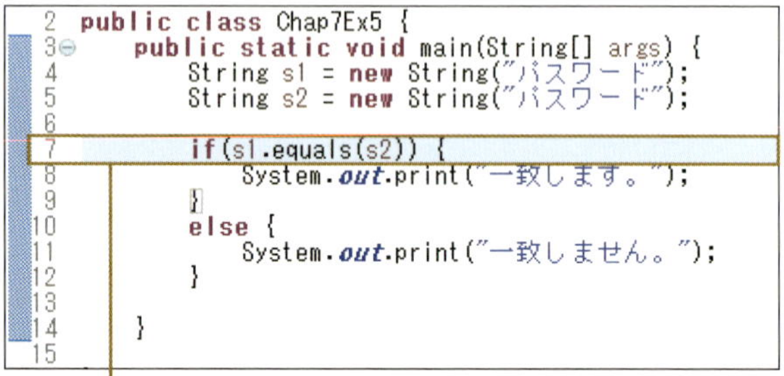

```
 2  public class Chap7Ex5 {
 3      public static void main(String[] args) {
 4          String s1 = new String("パスワード");
 5          String s2 = new String("パスワード");
 6
 7          if(s1.equals(s2)) {
 8              System.out.print("一致します。");
 9          }
10          else {
11              System.out.print("一致しません。");
12          }
13
14      }
15  }
```

07: `if(s1.equals(s2)) {`

① 条件式を変更

5 保存して実行する

保存して実行します。今度は番地情報で参照した場所にある文字列が比較されるので、変数s1とs2は一致します①。

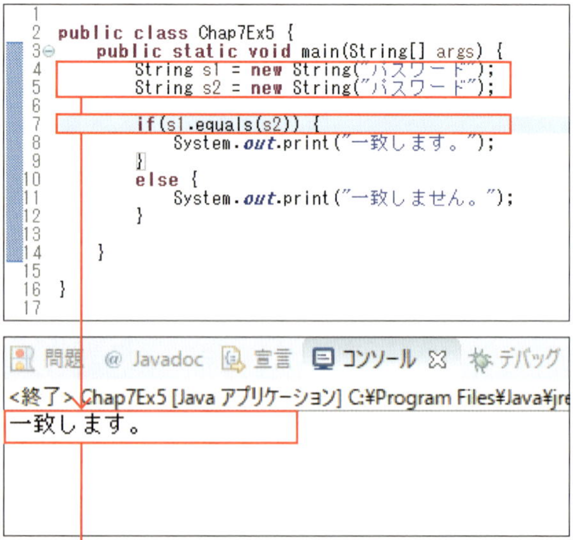

```
 1
 2  public class Chap7Ex5 {
 3      public static void main(String[] args) {
 4          String s1 = new String("パスワード");
 5          String s2 = new String("パスワード");
 6
 7          if(s1.equals(s2)) {
 8              System.out.print("一致します。");
 9          }
10          else {
11              System.out.print("一致しません。");
12          }
13
14      }
15
16  }
17
```

<終了> Chap7Ex5 [Java アプリケーション] C:¥Program Files¥Java¥jre
一致します。

① 参照先の文字列を比較するので一致する

6 文字列を変更する

変数s2に代入した文字列を変更してみます **1**。

```
2   public class Chap7Ex5 {
3     public static void main(String[] args) {
4         String s1 = new String("パスワード");
5         String s2 = new String("ぱすわーど");
6
7         if(s1.equals(s2)) {
8             System.out.print("一致します。");
9         }
10        else {
11            System.out.print("一致しません。");
12        }
13
14    }
15
16  }
```

```
05:  String s2 = new String("ぱすわーど");
```

1 文字列を変更

7 保存して実行する

保存して実行します。比較する文字列の一方が変更されたので、変数s1とs2は一致しません **1**。

```
2   public class Chap7Ex5 {
3     public static void main(String[] args) {
4         String s1 = new String("パスワード");
5         String s2 = new String("ぱすわーど");
6
7         if(s1.equals(s2)) {
8             System.out.print("一致します。");
9         }
10        else {
11            System.out.print("一致しません。");
12        }
13
14    }
```

```
問題   @ Javadoc   宣言   コンソール   デバッグ
<終了> Chap7Ex5 [Java アプリケーション] C:¥Program Files¥Java¥jre
一致しません。
```

1 参照先の文字列が変更されたので一致しない

8 比較する文字列を直接指定する

equals () メソッドで比較する文字列を直接指定するには、「()」内に「""」で囲んだ文字列を記述します **1**。

>>> Tips

「""」で囲んだ文字列のリテラルは、「定数文字列」と呼ばれます。

```
2   public class Chap7Ex5 {
3     public static void main(String[] args) {
4         String s1 = new String("パスワード");
5         String s2 = new String("ぱすわーど");
6
7         if(s1.equals("パスワード")) {
8             System.out.print("一致します。");
9         }
10        else {
11            System.out.print("一致しません。");
12        }
13
14    }
15
16  }
```

```
07:  if(s1.equals("パスワード")) {
```

1 変数s1と「パスワード」を比較

7-5 文字列を比較する条件式 | 213

9 保存して実行する

保存して実行します。変数s1に代入された文字列と、equals()メソッドで指定した文字列は同じ内容なので、一致する場合のテキストが表示されます❶。

> **Tips**
> 変数s1に代入された文字列と、equals()メソッドで指定した文字列は、同じ内容で同一クラス内にあるので、同じメモリ領域から参照されることになります。このため==演算子で番地情報を比較しても一致します。

❶ 同じ文字列を比較するので一致する

理解 文字列の比較

>>> String型変数の仕組み

第2章で学習したように、文字列を扱うString型の変数には、値そのものではなく値のある場所を参照するための番地情報が記憶されます。このような変数は「**参照型**」と呼ばれます。2つのString型変数に同じ内容の文字列が代入されている場合でも、実際には文字列はそれぞれ異なる場所に記憶されていて、番地情報は異なっていることがあります。

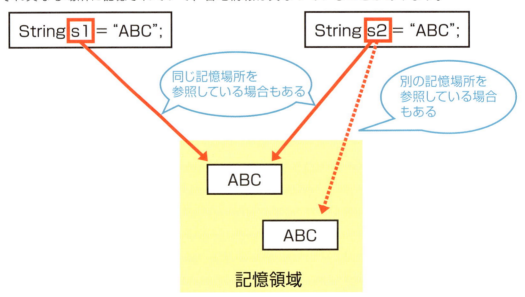

▶▶▶ ==演算子による比較

数値などを扱う基本データ型の変数では、変数に値が直接記憶されます。「==」演算子は、変数に記憶されている値自体を比較して等しいかどうかを調べる働きを持っているので、基本データ型の変数は「==」演算子を使って比較することができます。

一方、String型変数には、文字列が保存されている場所の番地情報が記憶されているため、「==」演算子を使うと、文字列自体ではなく番地情報を比較することになってしまいます。

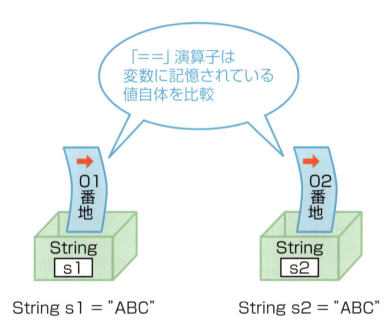

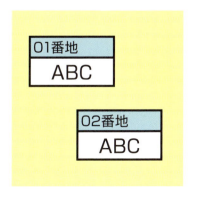

>>> equals()メソッドによる比較

equals()メソッドを使うと、String型変数の参照先にある文字列を比較することができます。equals()メソッドは2つの文字列を比較して、一致する場合に「true」、一致しない場合に「false」を返す働きをします。

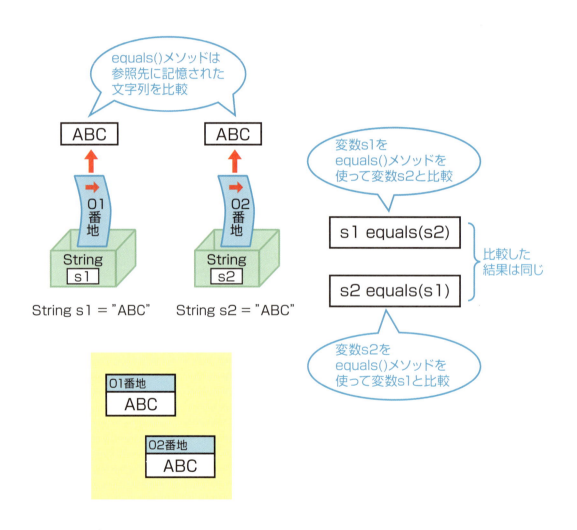

>>> String型変数の値がnullになる場合

サンプルプログラムでは変数s1、s2に文字列を代入して比較を行っていますが、実際のプログラムでは比較対象となるString型変数の値が「null」になることも考えられます。つまり、String型変数は用意したけれど、参照先が決まっていないという状態です。
このような場合にequals()メソッドで文字列の比較を行うと、エラーが起こります。そのため、String型変数の値が「null」になる可能性がある場合には、条件式を次のように記述してエラーを防ぐ必要があります。

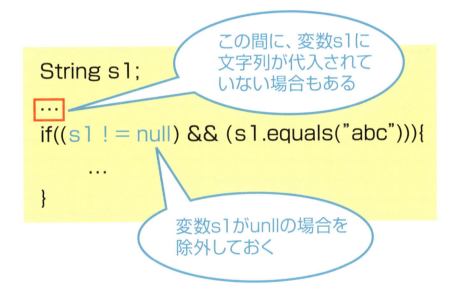

まとめ

- 文字列の比較はequals()メソッドを利用する
- equals()メソッドは、String型変数の参照先の文字列どうしを比較する

第7章 制御文

6 入力内容で分岐する

完成ファイル | [chap07]→[07-06]→[finished]→[Chap7Ex6.java]

 予習 キーボードから文字を入力して利用する ≫≫

前項までのサンプルプログラムでは、変数の値をあらかじめソースコード内で代入しておき、処理をシンプルにして文法を中心に解説をしてきました。この項では、文法の解説から少し横にそれて、キーボードから入力された内容を変数に代入して利用するプログラムを作成してみましょう。ユーザ名を入力して、クイズに答えるプログラムです。

Javaでは、クラスをプログラムの部品として、複数のクラスを組み合わせて複雑なプログラムを作成したり、クラスを再利用したりすることができるようになっています。そのため、特によく利用するクラスについては、あらかじめ「**クラスライブラリ**」としてまとめたものが用意されています。ここでは、クラスライブラリの1つである「**java.ioパッケージ**」を利用します。

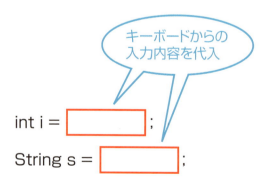
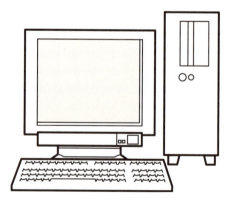

体験　クイズの回答を判定するプログラム

1 サンプルファイルを開き、パッケージを読み込む

5-3を参考にサンプルファイルの「Chap7Ex6.java」を開き、保存します。
ソースコードの先頭に図のように記述して、java.ioパッケージを読み込みます。

```
*Chap7Ex6.java
1  import java.io.*;
2
3  public class Chap7Ex6 {
4      public static void main(String[] args) {
5
6      }
7  }
8
```

`01: import java.io.*;`

1 java.ioパッケージを読み込む

>> Tips
import文は、別のファイルに保存されている外部クラスを読み込むための命令文です。「*」は、パッケージ内のクラスをすべて読み込むという意味です。クラス名を指定して個別に読み込むこともできます。

2 入力内容の一時保存先を用意する

図のように記述して、キーボードから入力した内容を一時保存（バッファリング）できるようにします**1**。

```
1  import java.io.*;
2
3  public class Chap7Ex6 {
4      public static void main(String[] args) {
5          BufferedReader br = new BufferedReader(new InputStreamReader(System.in));
6
7      }
8  }
```

`05: BufferedReader br = new BufferedReader(new InputStreamReader(System.in));`

1 入力内容の一時保存先を用意する

>> Tips
キーボードからの入力を「標準入力」といいます。「new InputStreamReader (System.in)」は、標準入力からのバイトデータ（System.in）を、InputStreamReaderクラスを使って文字列に変換した値を表します。BufferedReaderクラスは1行分の入力の一時保存を表します。BufferedReaderクラスの変数brを用意して、ここに標準入力からの文字列を代入しています。

7-6　入力内容で分岐する　219

3 質問を表示する

図のように記述して、質問を表示します **1**。

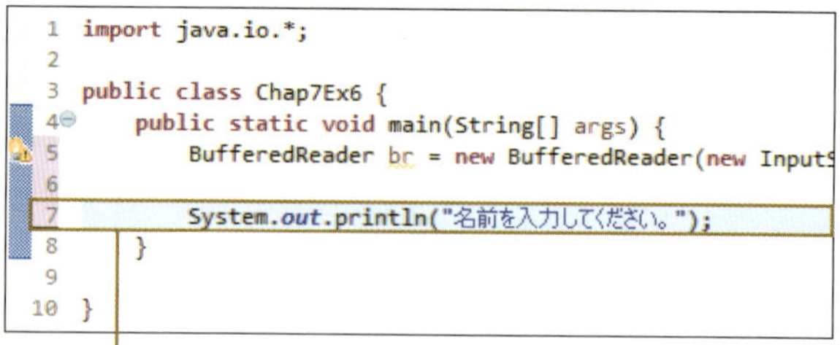

```
1    import java.io.*;
2
3    public class Chap7Ex6 {
4        public static void main(String[] args) {
5            BufferedReader br = new BufferedReader(new InputS
6
7            System.out.println("名前を入力してください。");
8        }
9
10   }
```

>>> **Tips**

「System.in」が標準入力
からの入力内容を表すの
に対し、「System.out」
は標準出力（通常は画
面）への出力内容を表し
ます。

07: `System.out.println("名前を入力してください。");`

1 質問を表示

4 キーボードからの入力を 受け取る

String型の変数nameを宣言して、一時保
存した入力内容を代入します **1**。プログラム
のこの行が実行されると、画面上は入力待
ちの状態になります。キーボードから入力が
行われ、 Enter キーが押されると次の処理
に進みます。

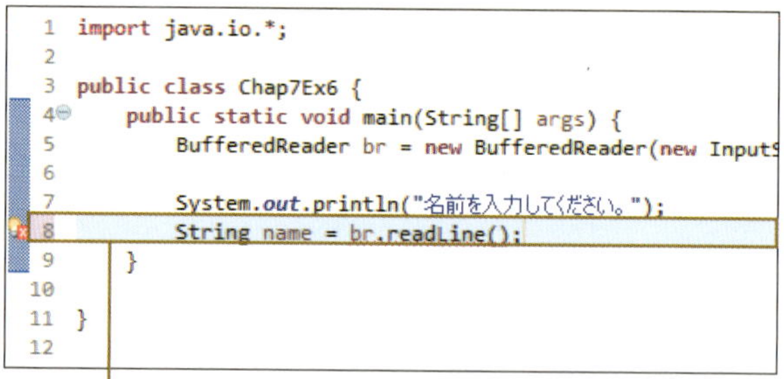

```
1    import java.io.*;
2
3    public class Chap7Ex6 {
4        public static void main(String[] args) {
5            BufferedReader br = new BufferedReader(new InputS
6
7            System.out.println("名前を入力してください。");
8            String name = br.readLine();
9        }
10
11   }
12
```

>>> **Tips**

BufferedReaderクラスで定義されている
readLine ()メソッドを使って、一時保存から1行
の文字列を読み込みます。

08: `String name = br.readLime();`

1 変数nameに一時保存した文字列を代入

5 入力内容を表示する

図のように記述して、入力内容を使ったテキ
ストを表示します **1**。

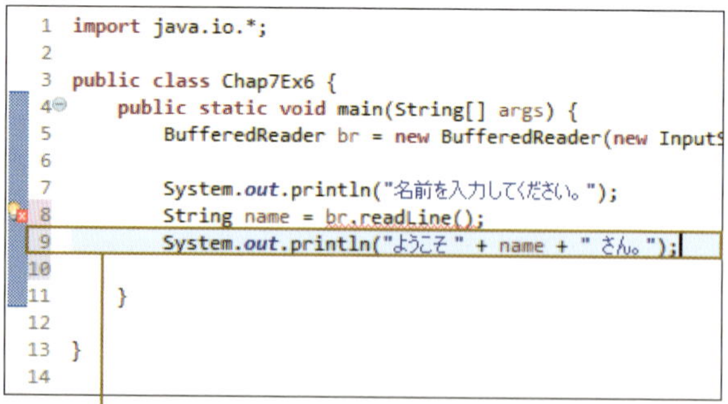

```
1    import java.io.*;
2
3    public class Chap7Ex6 {
4        public static void main(String[] args) {
5            BufferedReader br = new BufferedReader(new InputS
6
7            System.out.println("名前を入力してください。");
8            String name = br.readLine();
9            System.out.println("ようこそ " + name + " さん。");
10
11       }
12
13   }
14
```

09: `System.out.println("ようこそ " + name + " さん。");`

1 入力内容を使ったテキストを表示

6 入力エラーの場合の処理を記述する

手順❹で記述した行の左端に、構文エラーのアイコンが表示されています❶。これは、キーボードからの入力に失敗した場合の処理を、まだ記述していないためです。
main ( ) メソッド内の処理をすべて選択して❷、[ソース] → [囲む] → [try/catchブロック] をクリックします❸。すると、自動的に選択範囲がtryブロックとなって、その後ろにcatchブロックが追加されます❹。
tryブロックで実行した処理に失敗すると、catchブロックの処理が実行されるようになります。ここでは、失敗した場合にはエラー内容が表示されます。

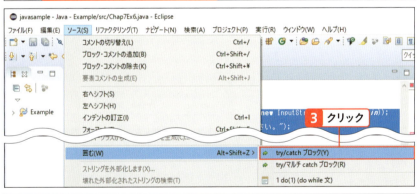

7-6 入力内容で分岐する 221

7 クイズを表示して、回答を入力させる

図のように記述してクイズを表示します**1**。
Stringクラスの変数aを宣言して、入力され
たクイズの回答が代入されるようにします**2**。

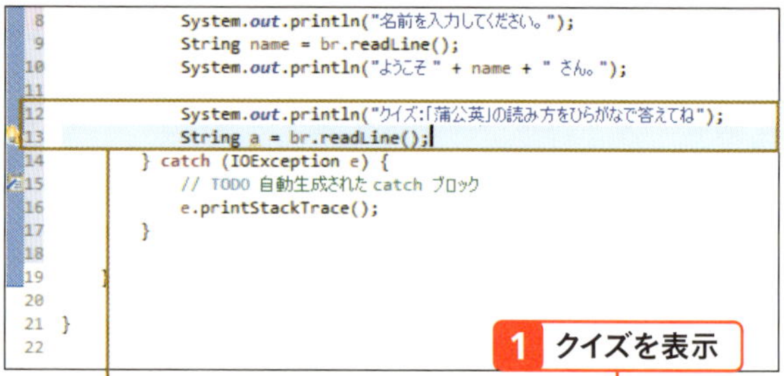

```
 8        System.out.println("名前を入力してください。");
 9        String name = br.readLine();
10        System.out.println("ようこそ " + name + " さん。");
11
12        System.out.println("クイズ:「蒲公英」の読み方をひらがなで答えてね");
13        String a = br.readLine();
14    } catch (IOException e) {
15        // TODO 自動生成された catch ブロック
16        e.printStackTrace();
17    }
18
19
20
21  }
22
```

1 クイズを表示

```
12: System.out.println("クイズ:「蒲公英」の読み方をひらがなで答えてね");
13: String a = br.readLine();
```

2 変数aにクイズの解答を代入

---

8 文字数を数える

int型の変数lenを宣言して、クイズの回答
として入力された内容の文字数を代入します
1。

>>> **Tips**

文字列の文字数を求めるには、lengthフィールド
を利用します。

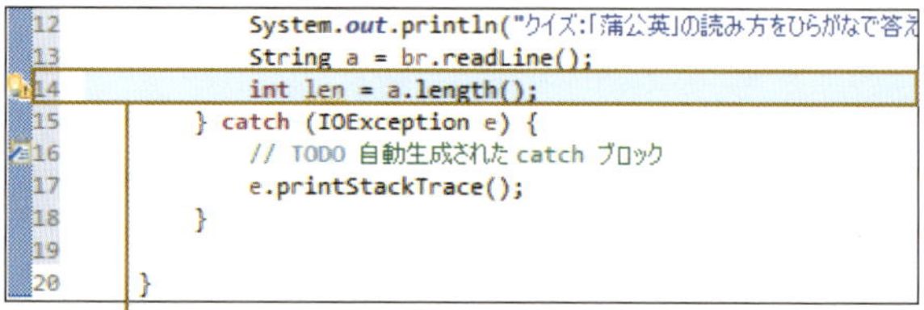

```
12        System.out.println("クイズ:「蒲公英」の読み方をひらがなで答え
13        String a = br.readLine();
14        int len = a.length();
15    } catch (IOException e) {
16        // TODO 自動生成された catch ブロック
17        e.printStackTrace();
18    }
19
20  }
```

```
14: int len = a.length();
```

1 変数lenに解答の文字数を代入

---

9 回答が間違っていた場合の処理を設定する

回答が「たんぽぽ」ではなかった場合の処理
を、while文を使って設定します**1**。while
文については、後で詳しく説明します。

>>> **Tips**

while文は、条件が成立する間は指定した処理を
繰り返すための制御文です。

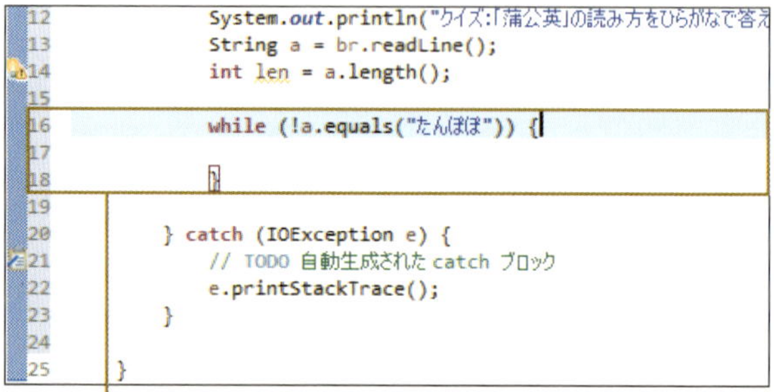

```
12        System.out.println("クイズ:「蒲公英」の読み方をひらがなで答え
13        String a = br.readLine();
14        int len = a.length();
15
16        while (!a.equals("たんぽぽ")) {
17
18        }
19
20    } catch (IOException e) {
21        // TODO 自動生成された catch ブロック
22        e.printStackTrace();
23    }
24
25  }
```

```
16: while (!a.equals("たんぽぽ")) {
17:
18: }
```

1 間違っていた場合の処理を設定

10 処理内容を記述する

if文を使って、回答の文字数に応じて異なるテキストを表示します❶。

```
17: if(len == 4) {
18:     System.out.println("残念！　でも4文字です。");
19: } else if(len < 4) {
20:     System.out.println("残念！　もっと長いです。");
21: } else if(len > 4) {
22:     System.out.println("残念！　もっと短いです。");
23: }
```

❶ 処理内容を記述

11 もう一度入力させる

回答が間違っていたらもう一度回答を入力させて、変数aに代入されるようにします❶。変数lenの値も、もう一度代入します。

```
24: a = br.readLine();
25: len = a.length();
```

❶ もう一度入力させる

12 正解の場合の処理を記述する

回答が正解の場合の処理を記述します❶。

```
28: System.out.println("正解です！");
```

❶ 正解の場合の処理を記述

13 保存して実行する

保存して実行します。回答の入力内容に応じて、表示されるテキストが変化しています❶。

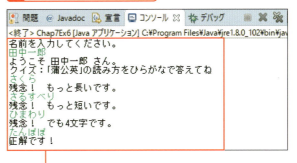

❶ 入力内容に応じて処理が変わる

7-6 入力内容で分岐する

理解 キーボードからの入力

>>> 標準入出力

前項までのサンプルプログラムで、テキストを画面に表示するために print () または println () メソッドを使ってきました。これらのメソッドの前の「System.out」は、標準出力（画面）への出力内容を表すので、「System.out.print ()」は「標準出力に出力内容を表示する」という意味になります。一方、標準入力（キーボード）からの入力内容は「System.in」で表わされます。「System.in」や「System.out」はクラスライブラリの1つである「java.langパッケージ」で定義されています。java.langパッケージは非常に使用頻度の高い基本的な機能をまとめたものなので、import文を使わなくても自動的に読み込まれることになっています。

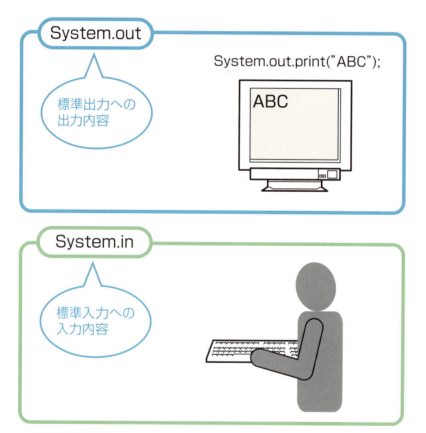

入力内容の一時保存や、ファイルの読み取り・書き込みなどの入出力に関する機能も、プログラムでよく利用されるものです。これらの機能は「java.ioパッケージ」としてまとめられています。このパッケージを読み込むことで、入出力に関する様々な機能を簡単に利用できるようになります。

COLUMN Java API、クラスライブラリ、パッケージ

たとえば標準入力を受け取ったり、標準出力を表示したりすることは、どんなプログラムでも共通する機能です。このような共通の機能は膨大な数がありますが、これらについてプログラムを作成する度に記述するのは大変な作業です。そこで、あらかじめ共通の機能を利用するためのプログラムを用意しておき、このプログラムを呼び出すことで個別のプログラミングを簡単にすることが行われています。

共通の機能を利用するためのプログラムは、一般に「API（Application Program Interface）」と呼ばれます。一般的なAPIは、OSに用意されている機能を利用するためのプログラムです。しかし、Javaの場合はJavaプログラムとOSを仲介する「JavaVM」という仕組みがあるので、JavaVMに用意された機能を利用するためのプログラムがJavaにとってのAPIということになります。Java APIにあたるのが「クラスライブラリ」です。

クラスライブラリには多くのクラスが含まれますが、これらのクラスを機能ごとにまとめて、必要なものだけを利用できるようにしたのが「パッケージ」です。

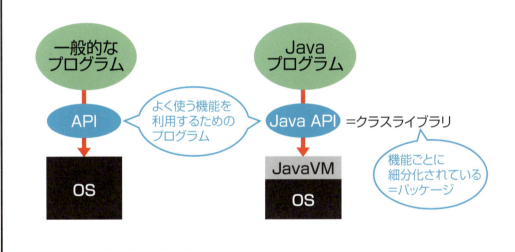

まとめ

- import文で外部クラスを読み込むことができる
- キーボードからの入力内容を「標準入力」、画面への出力内容を「標準出力」という

第7章 練習問題

■問題1

次のソースコードの穴を埋めなさい。変数aの値が「晴れ」の場合は処理A、「曇り」の場合は処理Bを実行するものとします。

```java
public class Chap7Test1 {
    public static void main(String[] args) {
        [①]    a = "晴れ";
        if ( [②]  ("晴れ")) {
            System.out.println("いい天気ですね！"); //処理A
        } [③]  ( [②]  ("曇り")) {
            System.out.println("雨が降るかな？"); //処理B
        }
    }
}
```

ヒント 「7-4　if文のネスト」参照。文字列の比較にはequals()メソッドを利用します。

■問題2

次のソースコードを実行したとき画面に表示される内容を答えなさい。

```java
public class Chap7Test2 {
    public static void main(String[] args) {
        int age = 16;
        int sex = 1; //男性：0、女性：1
        if (age >= 18) {
            System.out.println(age + "歳は男女とも結婚できる年齢です。");
        } else if (age >= 16) {
            if (sex == 0) {
                System.out.println(age + "歳なので男性はまだ結婚できません。");
            } else {
                System.out.println(age + "歳なので女性は結婚できます。");
            }
        } else {
            System.out.println(age + "歳は男女ともまだ結婚できません。");
        }
    }
}
```

ヒント 「7-4　if文のネスト」参照。

繰り返し文

- 8-1　while
- 8-2　for
- 8-3　2重ループ
- 8-4　break
- 8-5　continue

第8章　練習問題

第8章 繰り返し文

1 while

完成ファイル｜[chap08]→[08-01]→[finished]→[Chap8Ex1.java]

 予習　条件式が成立する間、処理を繰り返す

同じ処理を繰り返して行うために同じソースコードを何度も書くのは、効率の良い方法ではありません。この章では、繰り返し処理を効率よく行うための制御文について学習しましょう。処理を繰り返すことを「**ループ**」といいます。

はじめに説明するのは、前章 **7-6** で出てきた「**while文**」です。while文は、指定された条件式が成立する間だけ同じ処理を繰り返します。あらかじめ繰り返す回数を決める必要がないので、キーボードからの入力内容について比較を行う場合などに利用されます。

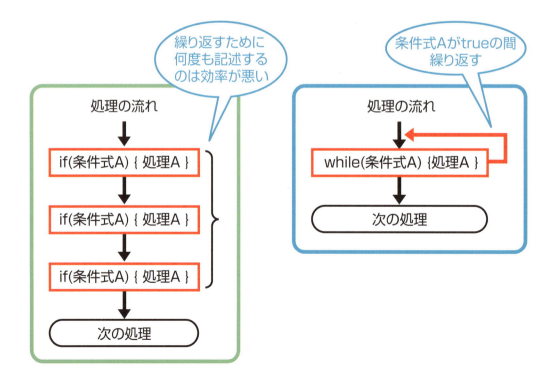

体験 while文で処理を繰り返す

1 サンプルファイルを開き、入力内容を一次保存する

5-3を参考にサンプルファイルの「Chap8Ex1.java」を開き、保存します。キーボードからの入力に応じて処理を繰り返すプログラムを作成してみましょう。

あらかじめ、java.ioパッケージの読み込み❶と、try/catchブロックが記述されています。tryブロック内に図のように記述して、キーボードから入力した内容を一時保存するための変数brを用意します❷。

1 java.ioのパッケージの読み込み

2 tryブロック内に入力内容の一時保存先を用意

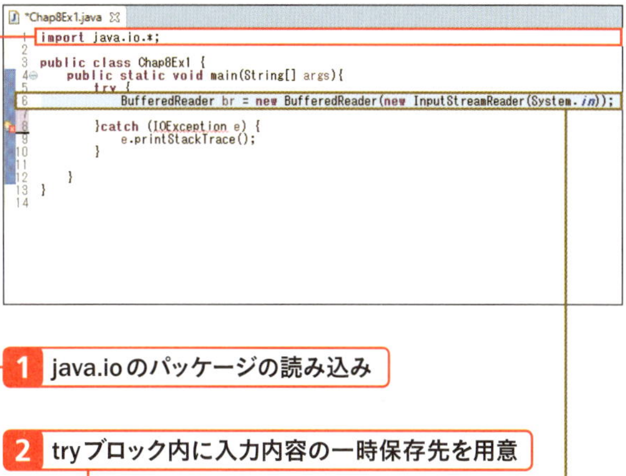

```
06: BufferedReader br = new BufferedReader(new InputStreamReader(System.in));
```

2 入力の指示を表示する

tryブロック内に図のように記述して、入力を指示するテキストを表示します❶。

1 入力の指示を表示

```
08: System.out.println("「1234」と入力してください。");
```

3 キーボードからの入力を受け取る

String型の変数strを宣言して、一時保存した入力内容が代入されるようにします❶。変数strには、文字列として入力された数字が代入されることになります。

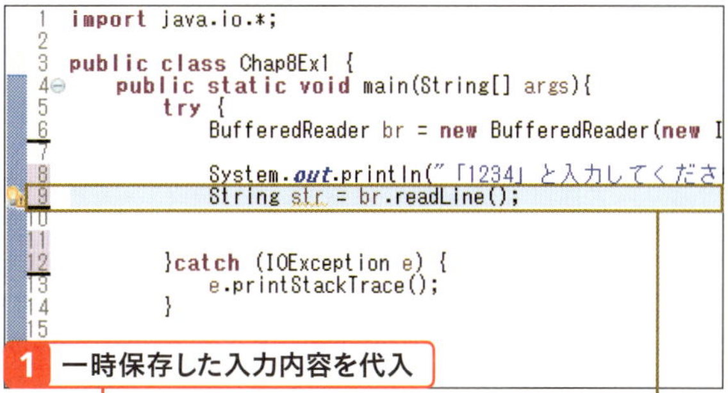

1 一時保存した入力内容を代入

```
09: String str = br.readLine();
```

8-1 while 229

4 文字列を数値に変換する

図のように記述して、変数strに代入された文字列を整数値に変換し、int型の変数iに代入します **1**。

```
7
8         System.out.println(" 「1234」 と入力してくださ
9         String str = br.readLine();
10        int i = Integer.parseInt(str);
11
12      }catch (IOException e) {
13          e.printStackTrace();
14      }
15
16    }
17  }
18
```

```
10:  int i = Integer.parseInt(str);
```

1 文字列を数値に変換

>>> **Tips**

ここではIntegerクラスのparseInt()メソッドを使って、文字列をint型の数値に変換しています。Integerクラスは、基本データ型の値を操作するための「ラッパークラス」の1つです。

5 while文で繰り返すための条件を記述する

図のようにwhile文を記述します **1**。「while」の後ろの「()」内に条件式を記述します。この条件式が成立する間は、次に指定する処理が繰り返し実行されることになります。

```
7
8         System.out.println(" 「1234」 と入力してくださ
9         String str = br.readLine();
10        int i = Integer.parseInt(str);
11
12        while (i != 1234){
13
14        }
15
16      }catch (IOException e) {
17          e.printStackTrace();
18      }
19
20    }
21  }
```

```
12:  while (i != 1234) {
13:
14:  }
```

1 while文に繰り返しの条件を記述

6 繰り返す処理を記述する

while文のブロック内に、条件式が成立する場合に繰り返す処理を記述します **1**。変数iの値が「1234」ではなかった場合には、もう一度入力の指示を表示して入力内容を受け取り、文字列を数値に変換します。

```
8         System.out.println(" 「1234」 と入力してください。");
9         String str = br.readLine();
10        int i = Integer.parseInt(str);
11
12        while (i != 1234){
13            System.out.println("違います。「1234」 と入力してください。");
14            str = br.readLine();
15            i = Integer.parseInt(str);
16
17        }
18
19      }catch (IOException e) {
20          e.printStackTrace();
21      }
22
23    }
24  }
25
```

```
13:  System.out.println("違います。「1234」と入力してください。");
14:  str = br.readLine();
15:  i = Integer.parseInt(str);
```

1 繰り返す処理を記述

7 正しく入力された場合の処理を記述する

while文の後ろに正しく入力された場合の処理を記述します **1**。

```
6          BufferedReader br = new BufferedReader(new InputStreamReader
7          System.out.println("「1234」と入力してください。");
8          String str = br.readLine();
9          int i = Integer.parseInt(str);
10
11         while (i != 1234) {
12             System.out.println("違います。「1234」と入力してください。");
13             str = br.readLine();
14             i = Integer.parseInt(str);
15         }
16
17         System.out.println("正しく入力されました。");
18
19     } catch (IOException e) {
20         e.printStackTrace();
21     }
22
23     }
24 }
25
```

```
17:  System.out.println("正しく入力されました。");
```

1 正しく入力された場合の処理を記述

8 保存して実行する

保存して実行します。「1234」と入力されなかった場合には、もう一度入力の指示が表示されます **1**。

```
🔲 問題  @ Javadoc  🔲 宣言  🖳 コンソール ⌘  🐞 デバッグ
<終了> Chap8Ex1 [Java アプリケーション] C:¥Program Files¥Java¥jre1.8.0_102¥bin¥java
「1234」と入力してください。
9876
違います。「1234」と入力してください。
1234
正しく入力されました。
```

1 正しく入力されるまで入力を繰り返す

9 ソースコードを確認する

入力の指示を表示し入力内容を受け取る部分が重複しているので **1**、もう少し簡単にしてみましょう。

```
1  import java.io.*;
2
3  public class Chap8Ex1 {
4      public static void main(String[] args){
5          try {
6              BufferedReader br = new BufferedReader(new InputStreamReader(
7              System.out.println("「1234」と入力してください。");
8              String str = br.readLine();
9              int i = Integer.parseInt(str);
10
11             while (i != 1234) {
12                 System.out.println("違います。「1234」と入力してください。");
13                 str = br.readLine();
14                 i = Integer.parseInt(str);
15             }
16
17             System.out.println("正しく入力されました。");
18
19         } catch (IOException e) {
20             e.printStackTrace();
21         }
22
23     }
24 }
```

1 命令文が重複

8-1　while 231

10 do～while文に変更する

do～while文を使って、ソースコードを変更します **1**。このままでは変数iがdoブロック内で宣言されているため、繰り返しの条件式が構文エラーになってしまいます。

>>> Tips

while文では条件式が成立するかどうかを評価してから、処理を実行します。一方、do～while文では、doブロック内の処理を実行した後で条件式を評価し、成立する場合にはもう一度doブロックに戻って処理を繰り返します。

```
4   public static void main(String[] args){
5       try {
6           BufferedReader br = new BufferedReader(new InputStreamRead
7
8           do {
9               System.out.println("「1234」と入力してください。");
10              String str = br.readLine();
11              int i = Integer.parseInt(str);
12          }while (i != 1234);
13
14          System.out.println("正しく入力されました。");
15
```

```
08: do {
09:     System.out.println("「1234」と入力してください。");
10:     str = br.readLine();
11:     i = Integer.parseInt(str);
12: } while (i != 1234);
```

1 do～while文に変更

11 変数をdoブロックの外で宣言する

図のように記述して、変数の宣言をdoブロックの外で行うように変更します **1**。

>>> Tips

ブロック内で宣言された変数は、そのブロック内でのみ使用することができます。

```
1   import java.io.*;
2
3   public class Chap8Ex1 {
4       public static void main(String[] args){
5           try {
6               BufferedReader br = new BufferedReader(new InputStreamReader
7
8               String str;
9               int i;
10
11              do {
12                  System.out.println("「1234」と入力してください。");
13                  str = br.readLine();
14                  i = Integer.parseInt(str);
15              }while (i != 1234);
16
```

```
08: String str;
09: int i;
```

1 変数をブロック外で宣言

12 保存して実行する

保存して実行します。「1234」と入力されなかった場合には、もう一度入力を指示するテキストが表示されます **1**。

>>> Tips

Javaでは、全角数字を入力しても数字として認識され、数値に変換することができます。

```
問題  @ Javadoc  宣言  コンソール ☓  デバッグ
<終了> Chap8Ex1 [Java アプリケーション] C:¥Program Files¥Java¥jre1.8.0_102¥bin¥java
「1234」と入力してください。
5 6 7 8
「1234」と入力してください。
1 2 3 4
正しく入力されました。
```

1 正しく入力されるまで入力を繰り返す

232　8　繰り返し文

理解 | while文とdo～while文について

>>> while文

サンプルプログラムでは、キーボードからの入力内容について比較を行い、文字列が一致しない場合にはもう一度入力させるという処理を繰り返しています。何回目の入力操作で入力内容が一致するかはわからないので、「文字列が一致しない」という条件が成立する間はずっと同じ処理を繰り返すことが必要です。

このような場合には、while文を使うと、繰り返す回数を決めずにループを作ることができます。

• 書式

```
while(条件式) {
    繰り返し処理
}
```

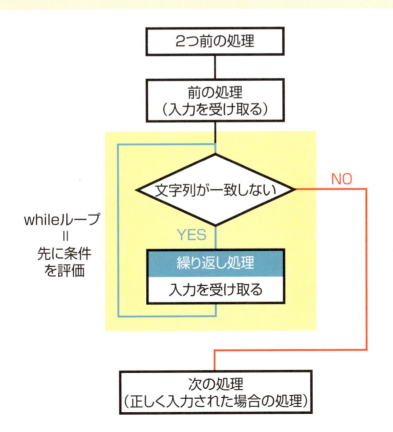

>>> do～while文

do～while文では、まず処理を実行してから条件式を評価し、成立する場合には処理を繰り返します。そのため、必ず一度は処理が実行されることになります。

一方、doのつかないwhile文では、先に条件式を評価して、成立する間だけ処理を実行するため、プログラムの流れが初めてループに差し掛かったときに条件式が成立しない場合には、一度も処理を実行しないままでループを終了することになります。

• 書式

```
do {
    繰り返し処理
} while(条件式);
```

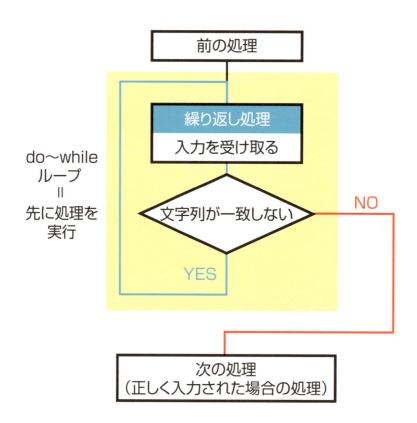

>>> 無限ループ

次のようなループを考えてみましょう。int型の変数aの値が3以下である間だけ処理を繰り返すというものです。

例1では、while文のブロック内で変数aの値をインクリメントしているので、処理を3回繰り返した後の変数aの値は4になります。すると、条件式が成立しなくなるため4回目の処理は行われず、ループを終了して次の処理に移ることができるようになります。

例2では、変数aの値は1のままで変化しません。条件式が常に成立することになるため、処理が永久に繰り返されてしまいます。このようなループの状態は「**無限ループ**」と呼ばれ、プログラムのバグの一種です。

- 例1：繰り返し条件が成立しなくなる場合

```java
int a = 1;
while (a <= 3) {
    System.out.println(a + "回目");
    a++;
}
```

- 例2：繰り返し条件が常に成立する場合

```java
int a = 1;
while (a <= 3) {
    System.out.println(a + "回目");
}
```

まとめ

- 条件が成立する間だけ処理を繰り返すには、while文を利用する
- do～while文では、必ず一度は処理が実行される
- 永久に処理を繰り返す状態を「無限ループ」という

第8章 繰り返し文

2 for

完成ファイル │ [chap08]→[08-02]→[finished]→[Chap8Ex2.java]

予習 回数を決めて処理を繰り返す

繰り返し処理のパターンには、繰り返しの回数をあらかじめ決定できる場合と、決定できない場合の2通りがあります。前項で説明したwhile文は、回数ではなく条件が成立する間だけ処理を繰り返すための制御文です。

処理を繰り返す回数がわかっている場合には、「**for文**」を使って記述することができます。for文では、回数の決定に利用するカウンタを用意して初期値を決めておきます。カウンタの数値は、繰り返しを行う度に規則的に変化していきます。この数値が決められた範囲内にある場合のみ、処理が実行されることになります。

for文による繰り返し

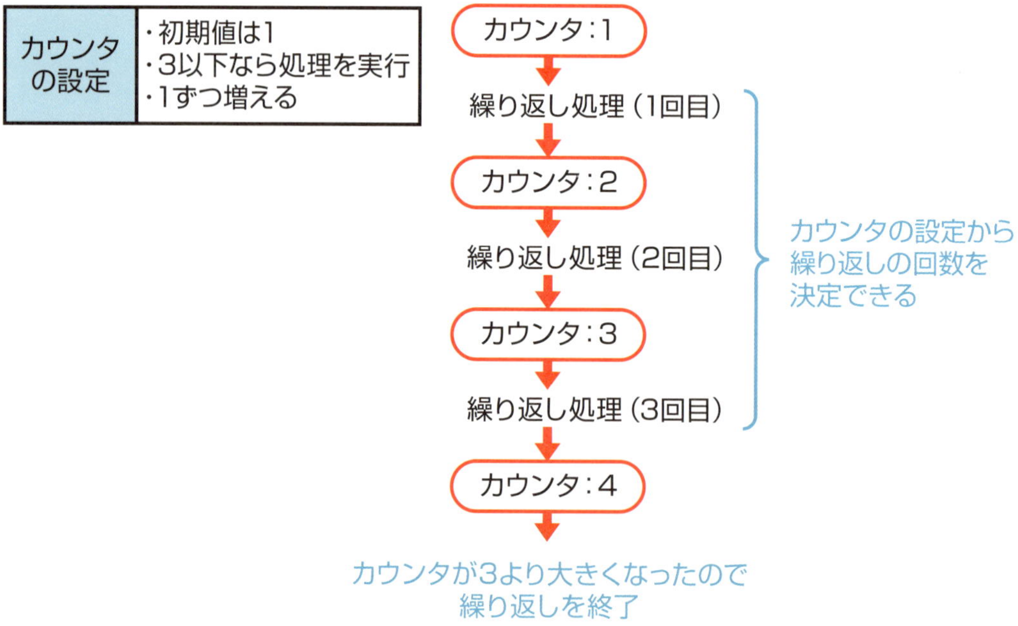

| カウンタの設定 | ・初期値は1
・3以下なら処理を実行
・1ずつ増える |

カウンタ：1
　↓
繰り返し処理（1回目）
　↓
カウンタ：2
　↓
繰り返し処理（2回目）
　↓
カウンタ：3
　↓
繰り返し処理（3回目）
　↓
カウンタ：4

カウンタの設定から繰り返しの回数を決定できる

カウンタが3より大きくなったので繰り返しを終了

体験 for文で処理を繰り返す

1 サンプルファイルを開く

5-3を参考にサンプルファイルの「Chap8Ex2.java」を開き、保存します。
繰り返しの回数を表示しながら、テキストを3回表示するプログラムです **1**。

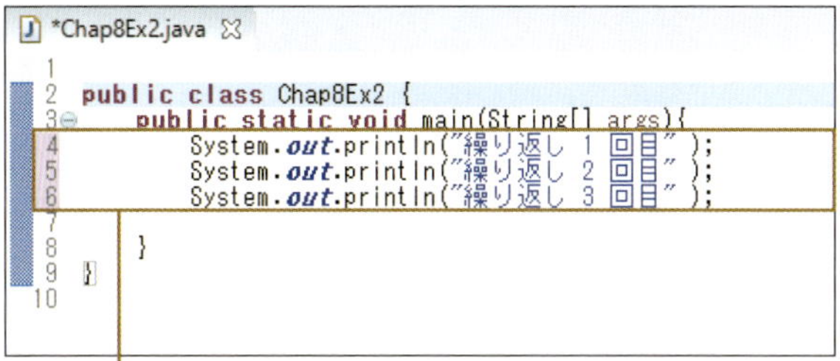

```
04: System.out.println("繰り返し 1回目" );
05: System.out.println("繰り返し 2回目" );
06: System.out.println("繰り返し 3回目" );
```

1 テキストを3回表示

2 回数用の変数を宣言する

まず、回数表示の部分について、変数を使って表わすように変更してみましょう。図のようにint型の変数iを宣言し、初期化します **1**。

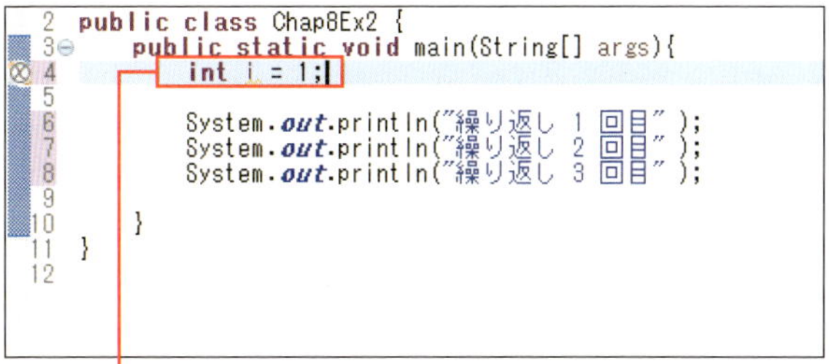

1 宣言をまとめて記述

3 表示テキストを変更する

println()メソッドで表示するテキストを、変数を使って書き換えます **1**。回数部分に変数の値が表示されるようになりますが、このままでは変数iの値は1のままです。

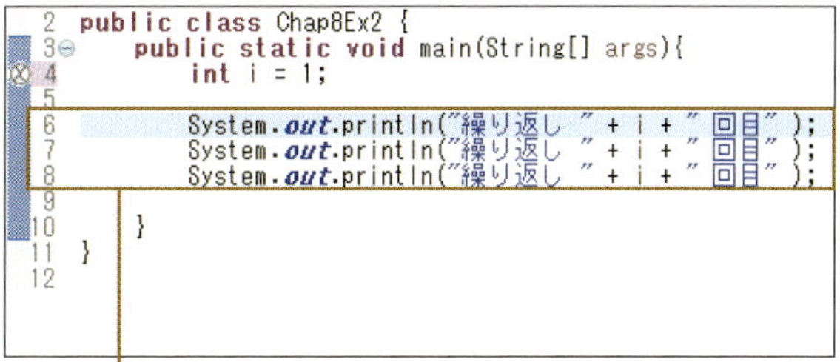

```
06: System.out.println("繰り返し " + i + " 回目" );
07: System.out.println("繰り返し " + i + " 回目" );
08: System.out.println("繰り返し " + i + " 回目" );
```

1 回数表示を変数に置き換え

8-2 for 237

④ 変数iをインクリメントする

インクリメント演算子を使って、変数iの値が1増えるように変更します**1**。

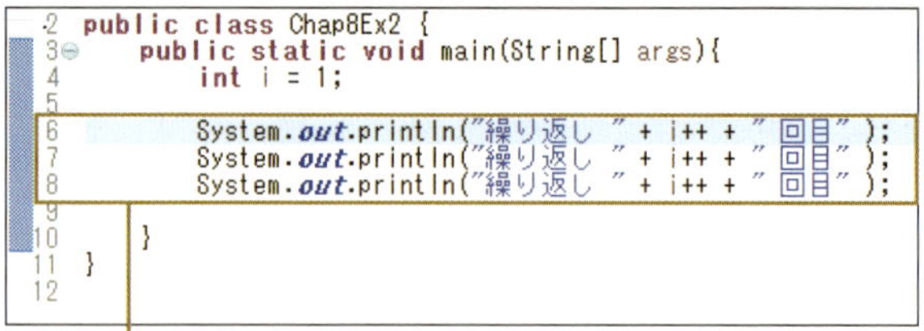

```
 2  public class Chap8Ex2 {
 3    public static void main(String[] args){
 4      int i = 1;
 5
 6      System.out.println("繰り返し " + i++ + " 回目");
 7      System.out.println("繰り返し " + i++ + " 回目");
 8      System.out.println("繰り返し " + i++ + " 回目");
 9
10    }
11  }
12
```

>>> Tips

インクリメント演算子が後置になっているので、変数iの値が表示された後で、値が1増えることになります。

```
06:  System.out.println("繰り返し " + i++ + " 回目" );
07:  System.out.println("繰り返し " + i++ + " 回目" );
08:  System.out.println("繰り返し " + i++ + " 回目" );
```

1 変数をインクリメント

⑤ 保存して実行する

保存して実行します。テキストが3回繰り返して表示されました**1**。

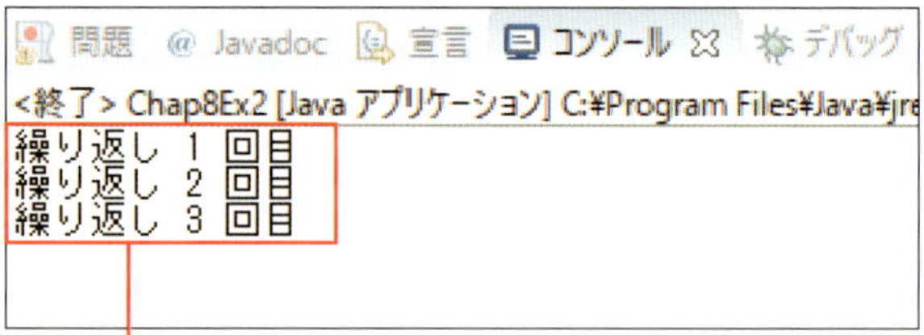

```
🔲 問題  @ Javadoc  🔲 宣言  🔲 コンソール ☒  ✳ デバッグ
<終了> Chap8Ex2 [Java アプリケーション] C:\Program Files\Java\jre
繰り返し 1 回目
繰り返し 2 回目
繰り返し 3 回目
```

1 テキストを3回表示

⑥ for文のカウンタを設定する

テキストを3回繰り返して表示することが決まっているので、for文を利用すればソースコードをもっと簡単に記述することができます。図のように記述して、for文のカウンタを設定します**1**。「for」の後ろの「()」内に、「カウンタを初期化する式」「繰り返しの条件式」「繰り返し後にカウンタを変化させる式」を「;」で区切って記述します。

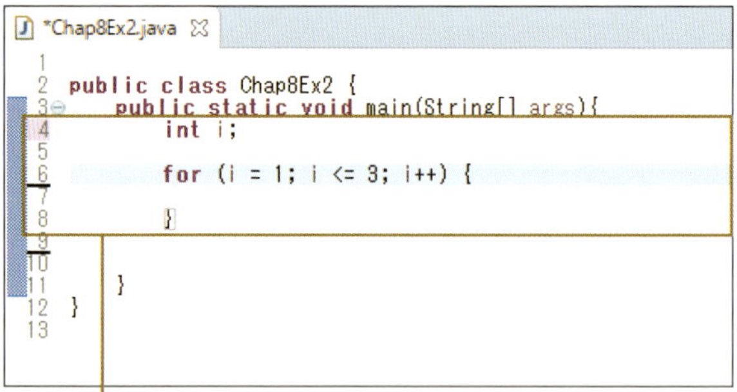

```
🗾 *Chap8Ex2.java ☒
 1
 2  public class Chap8Ex2 {
 3    public static void main(String[] args){
 4      int i;
 5
 6      for (i = 1; i <= 3; i++) {
 7
 8      }
 9
10    }
11  }
12
13
```

>>> Tips

変数iがカウンタとなります。カウンタの初期値として1が代入され、カウンタが3以下の間はブロック内の処理が繰り返されることになります。処理が実行されるごとにカウンタは1増えます。

```
04:  int i;
05:
06:  for (i = 1; i <= 3; i++) {
07:
08:  }
```

1 for文のカウンタを設定

238 **8** 繰り返し文

7 繰り返しの処理を記述する

for文のブロック内に、繰り返しの処理を記述します❶。「繰り返し後にカウンタを変化させる式」が設定されているので、ブロック内では変数iについて変更を行いません。

```
07: System.out.println("繰り返し " + i + " 回目" );
```

❶ 繰り返しの処理を記述

8 ループ終了後の変数iの値を確認する

ループが終了した後、変数iの値がどのようになっているか確認してみましょう❶。

```
11: System.out.println("現在の変数iの値:" + i );
```

❶ ループ終了後の変数iの値を確認

9 保存して実行する

保存して実行します。テキストが3回繰り返して表示されました❶。繰り返し後の変数iの値は4になっています❷。

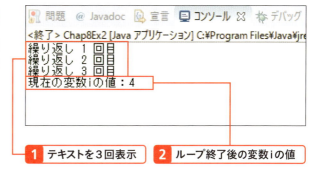

❶ テキストを3回表示　❷ ループ終了後の変数iの値

8-2 for 239

理解 for文の仕組み

>>> for文のカウンタ

while文では繰り返しの条件式のみを設定しましたが、for文では、まずカウンタとなる変数を用意します。カウンタに初期値を設定した上で、繰り返しの条件式と、カウンタを変化させるための式を設定します。3つの式は「;」で区切って並べて記述します。
カウンタに代入された数値は、処理が実行されると変化の式にしたがって変更されます。変更後の数値が繰り返しの条件式で設定した範囲内にある場合には、処理が繰り返されることになります。

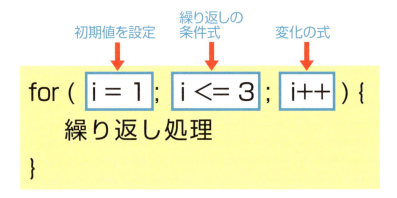

>>> 繰り返し処理の順番

上のfor文の繰り返し処理の順番は、次のようになります。

① ループの開始⇒カウンタiに1を代入。
② 条件式を評価。カウンタiは3より小さいので条件式が成立。
③ 繰り返し処理を実行。
④ カウンタiを1増やす(カウンタiは2)。
⑤ 条件式を評価。カウンタiは3より小さいので条件式が成立。
⑥ 繰り返し処理を実行。
⑦ カウンタiを1増やす(カウンタiは3)。
⑧ 条件式を評価。カウンタiは3と等しいので条件式が成立。
⑨ 繰り返し処理を実行。
⑩ カウンタiを1増やす(カウンタiは4)。
⑪ 条件式を評価。カウンタiは3より大きいので条件式が成立しない。⇒ループを終了

>>> カウンタの変化

サンプルプログラムでは、カウンタの変化の式としてインクリメント演算子を使って、処理を行うごとに数値が1増えるようにしています。

カウンタは増加させるだけでなく、デクリメント演算子を使って減らしていくこともできます。また、算術演算子や代入演算子を使って、インクリメントやデクリメント以外の変化を行うこともできます。

- カウンタを1増やす

```
【例】　for(int i = 1; i <= 3; i++)
```

- カウンタを1減らす

```
【例】　for(int i = 10; i >= 1; i--)
```

- カウンタを4増やす

```
【例】　for(int i = 1; i < 10; i += 4)
```

まとめ

- あらかじめ繰り返しの回数を決定できる場合は、for文を利用する
- for文には、カウンタとなる変数を用意する
- カウンタの初期化式、条件式、変化の式を設定して、処理を繰り返す

第8章 繰り返し文

3 2重ループ

完成ファイル | [chap08]→[08-03]→[finished]→[Chap8Ex3.java]

 予習 繰り返しの中で繰り返す

while文やfor文を入れ子にすることで、繰り返し処理の中で別の処理を繰り返すことができます。このような繰り返しの流れを「**2重ループ**」または「**多重ループ**」といいます。ループは何重にも重ねることができますが、あまり重ねるとソースコードがわかりにくくなったり、全体の処理が遅くなったりすることもあるので注意が必要です。

for文を入れ子にした2重ループでは、外側のループと内側のループにそれぞれ異なるカウンタを用意して繰り返しを行います。for文の2重ループを作ってみましょう。

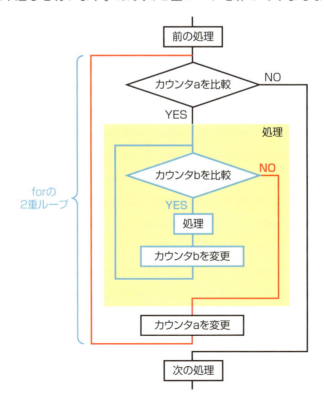

体験 for文の2重ループを作る

1 サンプルファイルを開き、外側ループのカウンタを作る

5-3 を参考にサンプルファイルの「Chap8Ex3.java」を開き、保存します。
まず、外側のループを作ります。外側ループ用のカウンタを用意します❶。

❶ 外側のループ用のカウンタaを用意

```
04: int a;
```

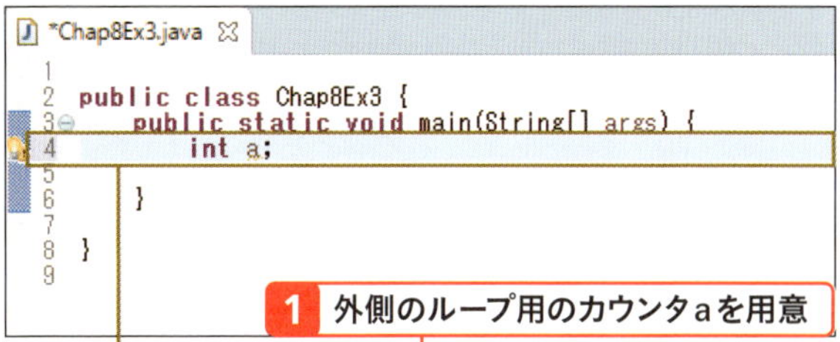

2 外側ループのカウンタを設定する

図のように、外側ループのfor文を記述してカウンタを設定します❶。

> **>>>Tips**
> カウンタaの初期値を1として、カウンタが3以下の間だけ処理を繰り返します。カウンタの数値は、繰り返しが終了するごとに1増えます。

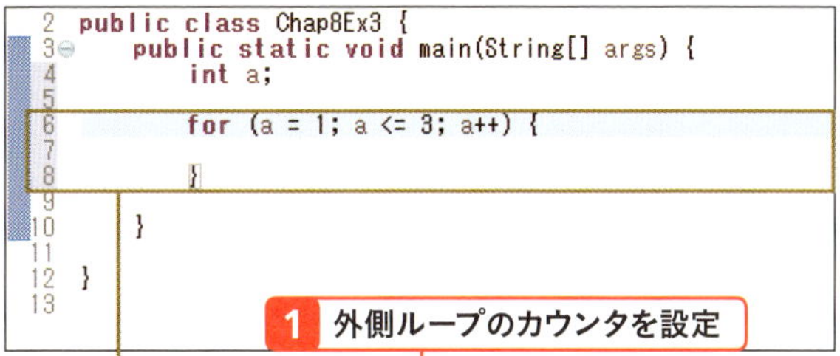

❶ 外側ループのカウンタを設定

```
06: for (a = 1; a <= 3; a++) {
07:
08: }
```

3 外側ループの処理を記述する

for文で繰り返す処理を記述します❶。for文による処理の範囲をわかりやすくするため、ループが終了するとテキストが表示されるようにしています❷。

❶ 外側ループの処理を記述

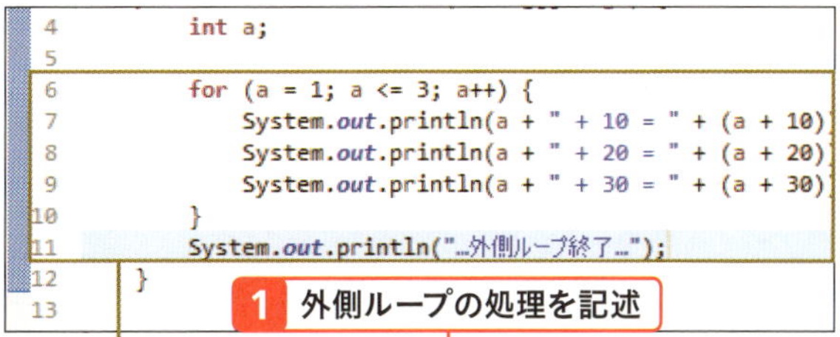

```
06: for (a = 1; a <= 3; a++) {
07:     System.out.println(a + " + 10 = " + (a + 10));
08:     System.out.println(a + " + 20 = " + (a + 20));
09:     System.out.println(a + " + 30 = " + (a + 30));
10: }
11: System.out.println("…外側ループ終了…");
```

❷ ループが終了したときにテキストを表示

4 保存して実行する

保存して実行します。カウンタaが1から3まで増えていき、ループが終了しています**1**。ループ内の処理も、for文を使って記述してみましょう。

>>> Tips

ループ内では、カウンタaの数値と10、20、30の足し算を行っています。10、20、30の部分には規則性があるので、カウンタを用意すれば変化の式で表すことができます。

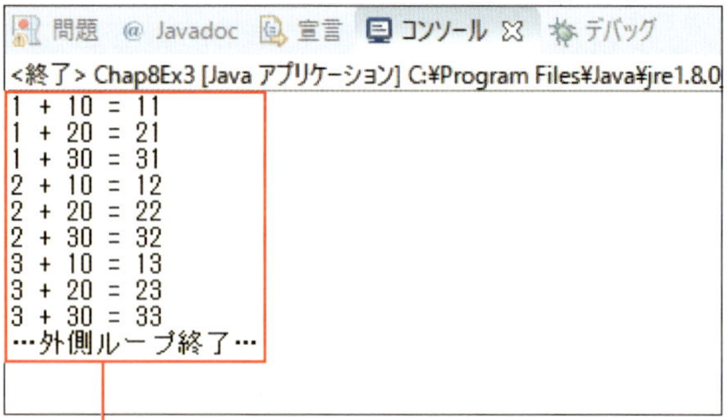

```
問題  @ Javadoc  宣言  コンソール 🖾  デバッグ

<終了> Chap8Ex3 [Java アプリケーション] C:¥Program Files¥Java¥jre1.8.0
1 + 10 = 11
1 + 20 = 21
1 + 30 = 31
2 + 10 = 12
2 + 20 = 22
2 + 30 = 32
3 + 10 = 13
3 + 20 = 23
3 + 30 = 33
…外側ループ終了…
```

1 外側ループが実行される

```
 2  public class Chap8Ex3 {
 3      public static void main(String[] args) {
 4          int a, b;
 5
 6          for (a = 1; a <= 3; a++) {
 7              System.out.println(a + " + 10 = " + (a + 10));
 8              System.out.println(a + " + 20 = " + (a + 20));
 9              System.out.println(a + " + 30 = " + (a + 30));
10          }
11
12          System.out.println("…外側ループ終了…");
13      }
14
15  }
16
```

```
04:  int a, b;
```

1 内側ループ用のカウンタbを用意

5 内側ループのカウンタを作る

内側ループ用に、カウンタbを用意します**1**。

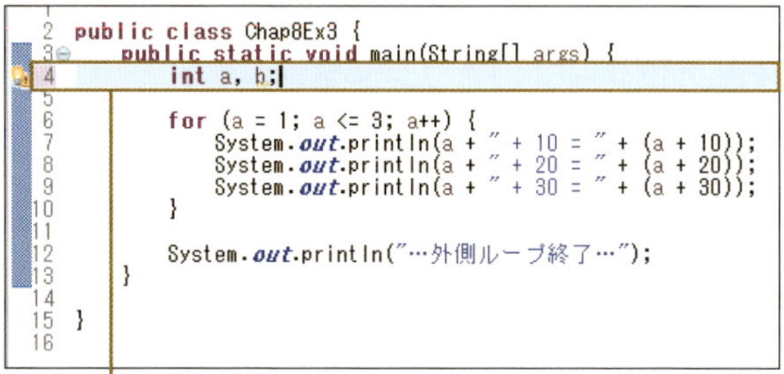

6 内側ループのカウンタを設定する

図のように、内側ループのfor文を記述してカウンタを設定します**1**。

>>> Tips

カウンタbの初期値を10として、カウンタが30以下の間だけ処理を繰り返します。カウンタの数値は、繰り返しが終了するごとに10増えます。

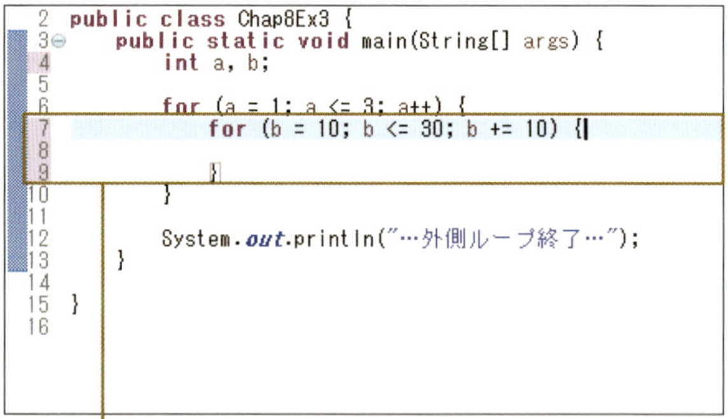

```
 2  public class Chap8Ex3 {
 3      public static void main(String[] args) {
 4          int a, b;
 5
 6          for (a = 1; a <= 3; a++) {
 7              for (b = 10; b <= 30; b += 10) {
 8
 9              }
10          }
11
12          System.out.println("…外側ループ終了…");
13      }
14
15  }
16
```

```
07:  for (b = 10; b <= 30; b += 10) [
08:
09:  }
```

1 内側ループのカウンタを設定

244 **8** 繰り返し文

7 内側ループの処理を記述する

ソースコードを図のように書き換え、内側ループの処理を記述します **1**。

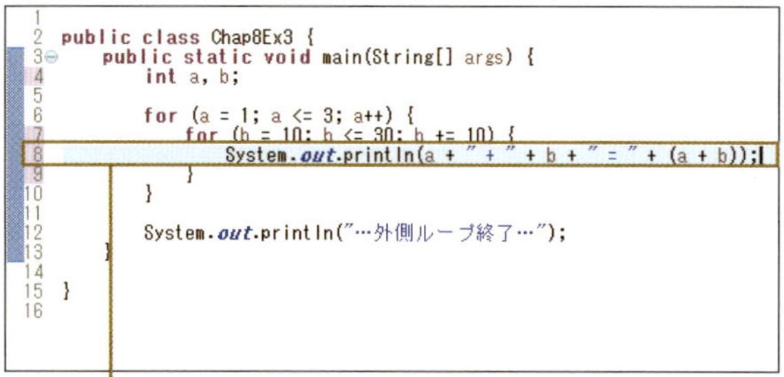

```
1
2  public class Chap8Ex3 {
3      public static void main(String[] args) {
4          int a, b;
5
6          for (a = 1; a <= 3; a++) {
7              for (b = 10; b <= 30; b += 10) {
8                  System.out.println(a + " + " + b + " = " + (a + b));
9              }
10         }
11
12         System.out.println("…外側ループ終了…");
13     }
14
15 }
16
```

```
08:  System.out.println(a + " + " + b + " = " + (a + b));
```

1 内側ループの処理を記述

8 内側ループの処理範囲を示す

内側ループが終了した場合も、テキストが表示されるようにします **1**。

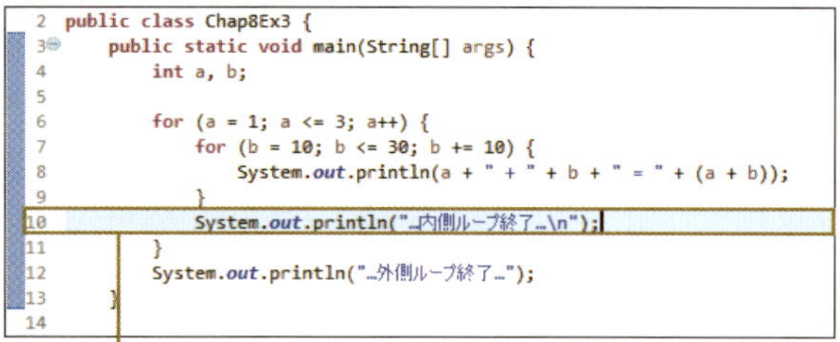

```
2  public class Chap8Ex3 {
3      public static void main(String[] args) {
4          int a, b;
5
6          for (a = 1; a <= 3; a++) {
7              for (b = 10; b <= 30; b += 10) {
8                  System.out.println(a + " + " + b + " = " + (a + b));
9              }
10             System.out.println("…内側ループ終了…\n");
11         }
12         System.out.println("…外側ループ終了…");
13     }
14
```

```
10:  System.out.println("…内側ループ終了…¥n");
```

1 ループが終了した時にテキストを表示

>>> Tips

「¥n」は、改行を表すJavaの特殊文字です。文字列の中に「¥n」を記述すると、その部分で改行が行われて表示されることになります。

9 保存して実行する

保存して実行します。まず、カウンタaが1の場合に内側ループが実行されます **1**。その後、カウンタaが2の場合、3の場合にそれぞれ内側ループが繰り返され、カウンタaが4になったところで外側ループが終了します **2**。

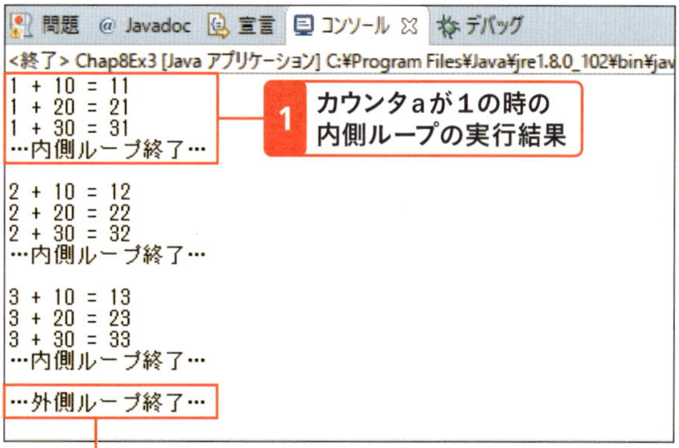

```
問題  @ Javadoc  宣言  コンソール ☒  デバッグ
<終了> Chap8Ex3 [Java アプリケーション] C:¥Program Files¥Java¥jre1.8.0_102¥bin¥jav
1 + 10 = 11
1 + 20 = 21
1 + 30 = 31
…内側ループ終了…

2 + 10 = 12
2 + 20 = 22
2 + 30 = 32
…内側ループ終了…

3 + 10 = 13
3 + 20 = 23
3 + 30 = 33
…内側ループ終了…

…外側ループ終了…
```

1 カウンタaが1の時の内側ループの実行結果

2 カウンタaが4になると、外側ループが終了

8-3 2重ループ 245

2重ループの仕組み

>>> for文の2重ループ

for文の2重ループには、外側と内側のループにそれぞれ別のカウンタが用意されています。サンプルプログラムでは、2種類のカウンタが図のように変化していきます。

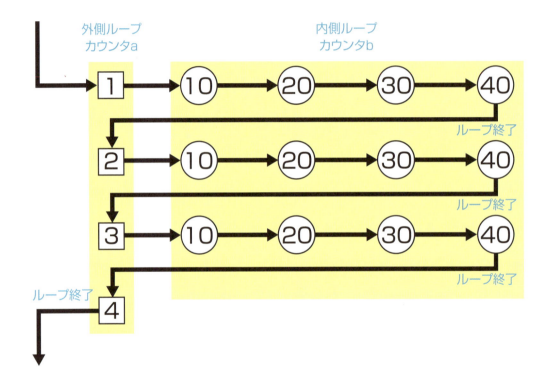

外側ループのカウンタの数値の1つごとに、内側ループが終了まで実行されます。内側ループのカウンタは、外側ループのカウンタが変化する度に初期値にリセットされて、内側ループを実行することになります。

▶▶▶ 2重ループの構成

for文だけでなく、while文やdo～while文も多重ループにすることができます。図のように、異なる種類の繰り返し文を混在させることもできます。while文やdo～while文には、それぞれのループに条件式を指定します。

・while文の2重ループ

```
while(条件式1){
    while(条件式2){
        …
    }
}
```

・while文とfor文が混在する2重ループ

```
while(条件式){
    for(カウンタ){
        …
    }
}
```

まとめ

- 繰り返し文は入れ子にすることができる
- 2つの繰り返し文が入れ子になった状態を「2重ループ」という

第8章 繰り返し文

4 break

完成ファイル │ [chap08]→[08-04]→[finished]→[Chap8Ex4.java]

予習 ループを中断して終了する

繰り返し処理を実行している間でも、繰り返しの条件式が成立して途中でループを終了したい場合があります。

たとえば、配列に含まれる値を順番に取り出して、該当する値があるかどうかを調べる処理を考えてみましょう。途中で目的の値が見つかれば、それ以上の調査は必要ありません。このような場合に繰り返し処理を中断して終了するには、「break文」を利用します。

繰り返しの途中にbreak文があると、プログラムの処理の流れはループから抜けて、いちばん近いブロックの終わりにジャンプします。ブロックごとに「ラベル」を付けておくと、break文でラベルを指定して、そのブロックの終わりにジャンプすることもできます。

通常、break文はif文などの制御文と組み合わせて、中断する条件を設定して使用します。

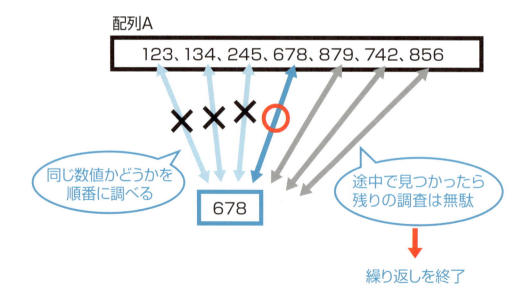

体験 break文でループを中断する

1 サンプルファイルを開く

5-3を参考にサンプルファイルの「Chap8Ex4.java」を開き、保存します。
あらかじめ、java.ioパッケージの読み込み **1** と、try/catchブロックが記述されています **2**。for文、ラベル、break文を使って、クイズの回答を入力するプログラムを作成してみましょう。入力のチャンスは3回までで、3回以内に正解すると「正解！」と表示します。

>>> **Tips**
7-6の説明も参照してください。

1 java.ioパッケージの読み込み

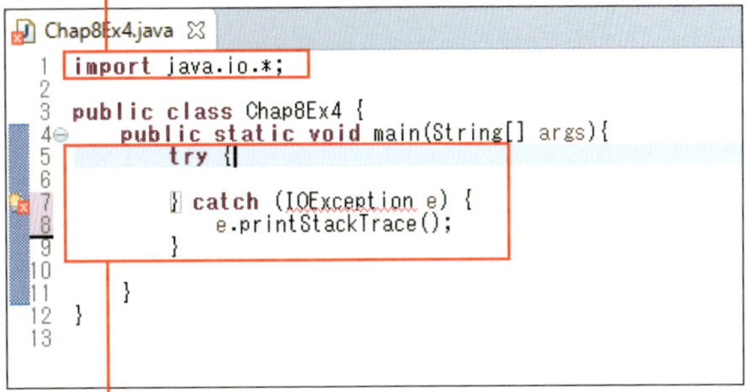

2 try/catchブロック

2 クイズの回答を入力させる

図のように記述して、キーボードから入力した内容を一時保存するための変数brを用意します **1**。入力の指示を表示して、一時保存した入力内容が変数strに代入されるようにします **2**。

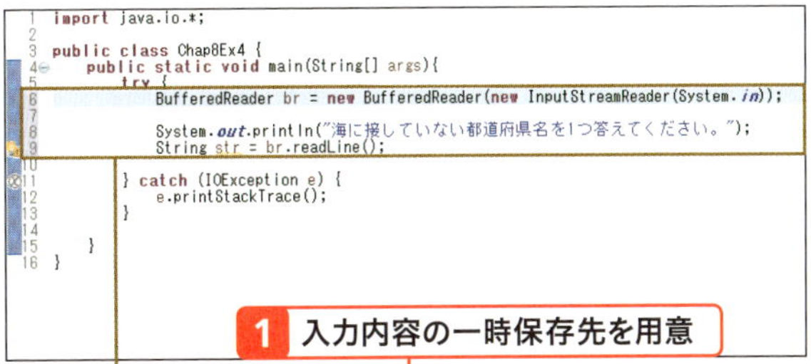

1 入力内容の一時保存先を用意

```
06: BufferedReader br = new BufferedReader(new InputStreamReader(System.in));
07:
08: System.out.println("海に接していない都道府県名を1つ答えてください。");
09: String str = br.readLine();
```

2 一時保存した入力内容を変数に代入

3 正解の配列を作る

このクイズの正解は複数あるので、配列を使って指定します **1**。

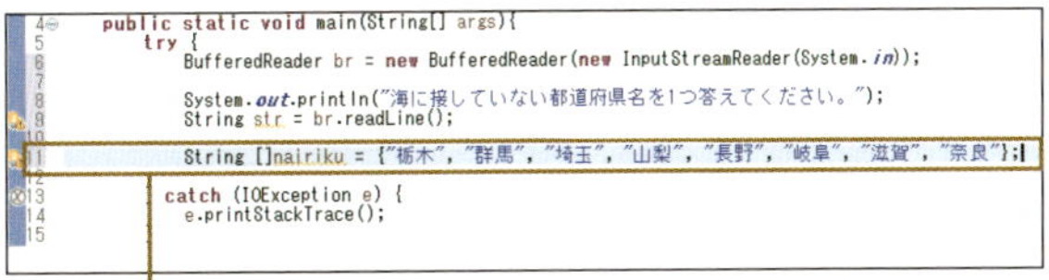

```
11: String []nairiku = {"栃木","群馬","埼玉","山梨","長野","岐阜","滋賀","奈良"};
```

1 正解の配列を作成

8-4 break 249

4 for文のループを作る

クイズの回答を間違えた場合は、3回まで入力できることにします。図のようにカウンタaを設定します **1**。

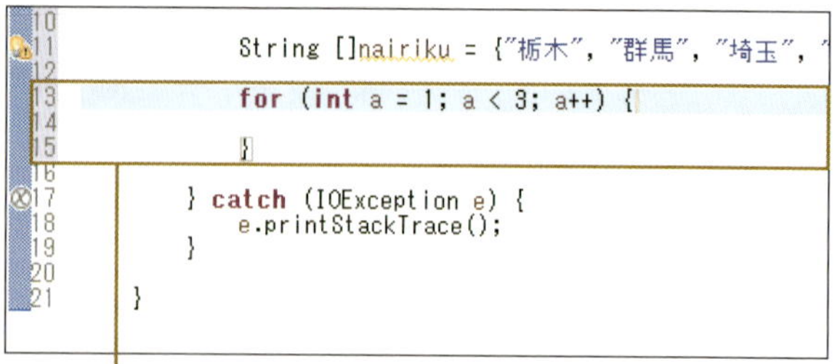

```
10
11            String []nairiku = {"栃木","群馬","埼玉","
12
13                for (int a = 1; a < 3; a++) {
14
15                }
16
17            } catch (IOException e) {
18                e.printStackTrace();
19            }
20
21    }
```

```
13:  for (int a = 1; a < 3; a++) {
14:
15:  }
```

1 for文のループ

5 for文をネストする

for文を2重ループにして、入力内容が正解かどうかを調べます。図のようにカウンタbを設定します **1**。カウンタbは、手順 **3** で設定した配列の添字になるので、0を初期値として、配列の要素数より1少ない数までの値をとることになります。

```
11            String []nairiku = {"栃木","群馬","埼玉","山
12            for (int a = 1; a < 3; a++) {
13                for (int b = 0; b < nairiku.length; b++) {
14
15                }
16
17            }
18
19
20            } catch (IOException e) {
21                e.printStackTrace();
```

>>> **Tips**

配列の要素数はlengthフィールドで表わされます。

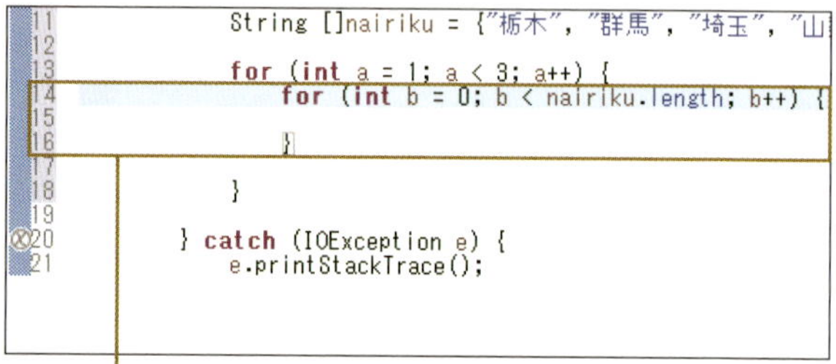

```
14:  for (int b = 0; b < nairiku.length; b++) {
15:
16:  }
```

1 for文をネスト

6 入力内容を比較する

図のように、if文の条件式を設定します **1**。正解の配列の中に、変数strに代入した入力内容と一致するものがあれば、ループを終了するようにしてみましょう。

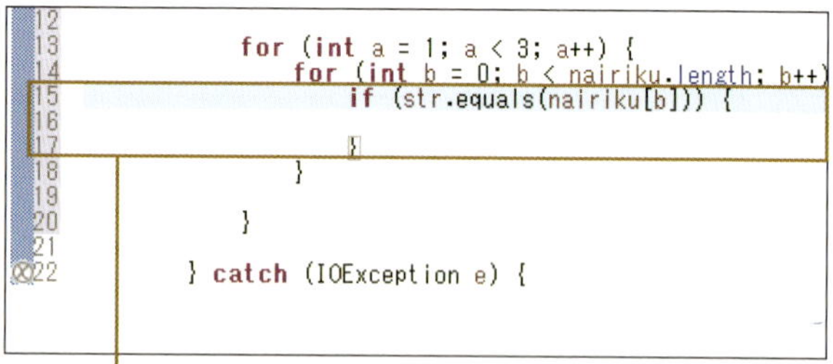

```
12
13                for (int a = 1; a < 3; a++) {
14                    for (int b = 0; b < nairiku.length; b++)
15                        if (str.equals(nairiku[b])) {
16
17                        }
18                    }
19
20                }
21
22            } catch (IOException e) {
```

```
15:  if (str.equals(nairiku[b])) {
16:
17:  }
```

1 入力内容を比較

250 **8** 繰り返し文

7 ループにラベルを付ける

手順❹で記述したfor文にラベルを付けます❶。ここでは2重ループの外側に「quiz」というラベルを指定しました。

>>> **Tips**
ラベルを付けることができるのは、繰り返し文だけです。

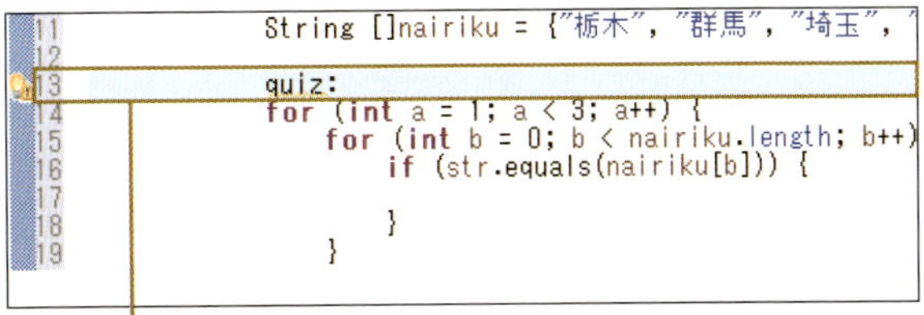

❶ ラベルを付ける

`13: quiz:`

8 break文でループを中断する

手順❻で記述したif文のブロック内にbreak文を記述し、ラベル「quiz」を指定します❶。これで、if文の条件式が成立する場合にはquizループを中断して、quizループの終わりに処理の流れがジャンプすることになります。

>>> **Tips**
ラベルを指定しない場合はbreak文の直近のブロックの終わりにジャンプするので、2重ループの内側のループだけが中断します。

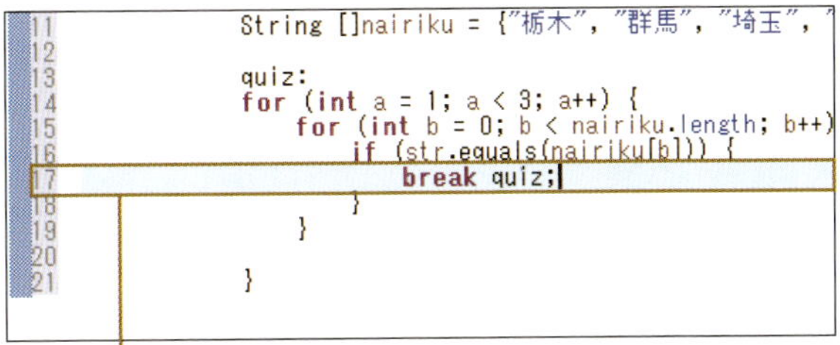

❶ ラベルを指定してループを中段

`17: break quiz;`

9 中断しない場合の処理を記述する

手順❻で記述したif文の条件式が成立しない場合の処理を記述します❶。入力内容が正解でない場合には、もう一度入力を求めるようにします。

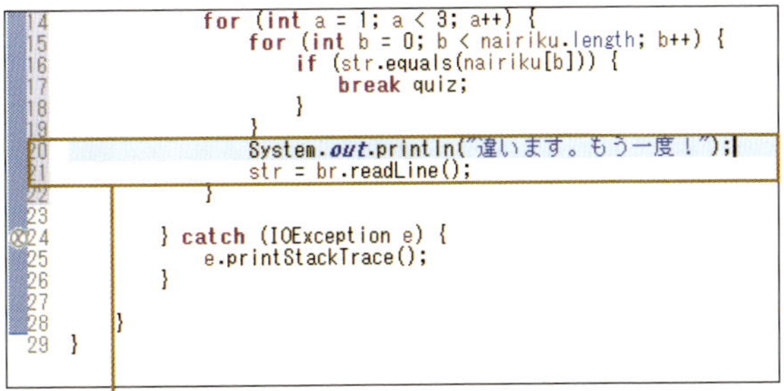

❶ 中段しない場合の処理を記述

```
20: System.out.println("違います。もう一度！");
21: str = br.readLine();
```

8-4 break 251

10 boolean型の変数を用意する

quizループが終了する状況は、入力内容が正解と一致してquizループを中断した場合と、入力内容が3回とも正解と一致しなかった場合の2通りに分けられます。それぞれの場合に異なる処理を行うために、boolean型の変数correctを用意します❶。初期値として「false」を代入しておきます。

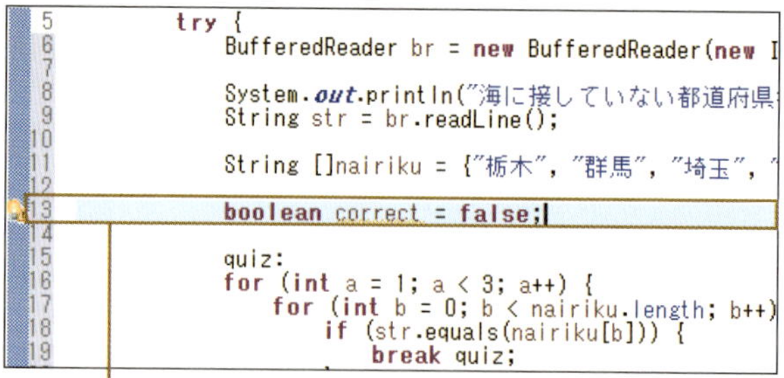

```
 5      try {
 6          BufferedReader br = new BufferedReader(new I
 7
 8          System.out.println("海に接していない都道府県
 9          String str = br.readLine();
10
11          String []nairiku = {"栃木", "群馬", "埼玉", "
12
13          boolean correct = false;
14
15          quiz:
16          for (int a = 1; a < 3; a++) {
17              for (int b = 0; b < nairiku.length; b++)
18                  if (str.equals(nairiku[b])) {
19                      break quiz;
```

```
13:  boolean correct = false;
```

❶ boolean型の変数を用意

11 入力内容が正解と一致する場合を示す

手順❻で記述したif文のブロック内に処理を追加して、入力内容が正解と一致する場合には、変数correctの値が「true」に変わるようにします❶。このとき、break文の後ろに記述すると処理が実行されないので注意してください。

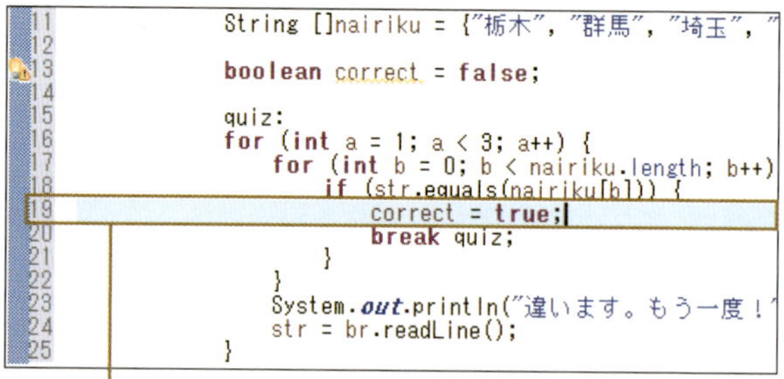

```
11          String []nairiku = {"栃木", "群馬", "埼玉", "
12
13          boolean correct = false;
14
15          quiz:
16          for (int a = 1; a < 3; a++) {
17              for (int b = 0; b < nairiku.length; b++)
18                  if (str.equals(nairiku[b])) {
19                      correct = true;
20                      break quiz;
21                  }
22              }
23              System.out.println("違います。もう一度！
24              str = br.readLine();
25          }
```

```
19:  correct = true;
```

❶ 変数correctの値を変更

12 入力内容が正解と一致する場合の処理を記述する

quizループの後ろに、図のようにif文を記述します❶。条件式として、変数correctを記述します。変数correctの値が「true」の場合には、「正解！」と表示されるようにします。

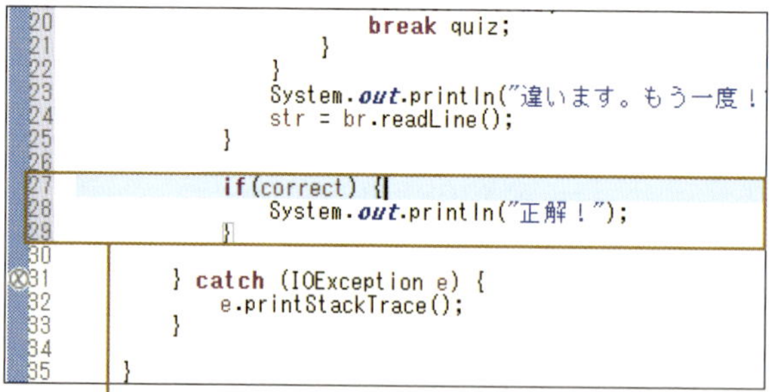

```
20                      break quiz;
21                  }
22              }
23              System.out.println("違います。もう一度！
24              str = br.readLine();
25          }
26
27          if(correct) {
28              System.out.println("正解！");
29          }
30
31      } catch (IOException e) {
32          e.printStackTrace();
33      }
34  }
35 }
```

```
27:  if(correct) {
28:      System.out.println("正解！");
29:  }
```

❶ 正解の場合の処理を記述

≫ Tips

if文は条件式の値が「true（真）」のときに、指定された処理を実行します。boolean型の変数correctの値が「true」となるのは、入力内容が正解と一致する場合です。

252　第8章　繰り返し文

⑬ 3回とも不正解だった場合の処理を記述する

else文を指定して、変数correctの値が「true」でない場合、つまり「false」の場合の処理を記述します **1**。

>>> Tips

変数correctの初期値は「false」なので、不正解のままquizループが終了した場合は「残念！」というテキストが表示されることになります。

```
16    for (int a = 1; a < 3; a++) {
17        for (int b = 0; b < nairiku.length; b++) {
18            if (str.equals(nairiku[b])) {
19                correct = true;
20                break quiz;
21            }
22        }
23        System.out.println("違います。もう一度！");
24        str = br.readLine();
25    }
26
27    if(correct) {
28        System.out.println("正解！");
29    }else {
30        System.out.println("残念！また挑戦してね。");
31    }
32
33 } catch (IOException e) {
34    e.printStackTrace();
35 }
36
```

```
29:    } else {
30:        System.out.println("残念！また挑戦してね。");
31:    }
```

1 3回とも不正解の場合の処理を記述

⑭ 保存して実行する

保存して実行します。回答が正解するとquizループが終了して、テキストが表示されます **1**。また、入力が3回とも不正解だった場合もquizループが終了して、別のテキストが表示されます **2**。

```
🧑 問題  @ Javadoc  📋 宣言  🖥 コンソール ☓  🐞 デバッグ
<終了> Chap8Ex4 [Java アプリケーション] C:¥Program Files¥Java¥jre1.8.0
海に接していない都道府県名を1つ答えてください。
東京
違います。もう一度！
栃木
正解！
```

1 入力内容に応じて処理が変わる

```
🧑 問題  @ Javadoc  📋 宣言  🖥 コンソール ☓  🐞 デバッグ
<終了> Chap8Ex4 [Java アプリケーション] C:¥Program Files¥Java¥jre1.8.0
海に接していない都道府県名を1つ答えてください。
東京
違います。もう一度！
北海道
違います。もう一度！
京都
残念！また挑戦してね。
```

2 入力内容に応じて処理が変わる

8-4 **break** 253

理解 ループの中断

>>> **break文** ･･･

繰り返し処理の中にbreak文を記述すると、ループをそこで中断し、いちばん近いブロックの終わりまで移動することができます。通常はif文と組み合わせて、「条件式が成立する場合にはループを中断する」という使い方になります。

サンプルプログラムでは、入力内容と配列の中の値を順番に比較していっていますが、途中で一致するものが見つかれば、残りの値を比較する処理は無駄になります。そこでif文を使ってbreak文を記述し、繰り返しを中断するようにしています。

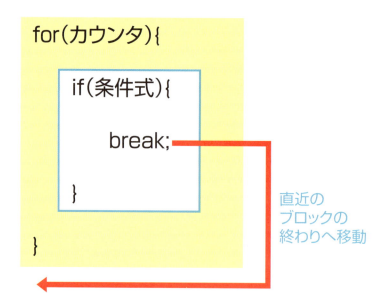

>>> break文とラベル

ループにラベルを付けておくと、break文でラベルを指定することで、多重ループの外側のループの終わりまでジャンプすることができるようになります。サンプルプログラムでbreak文の直近なのは内側のfor文ブロックですが、break文にラベル「quiz」が指定されているので、処理の流れは外側のquizループの終わりまで移動します。

ラベルは繰り返し文のみに設定することができます。for文、while文、do～while文などの繰り返し文の前にラベル名と「**:（コロン）**」を記述して、ループにラベルを付けます。反対に、ラベルを利用できるのは、break文とcontinue文だけです。continue文については、次項で説明します。

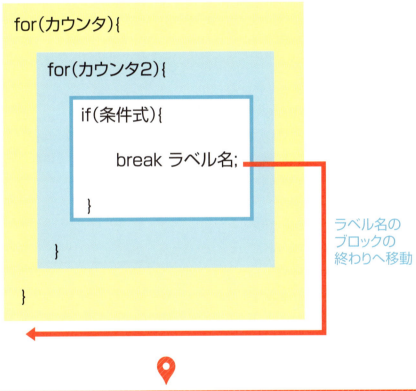

まとめ

- ● ループを中断して終了するにはbreak文を利用する
- ● ループにはラベルを付けることができる
- ● break文で外側ループのラベル指定すると、そのループの終わりまでジャンプできる

第8章 繰り返し文

5 continue

完成ファイル │ [chap08]→[08-05]→[finished]→[Chap8Ex5.java]

 予習 繰り返しの次の回へ移る

break文と同様に、繰り返しの途中で処理を中断する制御文に「**continue文**」があります。coutinue文の仕組みはbreak文とよく似ていますが、処理を中断した後のプログラムの流れが異なります。

break文では実行中の繰り返し処理を中断してループ自体を終了しますが、continue文では、実行中の繰り返し処理を中断してもループ自体は終了せず、処理の流れは繰り返しの次の回へ移動します。つまり、繰り返しの途中にcontinue文があると、その回の繰り返し処理を中断していちばん近いブロックの先頭へ戻り、次の回の初めから処理を実行することになります。

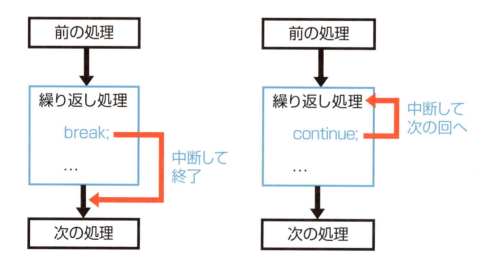

体験 continue文で繰り返しの次の回へ移る

1 サンプルファイルを開く

5-3を参考にサンプルファイルの「Chap8Ex5.java」を開き、保存します。
九九の計算のうち、答えが奇数になる場合だけを書き出してみます。九九の計算には2重ループを利用します。

```
*Chap8Ex5.java
1
2 public class Chap8Ex5 {
3     public static void main(String[] args) {
4         // 九九の計算（答えが奇数になる場合のみ）
5
6     }
7 }
8
```

2 外側のfor文のカウンタを設定する

図のように、外側のfor文のカウンタaを設定します **1**。

> **>>> Tips**
> カウンタaには、1～9までの数値が代入されます。

```
1
2 public class Chap8Ex5 {
3     public static void main(String[] args) {
4         // 九九の計算（答えが奇数になる場合のみ）
5
6         for (int a = 1; a <= 9; a++) {
7
8         }
9     }
10 }
11
```

```
06: for (int a = 1; a <= 9; a++) {
07:
08: }
```

1 外側のfor文のカウンタを設定

3 内側のfor文のカウンタを設定する

図のように、内側のfor文のカウンタbを設定します **1**。

> **>>> Tips**
> カウンタbにも、1～9までの数値が代入されます。

```
2 public class Chap8Ex5 {
3     public static void main(String[] args) {
4         // 九九の計算（答えが奇数になる場合のみ）
5
6         for (int a = 1; a <= 9; a++) {
7             for (int b = 1; b <= 9; b++) {
8
9             }
10         }
11     }
12 }
```

```
07: for (int b = 1; b <= 9; b++) {
08:
09: }
```

1 内側のfor文のカウンタを設定

8-5 continue 257

4 計算を表示する

カウンタa・bの数値を使って、九九の計算を表示します❶。まずは九九をすべて表示してみましょう。

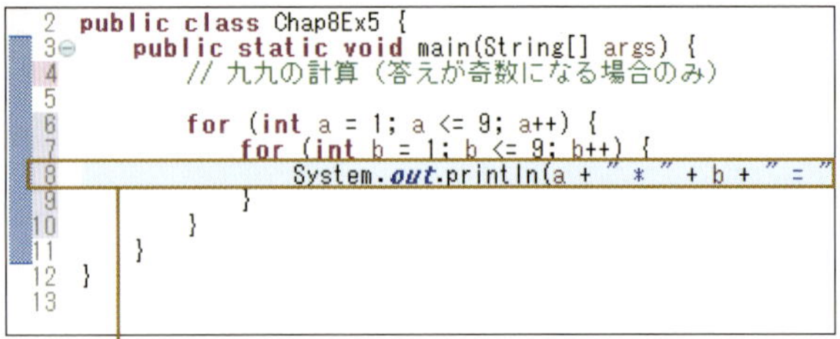

```
08: System.out.println(a + " * " + b + " = " + (a * b));
```

❶ 計算を表示

5 保存して実行する

保存して実行します。九九の計算が表示されました❶。

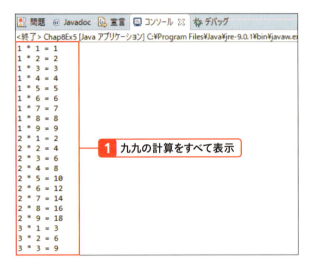

❶ 九九の計算をすべて表示

6 中断の条件式を指定する

九九のうち、答えが奇数になる場合のみが表示されるようにします。内側のfor文のブロック内に、if文を記述して、図のような条件式を指定します❶。

>>> Tips
答えが奇数になる場合のみを表示するので、if文には「答えが偶数になる場合は処理を中断する」という指定を行います。

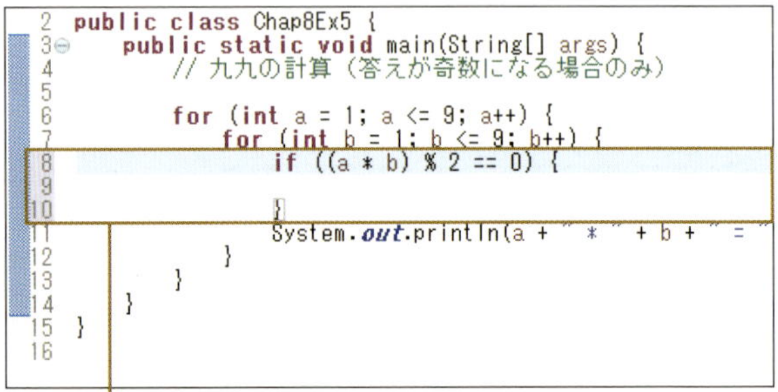

```
08: if ((a * b) % 2 == 0) {
09:
10: }
```

❶ 中断の条件式を指定

7 continue文を記述する

手順6のif文で行う処理として、continue文を記述します **1**。

>>> Tips

九九の答えが2で割り切れる場合には処理を中断して、繰り返しの次の回に移ることになります。

```
 2  public class Chap8Ex5 {
 3      public static void main(String[] args) {
 4          // 九九の計算（答えが奇数になる場合のみ）
 5
 6          for (int a = 1; a <= 9; a++) {
 7              for (int b = 1; b <= 9; b++) {
 8                  if ((a * b) % 2 == 0) {
 9                      continue;
10                  }
11                  System.out.println(a + " * " + b + " = "
12              }
13          }
```

09: `continue;`

1 中段の条件式を指定

8 保存して実行する

保存して実行します。九九のうち、答えが奇数になる場合だけが書き出されました **1**。

```
問題  @ Javadoc  宣言  コンソール  デバッグ

<終了> Chap8Ex5 [Java アプリケーション] C:¥Program Files¥Java¥jre-9.0.1¥bin¥javaw.ex
1 * 1 = 1
1 * 3 = 3
1 * 5 = 5
1 * 7 = 7
1 * 9 = 9
3 * 1 = 3
3 * 3 = 9
3 * 5 = 15
3 * 7 = 21
3 * 9 = 27
5 * 1 = 5
5 * 3 = 15
5 * 5 = 25
5 * 7 = 35
5 * 9 = 45
7 * 1 = 7
7 * 3 = 21
7 * 5 = 35
7 * 7 = 49
7 * 9 = 63
9 * 1 = 9
9 * 3 = 27
```

1 答えが奇数になる場合のみ表示

8-5 continue 259

理解 | continue文の仕組み

>>> continue文

繰り返し処理の途中にcontinue文が記述されていると、その回の処理は中断されます。そして、いちばん近いブロックの先頭に戻って、繰り返しの次の回から処理を実行していきます。

continue文もbreak文と同様に、通常はif文と組み合わせて利用します。サンプルプログラムでは、カウンタaとカウンタbの数値を掛け算して、答えが2で割り切れる場合には処理を中断し、繰り返しの次の回を実行するようにしています。

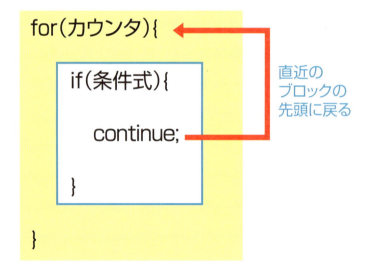

>>> continue文とラベル

break文と同様に、continue文でもラベルを利用することができます。繰り返し処理の途中で「continue ラベル名;」のように指定されていると、その回の繰り返し処理を中断して、ラベル名の付けられているブロックの先頭まで戻り、繰り返しの次の回を実行します。

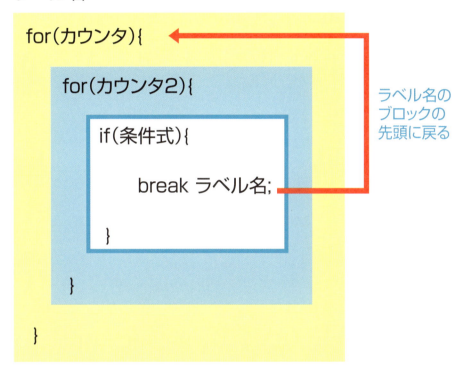

まとめ

- ループを中断して、繰り返しの次の回から実行するにはcontinue文を利用する
- continue文で外側ループのラベル指定すると、そのループの初めから実行することができる

第8章 練習問題

■問題1

次のソースコードの①を埋め、繰り返しの条件を指定しなさい。for文のカウンタaは初期値を1として1ずつ増え、処理を10回実行したら繰り返しを終了するものとします。

```java
public class Chap8Test1 {
    public static void main(String[] args) {
        int a;
        for    ①    {
            System.out.println("繰り返し" + a + "回目");
        }
    }
}
```

ヒント 「8-2　for」参照。

■問題2

次のソースコードには、文法上の間違いが2か所あります。指摘して訂正しなさい。

```java
public class Chap8Test2 {
    public static void main(String[] args) {
        int[] hit = {2, 7, 11, 16, 25};
        int num = 7;
        boolean judge = false;
        bingo;
        for (int i = 0; i <= hit.length; i++) {
            if (num == hit[i]) {
                judge = true;
                break bingo;
            }
        }
        if (judge) System.out.println("あたり");
        else System.out.println("はずれ");
    }
}
```

ヒント 「8-2　for」「8-4　break」参照。配列の要素の添字は、0から始まります。

262　第8章 繰り返し文

クラスとオブジェクト

- **9-1　オリジナルのクラスを作る**
- **9-2　オブジェクトを作る**
- **9-3　コンストラクタを使う**

第9章　練習問題

第9章 クラスとオブジェクト

1 オリジナルのクラスを作る

完成ファイル ｜ ▭[chap09]→▭[09-01]→▭[finished]→▤[Chap9Ex1.java]

 予習 **クラスを利用する方法を理解する**

本書ではここまで、main()メソッドを含むクラスのみのプログラムを作成してきました。しかし、Java言語の特徴は複数のオブジェクトを組み合わせてプログラムを構築できるということにあります。

オブジェクトはプログラムの部品となるもので、この設計図にあたるのが「**クラス**」です。利用する部品の種類が異なれば複数の設計図が必要になります。そのため、通常、Javaのプログラムでは複数のクラスを定義し、クラスから様々なオブジェクトを生成して連携させることで構築されます。

そこで、この項では、まずmain()メソッドを含むクラスとは別にオリジナルのクラスを定義します。これを設計図としてオブジェクトを生成し、利用する流れを見てみましょう。

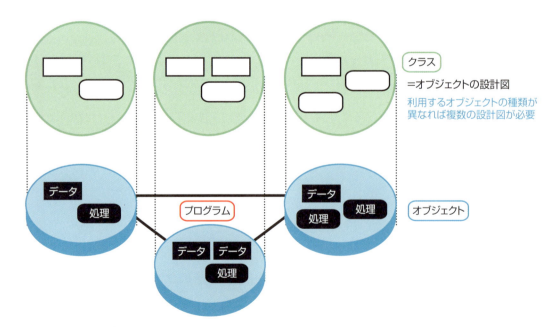

264　9　クラスとオブジェクト

体験 オリジナルのクラスを利用する

1 サンプルファイルを開く

5-3を参考にサンプルファイルの「Chap9Ex1.java」を開き、保存します。
商品ごとに税込価格と本体価格を表示するプログラムですが、内容をよく見ると、計算を行いテキストの一部のみを入れ替える方法で、同じ表示結果を実現できそうです**1**。

1 表示する内容を調べる

2 新しいクラスを作る

商品ごとの表示を1つのオブジェクトとして、このオブジェクトを作るための設計図を考えてみます。まず、設計図となる新しいクラスを用意します**1**。

> **>>> Tips**
> 「3-1 クラス」も参照してください。

```
02: class Shopping {
03:
04: }
```

1 新しいクラスを作る

3 新しいクラスのデータを定義する

最終的に結果として表示される内容のうちテキストの入れ替えが必要なのは、品名、税込価格、本体価格の部分です。これらの商品ごとに固有のデータを変数を使って表わせば、どの商品でも同じテキストを使うことができます。そこで、Shoppingクラスに品名と本体価格のデータを代入するための変数を宣言します**1**。また、消費税も変数を使って表わし、初期値として0.08を代入しておきます**2**。

> **>>> Tips**
> クラスで定義された変数を「フィールド」といいます。

```
03: double tax = 0.08;
04: String item;
05: int price;
```

1 品名と本体価格用の変数を宣言 **2 消費税用の変数を初期化**

9-1 オリジナルのクラスを作る | 265

4 商品ごとのデータを渡す準備

商品ごとにオブジェクトを生成するときに、品名と本体価格のデータをフィールドに代入する準備をします **1**。

```
 1
 2   class Shopping {
 3       double tax = 0.08;
 4       String item;
 5       int price;
 6
 7       Shopping(String i, int p) {
 8           item = i;
 9           price = p;
10       }
11   }
```

>>> **Tips**

ここで定義するShopping()メソッドのように、クラスと同じ名前のメソッドを「コンストラクタ」といいます。コンストラクタについては第9章で説明します。

```
07:  Shopping(String i, int p) {
08:      item = i;
09:      price = p;
10:  }
```

1 コンストラクタを定義

5 メソッドを定義する

クラスで実行する処理を定義するため、新しくメソッドを用意します **1**。

```
 7       Shopping(String i, int p) {
 8           item = i;
 9           price = p;
10       }
11       void buy() {
12
13       }
14   }
15
16   public class Chap9Ex1 {
17       public static void main(String[] args) {
```

>>> **Tips**

メソッドを実行すると単にテキストが表示される場合には、メソッド名の前に「void」をつけます。詳しくは第10章で説明します。

```
11:  void buy() {
12:
13:  }
```

1 メソッドを定義

6 メソッドの内容を定義する

buy()メソッドで実行する処理を定義します。税込価格を計算して **1**、商品情報を表示します **2**。

```
11       void buy() {
12           int taxIn = (int)(price * (tax + 1));
13           System.out.println(item + ":" + taxIn + "円（本体価格" + price + "円)");
14       }
15   }
16   public class Chap9Ex1 {
17       public static void main(String[] args) {
18           System.out.println("ケーキ：2160円（本体価格：2000円）");
19           System.out.println("花束：2322円（本体価格：2150円）");
20       }
```

1 税込価格を計算

```
12:  int taxIn = (int)(price * (tax + 1));
13:  System.out.println(item + ":" + taxIn + "円(本体価格" + price + "円)");
```

2 商品情報を表示

>>> **Tips**

税込価格を表す変数taxInには、演算結果をint型に変換して小数点以下を切り捨てた値が代入されます。

266 ● **9** ● クラスとオブジェクト

7 商品のオブジェクトを作る

main()メソッド内の処理を変更して、Shoppingクラスから商品ごとのオブジェクトを作成します**1**。詳しくは次項で説明します。

》》Tips

商品名が「ケーキ」、本体価格が「2000」というデータを持つ「s1」というオブジェクトが、Shoppingクラスを元に作成されます。

```java
13              int taxIn = (int)(price * (tax + 1));
14              System.out.println(item + ":" + taxIn + "円(本体価格
15      }
16  }
17
18  public class Chap9Ex1 {
19      public static void main(String[] args) {
20          Shopping s1 = new Shopping("ケーキ", 2000);
21
22      }
23  }
```

```
20:  Shopping s1 = new Shopping("ケーキ", 2000);
```

1 商品のオブジェクトを作成

8 オブジェクトのメソッドを実行する

s1オブジェクトのbuy()メソッドを呼び出して実行します**1**。詳しくは次項で説明します。同様に、別の商品のオブジェクトも作成します**2**。

```java
16  }
17
18  public class Chap9Ex1 {
19      public static void main(String[] args) {
20          Shopping s1 = new Shopping("ケーキ", 2000);
21          s1.buy();
22
23          Shopping s2 = new Shopping("花束", 2150);
24          s2.buy();
25
26      }
27  }
28
29
```

1 s1オブジェクトのbuy()メソッドを実行

```
21:  s1.buy();
22:
23:  Shopping s2 = new Shopping("花束", 2150);
24:  s2.buy();
```

2 別の商品のオブジェクトも作成

9 保存して実行する

保存して実行します。2個の商品の税込価格と本体価格が表示されました**1**。

```
📷 問題  @ Javadoc  📋 宣言  💬 コンソール  ⊠
<終了> Chap9Ex1 [Java アプリケーション] C:¥Program Files¥Java¥jre-9.0.
ケーキ: 2160円(本体価格2000円)
花束: 2322円(本体価格2150円)
```

1 2個の商品の税込価格と本体価格を表示

9-1 オリジナルのクラスを作る　267

理解 **オリジナルのクラスとオブジェクト**

>>> オリジナルのクラスの定義 ・・・・・・・・・・・・・・・・・・・・・・・・・・・・・・・・

「5-1　クラス」で説明したように、オリジナルのクラスも「class クラス名」という記述から始めて、次の「{}」内にフィールドやメソッドなどクラスのメンバを記述して定義します。1個のソースファイルには複数のクラスを定義することができますが、ファイル名はmain()メソッドを含むクラスのクラス名と同一にする必要があります。

オリジナルのクラスは、どのようなデータを持ち処理を行うオブジェクトを作るかという「設計図」です。クラスからオブジェクトを作ることで、実際にデータとして具体的な値を記憶したり、機能を実行したりすることができるようになります。

```
          クラス名
            ↓
class Book {
    String title;
    int price;
    disp() {
      System.out.print(title + ":" + price)
    }
}
```
フィールド
メソッド
}メンバ

ところで、Javaプログラム起動時には自動的にmain()メソッドが実行されますが、ソースコード上にはmain()メソッドを含むクラスのオブジェクトを作成する記述がありません。これは、main()メソッドがオブジェクトを作らなくても動作する特殊なメソッドであるためです。そのため本書でここまで作成してきたmain()メソッドを含むクラスのみのプログラムでは、オブジェクトについてあまり意識しなくてもよかったのです。

COLUMN クラスとオブジェクト

クラスやオブジェクトの概念は、Java言語でプログラミングを行う際の一番の基礎となる部分ですが、なかなかイメージをつかみにくい部分でもあります。

クラスに定義された内容にしたがって、実際にプログラムの部品として利用されるオブジェクトを作るという仕組みは、型に応じて変数を用意し値を代入するという変数の仕組みと同じと言えます。このため、サンプルプログラムを例に取ると、商品ごとのオブジェクトは「Shoppingクラス型のオブジェクト変数s1」のように表現することもできます。クラス型の変数は参照型に分類されます。

int型やString型が変数を宣言して初めて具体的な値を記憶できるように、クラスもオブジェクトを作成しなければ利用することができません。また、1つのクラスからいくつでも異なるオブジェクトを作成することができます。

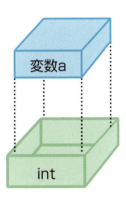

int型の変数a

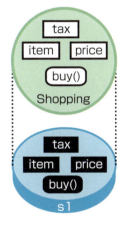

Shoppingクラス型の
オブジェクト変数s1

まとめ

- オリジナルのクラスは、オブジェクトを作成しなければ利用できない
- クラスファイルには、複数のクラスを定義できる
- クラスファイルのファイル名は、main()メソッドを含むクラスと同一にする

第9章 クラスとオブジェクト

2 オブジェクトを作る

完成ファイル ［chap09］→［09-02］→［finished］→［Chap9Ex2.java］

予習 オブジェクトの作り方を理解する

前項では、クラスを定義してオブジェクトを作成し、これを利用するというJavaプログラムの流れを確認しました。この項では、クラスからオブジェクトを作成する方法について詳しくみていきましょう。

クラスからオブジェクトを作成することを「**オブジェクトの生成**」といいます。また、「**インスタンス（実体）化**」ともいいます。クラスからはいくつでもオブジェクトを生成することができますが、個々のオブジェクトはメモリ上の異なる場所にデータが記憶されています。この、オブジェクト固有のメモリ上のデータが「**インスタンス（実体）**」です。

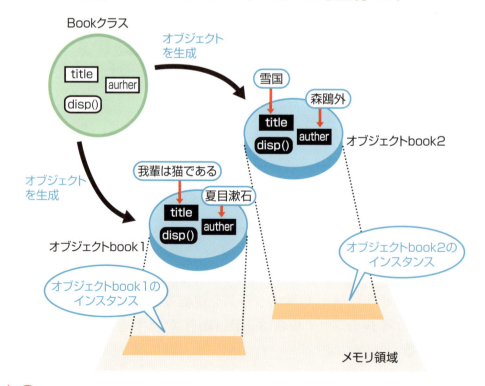

270　9 クラスとオブジェクト

体験 new演算子でオブジェクトを生成する

1 サンプルファイルを開く

5-3を参考にサンプルファイルの「Chap9Ex2.java」を開き、保存します。書籍情報を表示するプログラムです❶。これを、書名と著者名のデータを与えるだけで、同じ書式で表示されるようにしてみましょう。

```
04: System.out.println("『吾輩は猫である』(著：夏目漱石)");
```

❶ 書籍情報を決まった書式で表示する

2 新しいクラスを作る

1冊ごとに書籍情報を表示するためのクラスを用意します❶。

```
02: class Book {
03:
04: }
```

❶ 新しいクラスを作る

3 新しいクラスのデータを定義する

書名と著者名のデータを代入するための変数を宣言します❶。

>>> Tips
クラスごとに宣言される変数は「メンバ変数」または「フィールド」とも呼ばれます。

```
03: String title;
04: String auther;
```

❶ 書名と著者名用の変数を宣言

9-2 オブジェクトを作る 271

4 メソッドを定義する

書籍情報を同じ書式で表示するためのメソッドを定義します**1**。

```
01
02  class Book {
03      String title;
04      String auther;
05
06      void disp() {
07          System.out.println("『" + title + "』（著:" + auther + "）");
08      }
09
10
11  public class Chap9Ex2 {
12      public static void main(String[] args) {
13          System.out.println("『吾輩は猫である』（著:夏目漱石）");
14      }
15  }
16
```

```
06:  void disp() {
07:      System.out.println("『" + title + "』(著:" + auther + ")");
08:  }
```

1 メソッドを定義

5 オブジェクト変数を用意する

ある書籍のオブジェクトを記憶するオブジェクト変数を用意します**1**。
「Book クラス型のオブジェクト変数book1」が用意されます。

```
02  class Book {
03      String title;
04      String auther;
05      void disp() {
06          System.out.println("『" + title + "』（著:" + a
07      }
08  }
09
10  public class Chap9Ex2 {
11      public static void main(String[] args) {
12          Book book1;
13      }
14  }
15
```

```
12:  Book book1;
```

1 オブジェクト変数を用意

6 オブジェクトを生成する

オブジェクトの生成は「new演算子」を使って行います。オブジェクト変数book1に、new演算子を使って生成したBookクラスのオブジェクトを代入します**1**。

>>> Tips

手順**5**、**6**は「Book book1 = new Book();」のようにまとめて記述することもできます。

```
02  class Book {
03      String title;
04      String auther;
05      void disp() {
06          System.out.println("『" + title + "』（著:" + a
07      }
08  }
09
10  public class Chap9Ex2 {
11      public static void main(String[] args) {
12          Book book1;
13          book1 = new Book();
14      }
15  }
```

```
13:  book1 = new Book();
```

1 Bookクラスのオブジェクトを生成

7 オブジェクトのフィールドに値を代入する

Bookクラスには「title」「auther」の2つのフィールドが定義されています。book1オブジェクトのそれぞれのフィールドに値を代入します **1**。

>> Tips

特定のオブジェクトのフィールドを指定するには、フィールド名の前にオブジェクト変数名と「.(ピリオド)」をつけて記述します。

```
1
2  class Book {
3      String title;
4      String auther;
5      void disp() {
6          System.out.println("『" + title + "』（著：" + a
7      }
8  }
9
10 public class Chap9Ex2 {
11     public static void main(String[] args) {
12         Book book1;
13         book1 = new Book();
14         book1.title = "吾輩は猫である";
15         book1.auther = "夏目漱石";
16     }
17 }
18
```

```
14:  book1.title = "吾輩は猫である";
15:  book1.auther = "夏目漱石";
```

1 フィールドに値を代入

8 オブジェクトのメソッドを実行する

book1オブジェクトのdisp()メソッドを呼び出して実行します **1**。

>> Tips

特定のオブジェクトのメソッドを呼び出す場合も、メソッド名の前にオブジェクト変数名と「.(ピリオド)」をつけて記述します。

```
1
2  class Book {
3      String title;
4      String auther;
5      void disp() {
6          System.out.println("『" + title + "』（著：" + a
7      }
8  }
9
10 public class Chap9Ex2 {
11     public static void main(String[] args) {
12         Book book1;
13         book1 = new Book();
14         book1.title = "吾輩は猫である";
15         book1.auther = "夏目漱石";
16         book1.disp();
17
18     }
19 }
```

```
16:  book1.disp();
```

1 オブジェクトのメソッドを実行

9 保存して実行する

保存して実行します。書籍情報が書式にしたがって表示されました **1**。

```
📇 問題  @ Javadoc  📖 宣言  💻 コンソール ❌
<終了> Chap9Ex2 [Java アプリケーション] C:¥Program Files¥Java¥jre-9.0.1
『吾輩は猫である』（著：夏目漱石）
```

1 書籍情報を決まった書式で表示

9-2 オブジェクトを作る | 273

理解 オブジェクトの生成

>>> new演算子

クラスからのオブジェクトの生成は、「**new演算子**」を使用して行います。

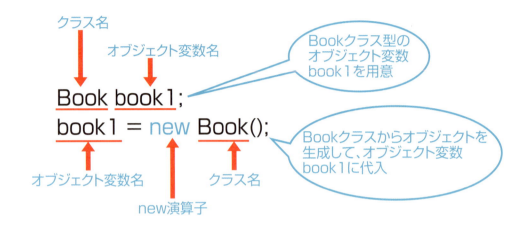

new演算子でオブジェクトを生成するときには、自動的に「**コンストラクタ**」という特殊なメソッドが実行され、オブジェクトのフィールドの初期化が行われています。前項のサンプルプログラムではコンストラクタを改めて定義して（**9-1**手順❹）、オブジェクト生成と同時にフィールドへすぐに値を代入できるようにしています（**9-1**手順❼）。

一方、本項のサンプルプログラムではコンストラクタを特に定義し直さず、オブジェクト生成後にフィールドごとに個別に値を代入するようにしています。コンストラクタについては次項で詳しく説明します。

クラス型は参照型なので、上の例でオブジェクト変数book1に代入されているのは、new演算子によってメモリ上に生成されたオブジェクトの番地情報ということになります。

>>> オブジェクトのメンバ

クラスからオブジェクトを生成すると、クラスに定義されたメンバがオブジェクト内で実体となります。メソッドから同じオブジェクト内にあるフィールドの値を利用するなど、同じオブジェクト内のメンバを参照するには、メンバ名をそのまま記述します。

一方、異なるオブジェクトのメンバを参照するには、メンバ名の前にオブジェクト変数名と「.(ピリオド)」をつけて記述します。

```java
class Apple {
    int num;
    void dispApple() {
        System.out.print("りんごが" + num + "個");
    }
    void disp() {
        dispApple();
    }
}


class Fruit {
    public static void main(String[] args) {
        Apple apple1 = new Apple();
        apple1.num = 5;
        apple1.disp();
    }
}
```

> 同じオブジェクト内からはメンバ名だけで参照できる

> 異なるオブジェクトからはメンバ名の前にオブジェクト変数名と「.(ピリオド)」をつけて参照する

まとめ

- **new** 演算子を使ってクラスからオブジェクトを生成する
- オブジェクト固有のメモリ上のデータを「インスタンス(実体)」という
- 異なるオブジェクトのメンバは、オブジェクト変数名と「.」をつけて参照する

第 9 章 クラスとオブジェクト

3 コンストラクタを使う

完成ファイル│ [chap09]→ [09-03]→ [finished]→ [Chap9Ex3.java]

予習 コンストラクタの使い方を覚える

new演算子を使ってクラスからオブジェクトを生成するときには、自動的に「**コンストラクタ**」が実行されます。コンストラクタはクラスと同じ名前を持つ特殊なメソッドで、オブジェクトの生成時にフィールドを初期化する働きを持っています。

クラス内で特にコンストラクタを定義していなくても、自動的に「**デフォルトコンストラクタ**」と呼ばれる空のコンストラクタが用意されて、オブジェクトの生成時に実行されます。この場合、フィールドには初期値が代入されます。

クラス内でコンストラクタを改めて定義して、フィールドへの値の代入方法を決めておくと、オブジェクトの生成と同時にフィールドごとに個別に値を代入できるようになります。

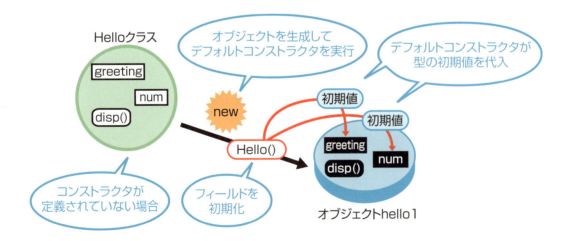

体験 コンストラクタと引数を定義する

1 サンプルファイルを開く

5-3 を参考にサンプルファイルの「Chap9Ex3.java」を開き、保存します。
前項のサンプルプログラムと同様に、コンストラクタを特に定義していないクラスです **1**。
そのためオブジェクトを生成した後で、フィールドごとに値を代入しています **2**。

```
class Hello {
    String greeting;
    int num;
    void disp() {
        System.out.println(greeting + "今日のラッキーナンバーは " + num);
    }
}

public class Chap9Ex3 {
    public static void main(String[] args) {
        Hello hello1 = new Hello();
        hello1.greeting = "こんにちは";
        hello1.num = 5;
        hello1.disp();
    }
}
```

1 コンストラクタを特に定義していないクラス

2 オブジェクト生成後に、フィールドごとに値を代入

>> Tips
コンストラクタを特に定義していないクラスには、コンパイル時に引数のないコンストラクタが自動的に生成されます。

2 コンストラクタを宣言する

Hello クラス内でコンストラクタを宣言します **1**。

>> Tips
コンストラクタはクラス内に記述しますが、Java 言語の仕様ではクラスのメンバには含まれません。

```
class Hello {
    String greeting;
    int num;
    void disp() {
        System.out.println(greeting + "今日のラッキーナ
    }
    Hello() {
    }
}

public class Chap9Ex3 {
    public static void main(String[] args) {
        Hello hello1 = new Hello();
        hello1.greeting = "こんにちは";
        hello1.num = 5;
        hello1.disp();
    }
}
```

```
08: Hello() {
09:
10: }
```

1 コンストラクタを宣言

9-3 コンストラクタを使う

③ コンストラクタの引数を定義する

コンストラクタが行う処理は、オブジェクトのフィールドへの値の代入です。コンストラクタが初期値以外の値を受け取って代入処理をできるように、あらかじめ受け取る値について型と名前を定義しておきます。コンストラクタが受け取る値のことを「引数」といい、コンストラクタ名の後ろの () 内に引数の型と変数名を定義します**1**。

>>> **Tips**

コンストラクタの実行時にはString型変数greetingとint型変数numに値を代入したいので、2つの変数と同じ型の値を引数として受け取るようにします。

```
 1
 2  class Hello {
 3      String greeting;
 4      int num;
 5      void disp() {
 6          System.out.println(greeting + " 今日のラッキーナンバーは
 7      }
 8      Hello(String g, int n) {
 9
10      }
11  }
12
13  public class Chap9Ex3 {
14      public static void main(String[] args) {
15          Hello hello1 = new Hello();
16          hello1.greeting = "こんにちは！";
17          hello1.num = 5;
```

```
08:  Hello(String g, int n) {
09:
10:  }
```

1 コンストラクタの引数を定義

④ コンストラクタの処理を定義する

コンストラクタで実行する処理を定義します**1**。オブジェクトのフィールドに、コンストラクタが引数として受け取る値が代入されるようにしています。

```
 5      void disp() {
 6          System.out.println(greeting + " 今日のラッキーナンバーは
 7      }
 8      Hello(String g, int n) {
 9          greeting = g;
10          num = n;
11      }
12  }
13
14  public class Chap9Ex3 {
15      public static void main(String[] args) {
16          Hello hello1 = new Hello();
17          hello1.greeting = "こんにちは！";
18          hello1.num = 5;
19          hello1.disp();
20      }
21  }
```

```
09:  greeting = g;
10:  num = n;
```

1 コンストラクタの処理を定義

5 オブジェクト生成時にコンストラクタへ引数を渡す

new演算子でオブジェクトを生成するときに、コンストラクタへ引数を渡すようにします ❶。これで、オブジェクト生成後にフィールドごとに値を代入する必要はなくなります。

>>> **Tips**
ここで指定する引数の型や数、記述の順番は、手順❸で記述した引数の定義と対応させる必要があります。

```
 5  void disp() {
 6      System.out.println(greeting + " 今日のラッキーナンバーは
 7  }
 8  Hello(String g, int n) {
 9      greeting = g;
10      num = n;
11  }
12 }
13
14 public class Chap9Ex3 {
15     public static void main(String[] args) {
16         Hello hello1 = new Hello("こんにちは！", 5);
17         hello1.disp();
18     }
19 }
20
```

16: `Hello hello1 = new Hello("こんにちは！", 5);`

❶ オブジェクト生成時にコンストラクタへ渡す引数を指定

6 保存して実行する

保存して実行します。引数を使ったテキストが表示されました ❶。

```
<終了> Chap9Ex3 [Java アプリケーション] C:¥Program Files¥Java¥jre-9.0.
こんにちは！ 今日のラッキーナンバーは 5
```

❶ 引数を使ったテキストを表示

理解 コンストラクタについて

>>> コンストラクタの引数

コンストラクタが初期値以外の値を受け取ってフィールドを初期化するには、引数としてどのような型の値を受け取るかを定義しておかなければなりません。また、引数の利用方法を定義するためには変数としての名前が必要です。

コンストラクタの引数は、コンストラクタ名の後ろの ( ) 内に型と変数名を記述して定義します。引数が複数ある場合は「**, (カンマ)**」で区切って並べます。引数については**第10章**で詳しく説明します。

コンストラクタに引数が定義されている場合には、new演算子によるオブジェクトの生成時にコンストラクタへ渡す値を、クラス名の後ろの ( ) 内に引数として記述します。引数の型や数、記述の順番は、コンストラクタでの引数の定義と対応させる必要があります。引数を持たないデフォルトコンストラクタを実行する場合には、オブジェクト生成時に引数を記述する必要はありません。

```
class Hello {
    String greeting;
    int num;
    …
    Hello(String g, int n) {
        greeting = g;
        num = n;
    }
}

public class Chap9Ex3 {
    public static void main(String[] args) {
        Hello hello1 = new Hello("こんにちは!",5);
        …
    }
}
```

クラスと同名 / 引数の定義 / コンストラクタの定義 / 型、数、順序を対応させる / コンストラクタに渡す引数 / オブジェクトの生成と同時にコンストラクタが実行される

280　第9章 クラスとオブジェクト

>>> コンストラクタの働き

左のソースコードでのコンストラクタの働きを図で示すと次のようになります。

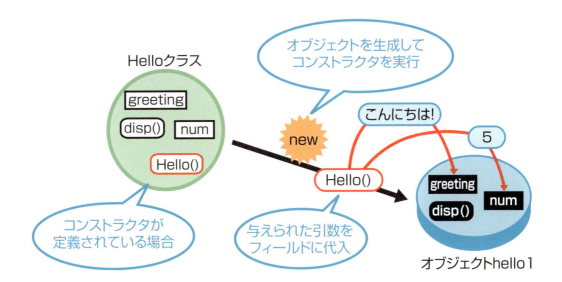

まとめ

- オブジェクト生成時には自動的にコンストラクタが実行される
- コンストラクタはクラスと同名の特殊なメソッドで、フィールドを初期化する
- コンストラクタに引数を定義すると、オブジェクト生成時にフィールドの値を渡すことができる

第9章 練習問題

■ 問題1

次の文章の穴を埋めなさい。

通常のクラスは、オブジェクトを生成して初めて利用できるようになる。オブジェクトを生成することは ① 化とも呼ばれる。 ① とは、オブジェクトごとに用意されるメモリ上のデータのことを指す。
オブジェクトは1つのクラスからいくつでも生成することができる。クラスからオブジェクトを生成するには、 ② 演算子を使用する。

ヒント 「9-2 オブジェクトを作る」参照。

■ 問題2

次のソースコードにおいて、Studentクラスからオブジェクトs1を生成し、実行結果が「田中さん：3年生」と表示されるように①を埋めなさい。

```
class Student {
    String name;
    int grade;
    Student (String n, int g) {
        name = n;
        grade = g;
    }
    void disp() {
        System.out.println(name + "さん : " + grade + "年生");
    }
}
public class Chap9Test2 {
    public static void main(String[] args) {
        ①
    }
}
```

ヒント 「9-3 コンストラクタを使う」参照。コンストラクタを利用して、フィールドに値を代入します。

282 ● 9 ● クラスとオブジェクト

第10章

メソッド

10-1　メソッドを作る

10-2　引数

10-3　メソッドを呼び出す

10-4　既存のメソッドを使う

 第10章　練習問題

第10章 メソッド

1 メソッドを作る

完成ファイル │ [chap10]→[10-01]→[finished]→[Chap10Ex1.java]

予習 メソッドの定義方法を覚える

第9章のサンプルプログラムでは、新しく作成したクラスにメソッドを定義して利用しました。一般に、メソッドは値を受け取って定義された処理を行い、その結果を返すという働きを持っています。メソッドが処理の材料として受け取る値のことを「**引数**」、結果として返す値を「**戻り値**」といいます。メソッドの定義によっては、処理のために引数を受け取らない場合や、戻り値を返さない場合もあります。

ここでは、メソッドの定義方法を詳しく見ていきます。

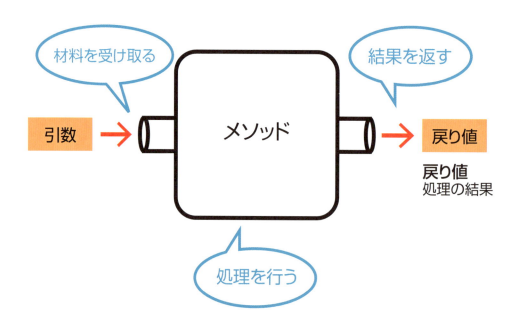

体験 メソッドを定義する

1 サンプルファイルを開き、変数を宣言する

5-3を参考にサンプルファイルの「Chap10Ex1.java」を開き、保存します。
日本円の金額をUSドルに換算するプログラムを作ってみましょう。Exchangeクラスに、日本円、USドル、レートを代入するための変数を宣言します❶。

> **>>>Tips**
> レートとUSドルは小数点以下のある数値になるので、double型の変数を用意しています。

```
02: class Exchange {
03:     int jpy;
04:     double usd, rate;
05:
06: }
```

❶ 変数を宣言

2 計算用のメソッドを定義する

Exchangeクラスに新しくメソッドを定義します❶。calc()メソッドでは、日本円の金額とレートを受け取って計算を行い、USドルに換算した金額を返すことにします。そこで、メソッド名の前に「double」を記述して、double型の戻り値を返すメソッドであることを示します。

```
04: double calc() {
05:
06: }
```

❶ 計算用のメソッドを定義

10-1 メソッドを作る 285

3 表示用のメソッドを定義する

換算した金額を表示するメソッドを定義します **1**。disp()メソッドでは、まずcalc()メソッドを実行し、その戻り値を変数usdに代入します **2**。さらにテキストを表示します。

disp()メソッドを実行しても、処理の結果として返ってくる値はありません。そこで、戻り値がないことを示すため、メソッド名の前に「void」をつけて記述します。

```
 2  class Exchange {
 3      int jpy;
 4      double usd, rate;
 5      double calc() {
 6
 7      }
 8
 9      void disp() {
10          usd = calc(jpy, rate);
11          System.out.println(jpy + "円 = " + usd + "ドル (1ドル：" + rate + "円)");
12      }
13
14  }
15
16  public class Chap10Ex1 {
17      public static void main(String[] args) {
18          System.out.println("円→ドルに換算します。");
19      }
20  }
```

1 表示用のメソッドを定義

2 引数を渡してcalc()メソッドを実行し、戻り値を変数usdに代入

```
09:  void disp() {
10:      usd = calc(jpy, rate);
11:      System.out.println(jpy + "円 = " + usd + "ドル(1ドル:" + rate + "円)");
12:  }
```

4 calc()メソッドの引数を定義する

calcメソッドでは日本円の金額とレートを受け取って処理を行うので、それぞれの数値を引数として受け取るようにします **1**。日本円の金額用にint型、レート用にdouble型の変数を定義します。

```
 2  class Exchange {
 3      int jpy;
 4      double usd, rate;
 5      double calc(int j, double r) {
 6
 7      }
 8
 9      void disp() {
10          usd = calc(jpy, rate);
11          System.out.println(jpy + "円 = " + usd + "ドル (
12      }
13
14  }
```

```
05:  double calc(int j, double r) {
```

1 引数を定義

5 calc()メソッドの処理を定義する

金額を換算して結果を返す処理を定義します **1**。戻り値を返す命令は「return文」を使って記述します。ここでは、戻り値としてdouble型の値が返ることになります。

```
 2  class Exchange {
 3      int jpy;
 4      double usd, rate;
 5      double calc(int j, double r) {
 6          return j / r;
 7      }
 8
 9      void disp() {
10          usd = calc(jpy, rate);
11          System.out.println(jpy + "円 = " + usd + "ドル (
12      }
13
14  }
```

```
06:  return j / r;
```

1 calc()メソッドの処理を定義

6 オブジェクトを生成する

Exchangeクラスからオブジェクトecを生成します**1**。

>>> **Tips**

Exchangeクラスではコンストラクタの定義が省略されているので、デフォルトコンストラクタが実行されます。

```
10          usd = calc(jpy, rate);
11          System.out.println(jpy + "円 = " + usd + "ドル (
12      }
13
14  }
15
16  public class Chap10Ex1 {
17      public static void main(String[] args) {
18          System.out.println("円→ドルに換算します。");
19
20          Exchange ec = new Exchange();
21
22      }
23  }
```

```
20:  Exchange ec = new Exchange();
```

1 オブジェクトを生成

7 オブジェクトのフィールドに値を代入する

日本円の金額とレートを、オブジェクトecのフィールドにそれぞれ代入します**1**。

```
10          usd = calc(jpy, rate);
11          System.out.println(jpy + "円 = " + usd + "ドル (
12      }
13
14  }
15
16  public class Chap10Ex1 {
17      public static void main(String[] args) {
18          System.out.println("円→ドルに換算します。");
19
20          Exchange ec = new Exchange();
21          ec.jpy = 2500;
22          ec.rate = 91.16;
23      }
24  }
```

```
21:  ec.jpy = 2500;
22:  ec.rate = 91.16;
```

1 フィールドに値を代入

8 オブジェクトのdisp()メソッドを実行する

オブジェクトecのdisp()メソッドを呼び出して実行します**1**。

```
9       void disp() {
10          usd = calc(jpy, rate);
11          System.out.println(jpy + "円 = " + usd + "ドル (
12      }
13
14  }
15
16  public class Chap10Ex1 {
17      public static void main(String[] args) {
18          System.out.println("円→ドルに換算します。");
19
20          Exchange ec = new Exchange();
21          ec.jpy = 2500;
22          ec.rate = 91.16;
23          ec.disp();
24      }
25  }
```

```
23:  ec.disp();
```

1 メソッドを実行

10-1 メソッドを作る 287

9 main()メソッドを含むクラスにメソッドを定義する

main()メソッドを含むクラスにもメソッドを定義してみましょう。説明テキストの表示を、main()メソッドとは別のメソッドから実行されるようにします **1**。main()メソッドから同じクラスのメソッドを呼び出す場合、呼び出される側のメソッド名の前に「static」という修飾子をつけます。

```
16  public class Chap10Ex1 {
17      public static void main(String[] args) {
18          System.out.println("円→ドルに換算します。");
19
20          Exchange ec = new Exchange();
21          ec.jpy = 2500;
22          ec.rate = 91.16;
23          ec.disp();
24      }
25
26      static void msg() {
27          System.out.println("円→ドルに換算します。");
28      }
29  }
```

```
26:  static void msg() {
27:      System.out.println("円→ドルに換算します。");
28:  }
```

1 メソッドを定義

10 msg()メソッドを実行する

main()メソッドからmsg()メソッドを呼び出して実行します **1**。

```
 9      void disp() {
10          usd = calc(jpy, rate);
11          System.out.println(jpy + "円 = " + usd + "ドル（
12      }
13
14  }
15
16  public class Chap10Ex1 {
17      public static void main(String[] args) {
18          msg();
19
20          Exchange ec = new Exchange();
21          ec.jpy = 2500;
22          ec.rate = 91.16;
23          ec.disp();
24      }
25
```

```
18:  msg();
```

1 メソッドを実行

11 保存して実行する

保存して実行します。日本円の金額がUSドルに換算されました **1**。

```
🔲 問題  @ Javadoc  🔲 宣言  🖵 コンソール ⊠
<終了> Chap10Ex1 [Java アプリケーション] C:¥Program Files¥Java¥jre-9.0
円→ドルに換算します。
2500円 = 27.424308907415533ドル（1ドル:91.16円）
```

1 結果を表示

288 第10章 メソッド

理解 メソッドの定義について

>>> メソッドの書式

メソッドは、与えられた引数を使って処理を行い、その結果を戻り値として返す働きを持っています。そこで、メソッドを定義する際にはメソッド名の前に戻り値の型を指定します。

メソッドを呼び出すと同時に処理の材料となる値を渡すには、メソッド名の後ろの()内に引数を定義しておきます。
処理の最後にはreturn文を記述して、メソッドを終了し戻り値を返します。

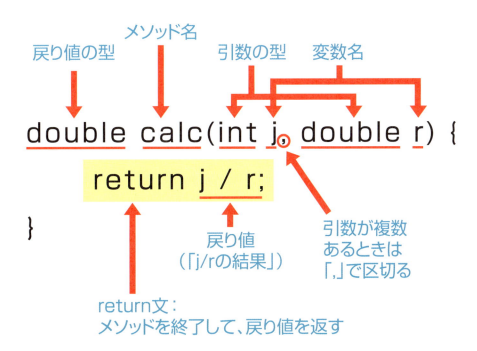

10-1 メソッドを作る 289

▶▶▶ 戻り値や引数を持たないメソッド

メソッドが処理の結果として戻り値を返さない場合は、メソッドを定義する際、戻り値の型のところに「void」と記述します。voidは戻り値がないことを示すキーワードです。戻り値のないメソッドでは、return文を省略することができます。

```
void disp(int day) {
    System.out.println("今日は" + day + "日");
    return;
}
```

- void：戻り値がないことを示すキーワード
- return;：戻り値がない場合、return文は省略可能

引数を使わずに処理を行うメソッドの場合は、メソッド名の後ろの()内に何も記述しません。

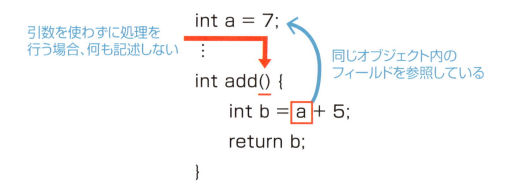

```
int a = 7;
 :
int add() {
    int b = a + 5;
    return b;
}
```

- int add()：引数を使わずに処理を行う場合、何も記述しない
- a：同じオブジェクト内のフィールドを参照している

コンストラクタもクラスと同名の特殊なメソッドで、引数を持つことはできますが、戻り値は返しません。コンストラクタの定義では、戻り値の型やvoidキーワードを指定する必要はありません。

>>> static修飾子

main()メソッドを含むクラス内で定義されたメソッドには、メソッド名の前に「static」という修飾子を記述します。修飾子とは、クラスやフィールド、メソッドなどの性質を決めるためのキーワードです。

通常、フィールドやメソッドは、クラスからオブジェクトを生成するとインスタンスごとに個別に用意されます。

これに対し、static修飾子がついているフィールドやメソッドはそのクラスに固有のものとなり、クラスのインスタンス間で共有されるようになります。また、staticなメンバは、クラスをインスタンス化しなくても利用することができます。インスタンス化しても、インスタンス固有ではなくすべてのインスタンス間で共有されます。そのため、staticなメンバを別のオブジェクトから参照する場合には、前方にオブジェクト変数名ではなくクラス名と「.(ピリオド)」をつけて指定します。

staticなメソッドから同じオブジェクト内のメンバを参照する場合は、参照される側もstaticでなければなりません。また、main()メソッドはインスタンス化されずに実行されることがあるので、main()メソッドから呼び出される同じクラス内のメソッドは、staticである必要があります。

```java
public class Chap10Ex1 {
    public static void main(String[] args) {
        msg();
        …
    }

    static void msg() {
        System.out.println("円→ドルに換算します。");
    }
}
```

・staticなメソッドから参照される、同じオブジェクト内のメンバには「static」をつける
・main()メソッドと同じクラスのメソッドには「static」をつける

まとめ

- **メソッドの定義には、戻り値の型を指定する**
- **戻り値がない場合はvoidキーワードを付ける**
- **staticなメソッドはインスタンス化しなくても実行できる**

第10章 メソッド

2 引数

完成ファイル | [chap10]→[10-02]→[finished]→[Chap10Ex2.java]

 予習 引数について理解する

前項までのサンプルプログラムの中に、何度か引数を利用する場面がありました。本項では、引数の定義や利用の方法について確認します。

引数とは、メソッドを実行する際に処理の材料として渡される値です。引数の中には、main()メソッドで処理を行うために、プログラムを起動する際に渡されるものもあります。これを「**コマンドライン引数**」といいます。コマンドライン引数を使ったプログラムを作成してみましょう。

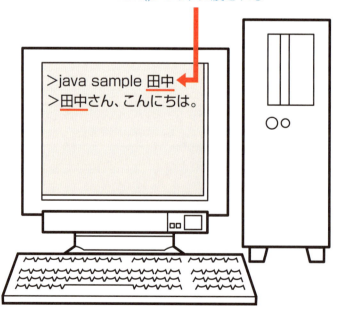

コマンドライン引数:プログラム起動時に main()メソッドに渡される

体験 メソッドの引数とコマンドライン引数を使う》》》

① サンプルファイルを開き、クラスを作成する

5-3を参考にサンプルファイルの「Chap10 Ex2.java」を開き、保存します。

リーグ戦の結果を表示するプログラムを作成してみましょう。

まず、表題としてリーグ戦の名前と開催節を表示してみます。Titleクラスを作成します**1**。

```
♪ *Chap10Ex2.java ⊠
 1
 2  class Title {
 3
 4  }
 5
 6  public class Chap10Ex2 {
 7    public static void main(String[] args) {
```

```
02:  class Title {
03:
04:  }
```

1 クラスを作成

② メソッドを定義する

表題を表示するdisp()メソッドを定義します**1**。リーグ戦の名前と開催節が引数として渡されるようにします。

》》Tips
特に戻り値を返さないメソッドなので「void」を指定します

```
 2  class Title {
 3    void disp(String league, int num) {
 4
 5    }
 6  }
 7
 8  public class Chap10Ex2 {
 9    public static void main(String[] args) {
10
```

```
03:  void disp(String league, int num) {
04:
05:  }
```

1 メソッドを定義

③ メソッドの処理を定義する

引数を使って表題となるテキストを作り、画面に表示します**1**。

```
 2  class Title {
 3    void disp(String league, int num) {
 4      String title = league + "第" + num + "節 順位表";
 5      System.out.println(title);
 6    }
 7  }
 8
 9  public class Chap10Ex2 {
10    public static void main(String[] args) {
11
12    }
13  }
```

```
04:  String title = league + "第" + num + "節 順位表";
05:  System.out.println(title);
```

1 メソッドの処理を定義

10-2 引数 293

4 オブジェクトを生成する

Title クラスからオブジェクトを生成します **1**。

```
 2   class Title {
 3     void disp(String league, int num) {
 4       String title = league + "第" + num + "節 順位表";
 5       System.out.println(title);
 6     }
 7   }
 8
 9   public class Chap10Ex2 {
10     public static void main(String[] args) {
11       Title t = new Title();
12
13     }
14   }
```

```
11:  Title t = new Title();
```

1 オブジェクトを生成

5 オブジェクトのメソッドを実行する

オブジェクトのdisp()メソッドを実行します **1**。このとき、disp()メソッドの()内に、リーグ戦の名前と開催節を引数として記述します。

≫ Tips

disp()メソッドには2つの引数がString型、int型の順に定義されているので、メソッドを実行するときに渡す引数も同じ順番で記述します。

```
 3     void disp(String league, int num) {
 4       String title = league + "第" + num + "節 順位表";
 5       System.out.println(title);
 6     }
 7   }
 8
 9   public class Chap10Ex2 {
10     public static void main(String[] args) {
11       Title t = new Title();
12       t.disp("グラスリーグ", 5);
13     }
14   }
```

```
12:  t.disp("グラスリーグ", 5);
```

1 メソッドを実行

6 カウンタを用意する

次に、コマンドライン引数を使って順位表を表示してみましょう。コマンドライン引数は、String型の配列argsとしてmain()メソッドに渡される引数です。for文を使って配列の要素を取り出すために、カウンタとなる変数を用意します **1**。

```
 5       System.out.println(title);
 6     }
 7   }
 8
 9   public class Chap10Ex2 {
10     public static void main(String[] args) {
11       Title t = new Title();
12       t.disp("グラスリーグ", 5);
13
14       int i = 0;
15     }
16   }
```

```
14:  int i = 0;
```

1 カウンタを用意

7 コマンドライン引数がない場合の処理を定義する

コマンドライン引数が渡されなかった場合の処理を記述します **1**。

>>> **Tips**

コマンドライン引数が渡されない場合は、配列argsの要素数は0になります。

```java
1
2  class Title {
3      void disp(String league, int num) {
4          String title = league + "第" + num + "節 順位表";
5          System.out.println(title);
6      }
7  }
8
9  public class Chap10Ex2 {
10     public static void main(String[] args) {
11         Title t = new Title();
12         t.disp("グラスリーグ", 5);
13
14         int i = 0;
15         if (args.length == 0) {
16             System.out.println("情報が入力されていません。");
17         }
18     }
19 }
```

```java
15:  if (args.length == 0) {
16:      System.out.println("情報が入力されていません。");
17:  }
```

1 コマンドライン引数がない場合の処理を定義

8 コマンドライン引数を使った処理を定義する

コマンドライン引数が渡された場合の処理を記述します **1**。for文を使って、カウンタの数値が配列argsの要素数と等しくなるまで処理を繰り返します。

```java
1
2  class Title {
3      void disp(String league, int num) {
4          String title = league + "第" + num + "節 順位表";
5          System.out.println(title);
6      }
7  }
8
9  public class Chap10Ex2 {
10     public static void main(String[] args) {
11         Title t = new Title();
12         t.disp("グラスリーグ", 5);
13
14         int i = 0;
15         if (args.length == 0) {
16             System.out.println("情報が入力されていません。");
17         } else {
18             for (i = 0; i < args.length; i++) {
19             }
20         }
21     }
22 }
```

```java
17:  } else {
18:      for (i = 0; i < args.length; i++) {
19:
20:      }
21:  }
```

1 コマンドライン引数を使った処理を定義

10-2 引数 295

⑨ 順位表を表示する

カウンタと配列argsを使って、順位表を表示します❶。配列argsに代入されるコマンドライン引数には、1位から順番にチーム名が記述されているものとします。

> **>>> Tips**
> 配列の要素のインデックス番号は0から始まるので、順位の表示はカウンタに1足した数値となります。

```java
class Title {
    void disp(String league, int num) {
        String title = league + "第" + num + "節 順位表";
        System.out.println(title);
    }
}
public class Chap10Ex2 {
    public static void main(String[] args) {
        Title t = new Title();
        t.disp("グラスリーグ", 5);

        int i = 0;
        if (args.length == 0) {
            System.out.println("情報が入力されていません。");
        } else {
            for (i = 0; i < args.length; i++) {
                System.out.println((i + 1) + "位:" + args[i]);
            }
        }
    }
}
```

19: `System.out.println((i + 1) + "位:" + args[i]);`

❶ カウンタと配列から順位表を表示

⑩ 保存して実行する

保存して実行します。まだコマンドライン引数を指定していないので、コマンドライン引数がない場合のテキストが表示されます❶。

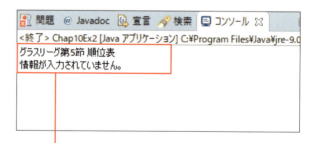

```
<終了> Chap10Ex2 [Java アプリケーション] C:¥Program Files¥Java¥jre-9.0
グラスリーグ第5節 順位表
情報が入力されていません。
```

❶ コマンドライン引数がない場合の実行結果

11 Eclipse上でコマンドライン引数を指定する

[実行]アイコンのメニューを表示して①、[実行の構成]をクリックします②。[実行構成]ダイアログの「Chap10Ex2」が選択されていることを確認します③。[引数]タブを開き[プログラムの引数]としてコマンドライン引数を入力します④。入力できたら[実行]ボタンをクリックします⑤。

>>> Tips
コマンドライン引数が複数ある場合は、[プログラムの引数]の入力欄に半角スペースで区切って並べます。

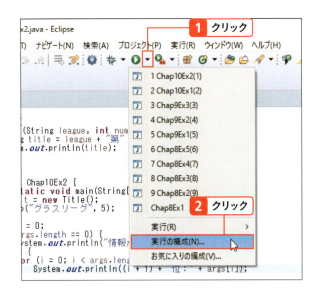

12 結果を確認する

実行結果を確認します。コマンドライン引数を使って順位表が表示されました①。

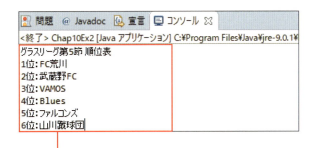

1 コマンドライン引数を使って順位表を表示

10-2 引数 297

理解 引数について

>>> 仮引数、実引数

ソースコード上で引数について記述する場面を整理してみると、2通りの引数があることがわかります。

1つは、メソッドを定義する際に、そのメソッド内で利用される変数について定義した引数です。これを「**仮引数 (parameter)**」といいます。

もう1つは、実際にメソッドを呼び出して実行するときに処理の材料として渡される値で、「**実引数 (argument)**」と呼ばれます。実引数は、仮引数の定義に対応した値でなければなりません。

```
class Title {
    void disp(String league, int num) {     ← メソッドの定義
        ...                         仮引数
    }
}
public class Chap10Ex2 {
    public static void main(String[] args) {
        Title t = new Title();
        t.disp("グラスリーグ", 5);    ← メソッドの呼び出し
                      実引数
    }
}
```

>>> 引数リスト

仮引数の定義では、引数の型と、変数として利用する際の変数名を記述します。複数の仮引数を定義する場合には、「**, (カンマ)**」で区切って並べます。通常の変数の定義では、同じ型の変数は「int a, b;」のようにまとめて宣言することができましたが、仮引数の定義ではそれぞれ個別に型と変数名を記述する必要があります。

引数リスト：引数の型、数、受け取る順番

```
int add(int a, int b) {       「,」で区切る
    return a + b;
}
```

メソッドに定義され、利用される引数の型と数のことを「**引数リスト**」といいます。また、メソッド名と引数リストの組み合わせは「**シグネチャ（署名）**」と呼ばれます。Java言語では、同じ名前で異なる処理を行うメソッドを定義することができますが、この場合にはシグネチャによってどの処理を行うメソッドを呼び出すかを識別します。

▶▶▶ コマンドライン引数

main()メソッドの定義を見てみると、()内に「String[] args」という記述があります。これはmain()メソッドの引数を定義している部分です。main()メソッドの引数は「**コマンドライン引数**」と呼ばれ、String型の配列argsの要素になります。

コマンドライン引数は、Javaプログラムを起動する際にmain()メソッドへ渡される引数で、あらかじめ引数の数を決めずに使用することができます。たとえば本項で作成したサンプルプログラムをコマンドプロンプトなどから実行する場合には、次のように入力してプログラムを起動します。Eclipseでは、設定画面にコマンドライン引数を記述して実行します。

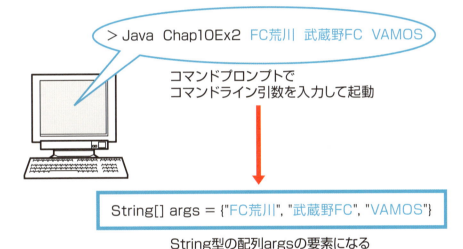

まとめ

- メソッド定義時の引数を「仮引数」、実際にメソッドに渡す引数を「実引数」という
- 仮引数と実引数の「引数リスト」は対応している
- プログラム起動時に「コマンドライン引数」をmain()メソッドに渡すことができる

第10章 メソッド

3 メソッドを呼び出す

完成ファイル │ [chap10]→[10-03]→[finished]→[Chap10Ex3.java]

予習 メソッドの呼び出し方を覚える

メソッドを呼び出して実行する方法は、どのオブジェクトのメソッドを呼び出すかによって異なります。

同じオブジェクト内のメソッドを呼び出す場合は、メソッド名だけで呼び出すことができます。異なるオブジェクトのメソッドを呼び出す場合は、オブジェクト変数名を指定して呼び出します。また、staticなメソッドは、クラス名を指定して呼び出します。サンプルプログラムで呼び出し方法を確認してみましょう。

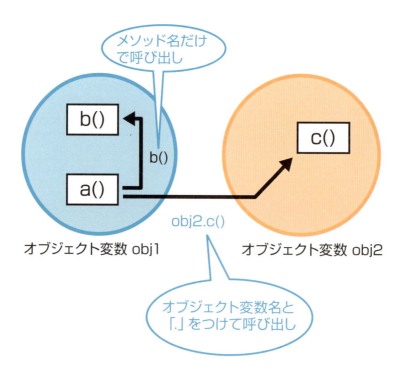

体験 メソッドを呼び出す

1 サンプルファイルを開き、変数を宣言する

5-3を参考にサンプルファイルの「Chap10Ex3.java」を開き、保存します。
main()メソッドを含むクラスのほかに、2つのクラスが定義されています。これらを使って、月ごとの収支結果を表示するプログラムを作成していきます。まず、Accountクラスで月ごとの収支データを記憶するため、月、収入金額、支出金額用の変数を宣言します❶。また、値を受け取るためにコンストラクタを定義します❷。

```
*Chap10Ex3.java
 1  class Account {
 2      int month, in, out;
 3
 4      Account(int a, int b, int c){
 5          month = a;
 6          in = b;
 7          out = c;
 8      }
 9
10  }
11
12  class AccountManager {
13
14  }
15
16  public class Chap10Ex3 {
17      public static void main(String[] args) {
18
19      }
20  }
```

❶ 変数を宣言

```
02:  int month, in, out;
03:
04:  Account(int a, int b, int c){
05:      month = a;
06:      in = b;
07:      out = c;
08:  }
```

❷ コンストラクタを定義

2 収支合計用の変数を宣言する

AccountManagerクラスに収支合計を記憶するための変数を定義し、初期化します❶。月ごとの収支はAccountクラスのオブジェクトを生成して計算していきますが、収支合計は翌月に繰り越しして計算を行います。すべてのオブジェクトで同じデータを共有する必要があるので、変数totalにはstatic修飾子をつけます。

```
 6          in = b;
 7          out = c;
 8      }
 9
10  }
11
12  class AccountManager {
13      static int total = 0;
14
15  }
16
17  public class Chap10Ex3 {
18      public static void main(String[] args) {
19
20      }
21  }
```

```
13:  static int total = 0;
```

❶ staticな変数を宣言

10-3 メソッドを呼び出す 301

3 収支を計算して表示する メソッドを定義する

収支を計算して表示するcalc()メソッドを定義します **1**。引数として、月、収入金額、支出金額の3つの数値を受け取ることにします。月ごとの収支データはAccountクラスのオブジェクトを個別に生成して記憶する必要がありますが、そのデータを使って計算と表示を行うcalc()メソッドについては、1つのインスタンスを共有しても問題ありません。そこで、calc()メソッドにはstatic修飾子をつけます。

```
 5          month = a;
 6          in = b;
 7          out = c;
 8      }
 9
10  }
11
12  class AccountManager {
13      static int total = 0;
14
15      static void calc(int m, int i, int o) {
16
17      }
18  }
19
20  public class Chap10Ex3 {
21      public static void main(String[] args) {
```

```
15: static void calc(int m, int i, int o) {
16:
17: }
```

1 staticなメソッドを定義

4 収支を表示する

変数totalと受け取った引数を使って、前月繰越と月ごとの収支を表示します **1**。

```
15      static void calc(int m, int i, int o) {
16          System.out.print("【" + m + "月収支】");
17          System.out.println("前月繰越:" + total + "円");
18          System.out.println("収入:" + i + "円");
19          System.out.println("支出:" + o + "円");
20      }
21  }
```

```
16: System.out.print("【" + m + "月収支】");
17: System.out.println("前月繰越:" + total + "円");
18: System.out.println("収入:" + i + "円");
19: System.out.println("支出:" + o + "円");
```

1 前月繰越と月ごとの収支を表示

5 収支合計を表示する

収支合計を計算して表示します **1**。ここで変数totalに代入された値が、翌月への繰越金額になります。

```
15      static void calc(int m, int i, int o) {
16          System.out.print("【" + m + "月収支】");
17          System.out.println("前月繰越:" + total + "円");
18          System.out.println("収入:" + i + "円");
19          System.out.println("支出:" + o + "円");
20
21          total += (i - o);
22          System.out.println("--------------¥n合計:" + total + "円¥n");
23      }
24  }
```

```
21: total += (i-o);
22: System.out.println("--------------¥n合計:" + total + "円¥n");
```

1 収支合計を計算して表示

6 警告用のメソッドを定義する

収支合計がマイナスになったときに警告を表示するalert()メソッドを定義します **1**。calc()メソッドから呼び出して実行することになるので、alert()メソッドにもstatic修飾子をつけます。

```
17          System.out.println("前月繰越:" + total + "円");
18          System.out.println("収入:" + i + "円");
19          System.out.println("支出:" + o + "円");
20
21          total += (i - o);
22          System.out.println("--------------\n合計:" + tot
23
24      }
25
26      static void alert() {
27          System.out.println("※収支合計がマイナスになっています！\n"
28      }
29  }
```

```
26: static void alert() {
27:     System.out.println("※収支合計がマイナスになっています！¥n");
28: }
```

1 staticなメソッドを定義

≫ Tips

staticなメソッドはクラスをインスタンス化しないまま利用することができるので、このメソッドから他のメンバを参照する場合は、参照先もstaticでなければなりません。

7 警告を表示する

収支合計がマイナスになったときに、alert()メソッドを呼び出して実行します **1**。同じオブジェクト内のメソッドは、メソッド名のみで呼び出すことができます。引数のないメソッドを呼び出すときは、メソッド名の後ろの()内には何も記述しません。

```
14
15      static void calc(int m, int i, int o) {
16          System.out.print("【" + m + "月収支】");
17          System.out.println("前月繰越:" + total + "円");
18          System.out.println("収入:" + i + "円");
19          System.out.println("支出:" + o + "円");
20
21          total += (i - o);
22          System.out.println("--------------\n合計:" + tot
23
24          if (total < 0) alert();
25      }
26
27      static void alert() {
28          System.out.println("※収支合計がマイナスになっています！\n"
29      }
30  }
31
32  public class Chap10Ex3 {
33      public static void main(String[] args) {
34
35      }
```

```
24: if (total < 0) alert();
```

1 収支合計がマイナスなら警告を表示

10-3 メソッドを呼び出す 303

8 オブジェクトを生成して メソッドを実行する

月、収入金額、支出金額の値を指定して、Accountクラスのオブジェクトを生成します **1**。さらに、Accountクラスのオブジェクトのフィールドを引数として、calc() メソッドを実行します **2**。staticなメソッドを異なるオブジェクトから呼び出す場合は、前方にクラス名と「.(ピリオド)」をつけて指定します。

```java
 4    Account(int a, int b, int c){
 5        month = a;
 6        in = b;
 7        out = c;
 8    }
 9
10  }
11
12  class AccountManager {
13      static int total = 0;
14
15      static void calc(int m, int i, int o) {
16          System.out.print("【" + m + "月収支】");
17          System.out.println("前月繰越：" + total + "円");
18          System.out.println("収入：" + i + "円");
19          System.out.println("支出：" + o + "円");
20
21          total += (i - o);
22          System.out.println("--------------¥n合計：" + t
23
24          if (total < 0) alert();
25      }
26
27      static void alert() {
28          System.out.println("※収支合計がマイナスになって
29      }
30  }
31
32  public class Chap10Ex3 {
33      public static void main(String[] args) {
34          Account a1 = new Account(1, 2000, 1500);
35          Account a2 = new Account(2, 1000, 2000);
36
37          AccountManager.calc(a1.month, a1.in, a1.out);
38          AccountManager.calc(a2.month, a2.in, a2.out);
39      }
```

1 オブジェクトを生成

```java
34: Account a1 = new Account(1, 2000, 1500);
35: Account a2 = new Account(2, 1000, 2000);
36:
37: AccountManager.calc(a1.month, a1.in, a1.out);
38: AccountManager.calc(a2.month, a2.in, a2.out);
```

2 メソッドを実行

9 保存して実行する

保存して実行します。2ヶ月分の収支結果が表示されました **1**。収支合計がマイナスになっているので、警告が表示されています。

```
 問題  @ Javadoc  宣言  コンソール
<終了> Chap10Ex3 [Java アプリケーション] C:¥Program Files¥Java¥jre-9.0.1¥bin¥
【1月収支】前月繰越：0円
収入：2000円
支出：1500円
---------------
合計：500円

【2月収支】前月繰越：500円
収入：1000円
支出：2000円
---------------
合計：-500円

※収支合計がマイナスになっています！
```

1 2ヶ月分の収支結果を表示

理解 メソッドの呼び出し方

>>> メソッドを呼び出す流れ

サンプルプログラムでオブジェクトを生成し、メソッドを呼び出す処理の流れを整理してみましょう。
はじめにAccountクラスのオブジェクトを生成して、各フィールドに値を代入します。

```
Account a1 = new Account(1, 2000, 1500);
Account a2 = new Account(2, 1000, 2000);
```

次にAccountManagerクラスのcalc()メソッドを呼び出します。calc()メソッドは3つの引数を持つように定義されていますが、それぞれ、Accountクラスのオブジェクトを参照して各フィールドの値を受け取ります。

```
AccountManager.calc(a1.month, a1.in, a1.out);
AccountManager.calc(a2.month, a2.in, a2.out);
```

引数として受け取った値を使って、calc()メソッドが処理を行います。処理の最後に変数totalの値を調べて、0以下になっていればalert()メソッドを呼び出して実行します。

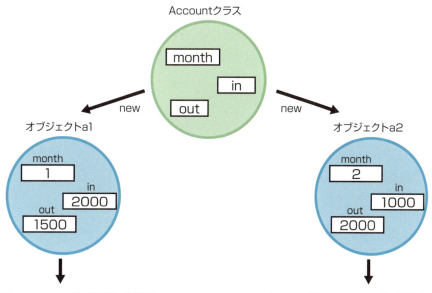

10-3 メソッドを呼び出す 305

>>> メソッドの呼び出し方 ....

サンプルプログラムのalert()メソッドのように引数のないメソッドは、()内に何も記述せずにメソッドを呼び出します。

calc()メソッドのように引数のあるメソッドを呼び出す場合は、メソッドが処理の材料とする値を()内に引数として記述します。引数が複数ある場合は、「,(カンマ)」で区切って並べます。実引数の型や数、順番は、メソッドの定義に指定されている仮引数と対応していなければなりません。

calc()メソッドとalert()メソッドは、同じオブジェクト内で定義されています。この場合calc()メソッドからは、メソッド名のみでalert()メソッドを呼び出すことができます。
一方、異なるオブジェクトのメソッドは、どのオブジェクトのメソッドかを示すために、メソッド名の前にオブジェクト変数名と「.」をつけて呼び出します。ただし、static修飾されたメソッドについては、クラスのオブジェクトを生成しなくても利用することができるので、メソッド名の前にクラス名と「.」をつけて呼び出します。

```
class AccountManager {
    ...
    static void calc(int m, int i, int o) {
        ...
        if (total < 0) alert();
    }
    static void alert() {
        ...
    }
}
```
同じオブジェクトのメソッドは、メソッド名のみで呼び出す

```
public class Chap10Ex3 {
    public static void main(String[] args) {
        ...
        AccountManager.calc(a1.month, a1.in, a1.out);
        ...
    }
}
```
staticなメソッドは、クラス名と「.」をつけて呼び出す

306 | 第10章 メソッド

COLUMN　メソッドのオーバーロード

「**10-2**　引数」で説明したように、Java言語では同一のクラス内に、同じ名前で異なる処理を行うメソッドを定義することができます。このような定義を、メソッドの「オーバーロード」といいます。オーバーロードされたメソッドは「シグネチャ（メソッド名と引数リストの組み合わせ）」によって識別され、引数リストが異なっていれば、同名であっても異なるメソッドとして扱われます。

メソッドのオーバーロードを利用することで、プログラミングが簡単になります。たとえば「2個の変数のうち、1個はほとんどの場合に同じ値を取る」というような処理を考えてみましょう。このとき、メソッドをオーバーロードすると、「2個の変数が変化する場合」と「変数が1個だけ変化する場合」のそれぞれの処理を同じ名前のメソッドで定義することができます。メソッドの呼び出し時には、引数の与え方を変えるだけで適切な処理を実行することができるというわけです。

```java
int calc(int a, int b) {

    return a + b;          ← 処理A

}

int calc(int a) {

    return a + 5;          ← 処理B

}

...

int x = calc(3, 2);   //処理Aが実行される

int y = calc(3);      //処理Bが実行される
```

まとめ

- 引数のあるメソッドを呼び出す場合は、引数リストに注意する
- 同じオブジェクト内のメソッドは、メソッド名のみで呼び出すことができる
- 異なるオブジェクトのメソッドは、オブジェクト変数名と「.」をつけて呼び出す
- **static**なメソッドは、クラス名と「.」をつけて呼び出す

第10章 メソッド

4 既存のメソッドを使う

完成ファイル　[chap10]→[10-04]→[finished]→[Chap10Ex4a.java]
　　　　　　　　　　　　　　　　　　　　　　　　[Chap10Ex4b.java]

 既存のメソッドを使ってみる

Javaには、基本的な処理を簡単に行うことができるように、多くのメソッドがあらかじめ定義されています。たとえば、サンプルプログラムで何度も利用しているprint()メソッドやprintln()メソッドは、テキストを表示するための既存のメソッドです。また、「**7-5　文字列を比較する条件式**」では、文字列の内容を比較するequals()メソッドを利用しました。

他にも便利なメソッドはたくさんあります。これらを利用して、文字列や数の操作を行うプログラムを作成してみましょう。

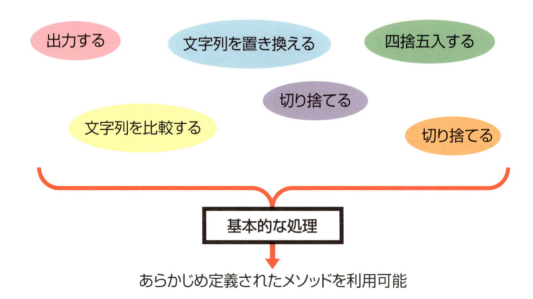

体験 文字列の操作

1 サンプルファイルを開き、変数を宣言する

5-3を参考にサンプルファイルの「Chap10
Ex4a.java」を開き、保存します。
まず、文字列の操作を行ってみましょう。
String型変数を宣言して、元になる文章を
代入します**1**。確認用に画面に表示します
2。

```
♪ *Chap10Ex4a.java ☒
1
2  public class Chap10Ex4a {
3⊖     public static void main(String[] args) {
4          String cat = "吾輩は猫である。名前はまだ無い。";
5
6          System.out.println(cat);
7          System.out.println("----------");
8      }
9  }
```

1 元になる文章を代入

```
04:  String cat = "吾輩は猫である。名前はまだ無い。";
05:
06:  System.out.println(cat);
07:  System.out.println("----------");
```

2 文章を表示

2 文字数を調べる

文字列の文字数を調べるには、length () メ
ソッドを利用します**1**。

≫Tips

メソッド名の前に、対象となる文字列の変数名と
「.(ピリオド)」をつけて記述します。

```
♪ *Chap10Ex4a.java ☒
1
2  public class Chap10Ex4a {
3⊖     public static void main(String[] args) {
4          String cat = "吾輩は猫である。名前はまだ無い。";
5          System.out.println(cat);
6          System.out.println("----------");
7
8          int a = cat.length();
9          System.out.println(a + "文字の文章。");
10     }
11 }
```

```
08:  int a = cat.length();
09:  System.out.println(a + "文字の文章。");
```

1 文字数を調べる

10-4 既存のメソッドを使う | 309

③ 指定したインデックス番号の文字を調べる

前から何文字目と指定して、その位置の文字を調べるには、charAt()メソッドを利用します **1**。()内にインデックス番号を記述します。

```
 2  public class Chap10Ex4a {
 3      public static void main(String[] args) {
 4          String cat = "吾輩は猫である。名前はまだ無い。";
 5
 6          System.out.println(cat);
 7          System.out.println("----------");
 8
 9          int a = cat.length();
10          System.out.println(a + "文字の文章。");
11
12          char b = cat.charAt(3);
13          System.out.println("前から4番目の文字は「" + b + "」。");
14
15
16
17      }
18  }
```

>>> Tips

文字列のインデックス番号は0から始まるので、4文字目のインデックス番号は「3」になります。

```
12:  char b = cat.charAt(3);
13:  System.out.println("前から4番目の文字は「" + b + "」。");
```

1 指定した位置の文字を調べる

④ 指定した文字が最初に出現する位置を調べる

指定した文字が最初に出現する位置のインデックス番号を調べるには、indexOf()メソッドを利用します **1**。()内には文字を記述します。

```
 1
 2  public class Chap10Ex4a {
 3      public static void main(String[] args) {
 4          String cat = "吾輩は猫である。名前はまだ無い。";
 5
 6          System.out.println(cat);
 7          System.out.println("----------");
 8
 9          int a = cat.length();
10          System.out.println(a + "文字の文章。");
11
12          char b = cat.charAt(3);
13          System.out.println("前から4番目の文字は「" + b + "」。");
14
15          int c = cat.indexOf('あ');
16          System.out.println("「あ」は前から" + (c + 1) + "番目の文字。");
17
18      }
19  }
20
```

>>> Tips

()内に記述するのは文字なので、「''(シングルクォーテーション)」で囲みます。

```
15:  int c = cat.indexOf('あ');
16:  System.out.println("「あ」は前から" + (c + 1) + "番目の文字。");
```

1 指定した文字が最初に出現する位置を調べる

310 10 メソッド

5 指定した文字列で 始まっているか調べる

文字列が引数に指定した文字列で始まっているかどうかを調べるには、startWith() メソッドを利用します **1**。ここでは、文字列が「吾輩」で始まっていれば「true」が返り、if 文の処理が実行されることになります。

```
 6      System.out.println(cat);
 7      System.out.println("----------");
 8
 9      int a = cat.length();
10      System.out.println(a + "文字の文章。");
11
12      char b = cat.charAt(3);
13      System.out.println("前から4番目の文字は「" + b + "」。"
14
15      int c = cat.indexOf('あ');
16      System.out.println("「あ」は前から" + (c + 1) + "番目の
17
18      System.out.println("----------");
19
20      if (cat.startsWith("吾輩")) {
21
22      }
23
24      }
25  }
26
```

```
18:  System.out.println("----------");
19:
20:  If (cat.startsWith("吾輩")) {
21:
22:  }
```

1 指定した文字列で始まっているかどうかを調べる

6 文字列を置き換える

指定した文字列を別の文字列と置き換えるには、replace() メソッドを利用します **1**。() 内に、置き換えの対象となる文字列と、置き換える文字列を「,(カンマ)」で区切って記述します。

```
14
15      int c = cat.indexOf('あ');
16      System.out.println("「あ」は前から" + (c + 1) +
17
18      System.out.println("----------");
19
20      if (cat.startsWith("吾輩")) {
21          String dog = cat.replace("猫", "犬");
22          System.out.println(dog);
23      }
24
25      }
26  }
```

```
21:  String dog = cat.replece("猫","犬");
22:  System.out.println(dog);
```

1 文字列を置き換える

7 保存して実行する

保存して実行します。結果を確認してみましょう **1**。

```
📋 問題  @ Javadoc  📋 宣言  🖥 コンソール ⊠  🐞 デバッグ
<終了> Chap10Ex4a [Java アプリケーション] C:¥Program Files¥Java¥jre1.8
吾輩は猫である。名前はまだ無い。
----------
16文字の文章。
前から4番目の文字は「猫」。
「あ」は前から6番目の文字。
----------
吾輩は犬である。名前はまだ無い。
```

1 結果を表示

10-4 既存のメソッドを使う | 311

① サンプルファイルを開き、変数を宣言する

5-3を参考にサンプルファイルの「Chap10Ex4b.java」を開き、保存します。
今度は小数点以下のある実数値について、切り捨てや切り上げ、四捨五入などを行ってみます。double型の変数に、割り切れない割り算の結果を代入します❶。

```
04: double d = 10.0 / 6.0;
05: System.out.println("10÷6は？");
06: System.out.println("----------");
```

❶ 変数を宣言

② 小数点以下を操作する

数の演算に利用するメソッドは、Mathクラスのメソッドとして用意されています。小数点以下の切り捨てはfloor()メソッド、切り上げはceil()メソッド、四捨五入はround()メソッドを利用して実行します❶。()内には、処理の対象となる変数dを記述します。

>>> Tips
メソッド名の前に、Mathクラスのクラス名と「.(ピリオド)」を記述します。

```
09: System.out.println("小数点以下切り捨て:" + Math.floor(d));
10: System.out.println("小数点以下切り上げ:" + Math.ceil(d));
11: System.out.println("小数点以下四捨五入:" + Math.round(d));
12: System.out.println("----------");
```

❶ 小数点以下を操作する

3 クラスライブラリを読み込む

小数点以下の桁数を指定して処理を行うには、「java.math.BigDecimalパッケージ」というクラスライブラリを読み込んで、ここで定義されているメソッドを利用します。ソースコードの先頭に図のように記述します **1**。

> **>> Tips**
>
> BigDecimalクラスには、小数点以下の桁数を指定して処理を行うための機能がまとめられています。

```java
1  import java.math.BigDecimal;
2  import java.math.RoundingMode;
3
4  public class Chap10Ex4b {
5      public static void main(String[] args) {
6          double d = 10.0 / 6.0;
7          System.out.println("10÷6は？");
8          System.out.println("----------");
9
10         System.out.println("小数点以下切り捨て:" + Math.floo
11         System.out.println("小数点以下切り上げ:" + Math.ceil
12         System.out.println("小数点以下四捨五入:" + Math.rou
13         System.out.println("----------");
14
15
16     }
17
18 }
```

```
01:  import java.math.BigDecimal;
02:  import java.math.RoundingMode;
```

1 クラスライブラリを読み込む

4 BigDecimalクラスの オブジェクトを生成する

BigDecimalクラスのオブジェクトbdを生成し、コンストラクタの引数として変数dを記述します **1**。

```java
1  import java.math.BigDecimal;
2  import java.math.RoundingMode;
3
4  public class Chap10Ex4b {
5      public static void main(String[] args) {
6          double d = 10.0 / 6.0;
7          System.out.println("10÷6は？");
8          System.out.println("----------");
9
10         System.out.println("小数点以下切り捨て:" + Math.floo
11         System.out.println("小数点以下切り上げ:" + Math.ceil
12         System.out.println("小数点以下四捨五入:" + Math.rou
13         System.out.println("----------");
14
15         BigDecimal bd = new BigDecimal(d);
16     }
17
18 }
```

```
15:  BigDecimal bd = new BigDecimal(d);
```

1 オブジェクトを生成

10-4 既存のメソッドを使う | 313

5 小数第2位で操作する

bdオブジェクトのsetScale() メソッドを利用して、小数第2位で切り捨て、切り上げ、四捨五入の処理を行います **1**。() 内には引数として、処理を行う小数点以下の桁数と、処理モードを記述します。

> **>>>Tips**
>
> 「RoundingMode.DOWN」は指定された小数点以下の桁で切り捨て、「RoundingMode.UP」は切り上げを行うモードです。「RoundingMode.HALF_UP」は「もっとも近い数字」に丸めるモードです。両隣りの数字が等距離の場合は切り上げるので、四捨五入と同じ処理になります。

```java
1  import java.math.BigDecimal;
2  import java.math.RoundingMode;
3
4  public class Chap10Ex4b {
5      public static void main(String[] args) {
6          double d = 10.0 / 6.0;
7          System.out.println("10÷6は？");
8          System.out.println("----------");
9
10         System.out.println("小数点以下切り捨て:" + Math.floor(d));
11         System.out.println("小数点以下切り上げ:" + Math.ceil(d));
12         System.out.println("小数点以下四捨五入:" + Math.round(d));
13         System.out.println("----------");
14
15         BigDecimal bd = new BigDecimal(d);
16
17         System.out.println("小数第2位で切り捨て:"+ bd.setScale(2, RoundingMode.DOWN));
18         System.out.println("小数第2位で切り上げ:"+ bd.setScale(2, RoundingMode.UP));
19         System.out.println("小数第2位で四捨五入:"+ bd.setScale(2, RoundingMode.HALF_UP));
20     }
21
22 }
```

```
17:  System.out.println("小数第2位で切り捨て:"+ bd.setScale(2, RoundingMode.DOWN));
18:  System.out.println("小数第2位で切り上げ:"+ bd.setScale(2, RoundingMode.UP));
19:  System.out.println("小数第2位で四捨五入:"+ bd.setScale(2, RoundingMode.HALF_UP));
```

1 小数第2位で操作する

6 保存して実行する

保存して実行します。結果を確認してみましょう **1**。

```
R 問題  @ Javadoc  宣言  検索  コンソール ✖
<終了> Chap10Ex4b [Java アプリケーション] C:¥Program Files¥Java¥jre-9.0.1¥bi
10÷6は？
----------
小数点以下切り捨て:1.0
小数点以下切り上げ:2.0
小数点以下四捨五入:2
----------
小数第2位で切り捨て:1.66
小数第2位で切り上げ:1.67
小数第2位で四捨五入:1.67
```

1 結果を表示

理解 既存のメソッドを利用する

>>> 様々な既存のメソッド

文字列を操作するメソッドの多くはStringクラスに、基本的な数値処理を行うメソッドは、Mathクラスに定義されています。これらは、Java言語の基本的なクラスをまとめた「java.langパッケージ」に含まれるクラスです。java.langパッケージはJavaプログラムに自動的に読み込まれるので、特に意識することなく利用することができます。

Java言語にはほかにも様々なクラスライブラリがあらかじめ用意されており、これらを読み込むことで、既存のメソッドを呼び出して実行することができます。

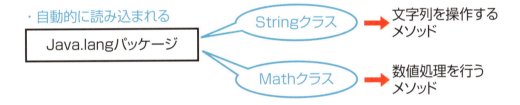

まとめ

- クラスファイルを読み込むことで、既存のメソッドを利用できる
- 文字列操作や基本的な数値処理のメソッドの定義は、自動的に読み込まれる

10-4 既存のメソッドを使う

第10章 練習問題

■問題1

次の文章の穴を埋めなさい。

メソッドは値を受け取って定義された処理を行い、結果を返すという働きを持つ。処理の材料として与えられる値を ① 、処理の結果として返される値を ② という。メソッドの定義ではメソッド名と同時に ② の型を指定するが、 ② を返さないメソッドの場合は ③ というキーワードを指定する。

ヒント「10-1 メソッドを作る」参照。

■問題2

次のソースコードの穴を埋めなさい。実行すると、画面に「りんご（100円）3個：計300円」と表示されるものとします。

```
class Orders {
    int total;
    ①    disp(String item, int price, int num) {
        System.out.print(item + "(" + price + "円)" + num + "個:");
        total = price * num;
        return total;
    }
}
public class Chap10Test2 {
    public static void main(String[] args) {
        Orders o1 = new Orders();
        o1.disp  ② ;
        System.out.println("計" +   ③   + "円");
    }
}
```

ヒント「10-2 引数」「10-3 メソッドを呼び出す」参照。

316 第10章 メソッド

継承

- **11-1　継承とは**
- **11-2　private修飾子**
- **11-3　オーバーライド**
- **11-4　抽象クラス**

第11章　練習問題

第11章 継承

1 継承とは

完成ファイル│📁[chap11]→📁[11-01]→📁[finished]→📄[Chap11Ex1.java]

予習 クラスの継承を理解する

Javaはオブジェクト指向言語と呼ばれていますが、オブジェクト指向言語の大きな特徴の一つとして「**継承**」が挙げられます。

クラスの継承とは、あるクラスが持っているメンバを別のクラスに引き継ぎ、利用できるようにすることです。このとき継承元のクラスをスーパークラス（親クラス）、継承して作ったクラスをサブクラス（子クラス）と呼びます。

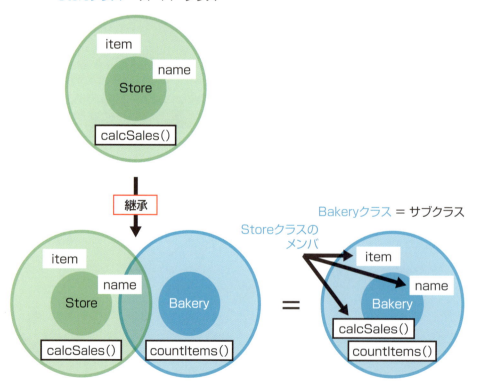

体験 サブクラスを定義する

1 サンプルファイルを開き、スーパークラスを作る

5-3を参考にサンプルファイルの「Chap11Ex1.java」を開き、保存します。
人物のプロフィールを表示するプログラムを作ってみましょう。Personクラスに、名前、性別を代入するための変数を宣言し **1**、それらを表示させるメソッドを定義します **2**。これが親クラスになります。

1 変数を宣言

```
03: String name;
04: String sex;
05:
06: void printAbout(){
07:     System.out.println("名前:" + name);
08:     System.out.println("性別:" + sex);
09: }
```

2 「名前」と「性別」を表示させるprintAbout()メソッド

2 サブクラスを作成する

手順**1**で作ったクラスを継承したクラス（サブクラス）を作ります。サブクラスはextendsを使って作成します **1**。

1 サブクラスを作る

```
11: class Man extends Person { }
```

クラス名（サブクラス） 　継承元のクラス名（スーパークラス）

11-1 継承とは 319

3 サブクラス内に変数とメソッドを定義する

サブクラスで追加する処理を記述します。趣味を代入するための変数を宣言し **1**、スーパークラスで指定した内容とを表示させるメソッドを定義して処理を書きこみます **2**。

```
11    class Man extends Person{
12        String hobby;
13
14⊖      void printProf(){
15            printAbout();
16            System.out.println("趣味：" + hobby);
17        }
18    }
19
```

1 変数を宣言

```
12:  String hobby;
13:
14:  void printProf(){
15:      printAbout();
16:      System.out.println("趣味：" + hobby);
17:  }
```

2 メソッドを定義し、処理を記述

4 オブジェクトを生成する

Manクラスからオブジェクトを作成します **1**。

```
21
22    public class Chap11Ex1 {
23⊖      public static void main(String[] args) {
24            // TODO 自動生成されたメソッド・スタブ
25            Man yamada= new Man();
26        }
27    }
```

```
25:  Man yamada= new Man( );
```

1 オブジェクトを生成

5 オブジェクトのフィールドに値を代入する

オブジェクトのフィールドである「name」「sex」「hobby」にそれぞれ値を入れます **1**。

```
22    public class Chap11Ex1 {
23⊖      public static void main(String[] args) {
24            // TODO 自動生成されたメソッド・スタブ
25            Man yamada= new Man();
26
27            yamada.name = "山田太郎";
28            yamada.sex = "男性";
29            yamada.hobby = "プログラミング";
30        }
31    }
32
```

```
27:  yamada.name = "山田太郎";
28:  yamada.sex = "男性";
29:  yamada.hobby = "プログラミング";
```

1 オブジェクトのフィールドに値を入れる

6 オブジェクトのprintProf()メソッドを実行する

オブジェクトのprintProf()メソッドを呼び出して実行します❶。

```java
12  class Man extends Person{
13      String hobby;
14
15      void printProf(){
16          printAbout();
17          System.out.println("趣味:" + hobby);
18      }
19  }
20
21  public class Chap11Ex1 {
22      public static void main(String[] args) {
23      // TODO 自動生成されたメソッド・スタブ
24          Man yamada= new Man();
25
26          yamada.name = "山田太郎";
27          yamada.sex = "男性";
28          yamada.hobby = "プログラミング";
29
30          yamada.printProf();
31      }
32  }
33
34
35
```

30: `yamada.printProf();`

❶ メソッドを実行

7 保存して実行する

保存して実行します。スーパークラスの「名前」「性別」に、サブクラスで追加した「趣味」も表示されます❶。

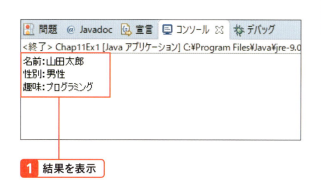

```
<終了> Chap11Ex1 [Java アプリケーション] C:¥Program Files¥Java¥jre-9.0
名前:山田太郎
性別:男性
趣味:プログラミング
```

❶ 結果を表示

11-1 継承とは 321

理解 スーパークラスとサブクラス

>>> スーパークラスとサブクラス

継承する元となるクラスのことを「**スーパークラス（親クラス）**」、継承して作ったクラスを「**サブクラス（子クラス）**」と呼びます。継承の大きな利点は、継承したサブクラスではスーパークラス内のメンバを定義しなくても利用でき、さらにそのまま新たにメンバを加えることもできる点です。これにより、より簡潔にプログラムの記述を行うことができます。

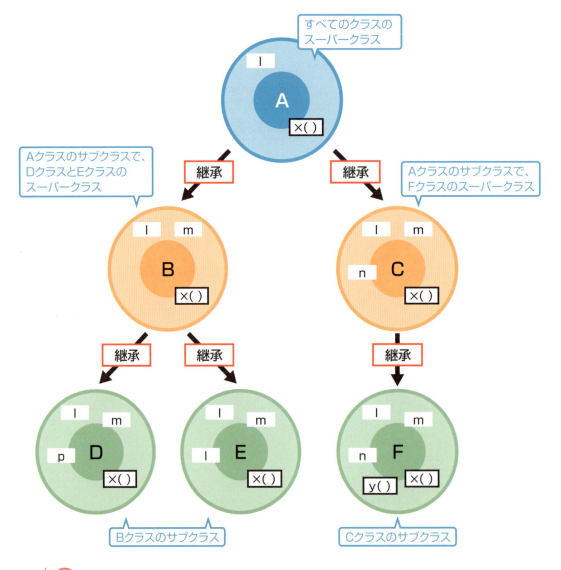

>>> extends

サブクラスを作成するにはextendsを使って以下のように定義します。
スーパークラスからはいくつでもサブクラスを作れますが、サブクラスが継承できるクラスは1つだけです。

```
class Magazine extends Books {
    int x;
}
class Bookshelf {
    public static void main(String[] args) {
        Magazine magazine = new Magazine;
    }
}
```

- `Magazine` → クラス名（サブクラス名）
- `Books` → 継承元のクラス名（スーパークラス）
- `Magazine magazine = new Magazine;` → 定義したサブクラスは通常のクラスと同様にオブジェクト化して利用

まとめ

- 継承とは、あるクラスのメンバを別のクラスに引き継いで利用すること
- 継承元のクラスをスーパークラス、継承先のクラスをサブクラスと呼ぶ
- **extends**を使うことでクラスの継承を行うことができる

private修飾子

完成ファイル｜ [chap11]→ [11-02]→ [finished]→ [Chap11Ex2.java]

 予習 **アクセス修飾子の役割を理解する**

オブジェクト指向では、データと処理をひとまとめにしたオブジェクトを部品として組み合わせて、プログラムを構築していきます。オブジェクトは、それぞれが中に持っているデータや処理について別のオブジェクトからの干渉を禁止することができます。

たとえば、本来想定していない場面でフィールドの値を自由に変更できるようでは、当初に意図した処理結果を得られなくなるかもしれません。オブジェクトのメンバが外部から勝手に変更や利用をされないようにすることで、プログラムの意図しない動作を防ぐことができるのです。

クラスやそのメンバについてアクセスを許可する範囲を設定する仕組みは、「**アクセス修飾子**」を使って実現されます。ここでは、アクセス修飾子の1つである「private」を使ってみましょう。

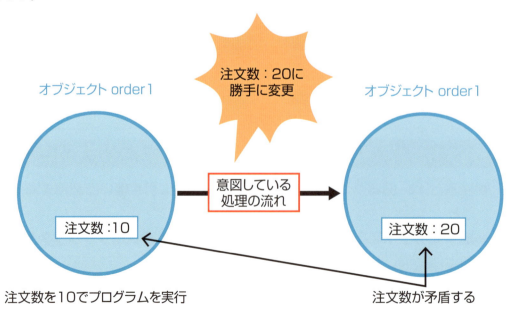

体験 private修飾子を利用する

1 サンプルファイルを開き、フィールドを宣言する

5-3を参考にサンプルファイルの「Chap11Ex2.java」を開き、保存します。
Orderクラスに注文数を表すフィールドorderNumを宣言し、初期値として0を代入します**1**。

```
*Chap11Ex2.java
 1
 2  class Chap11Ex2{
 3      public static void main(String[] args) {
 4
 5      }
 6  }
 7
 8  class Order{
 9      int orderNum = 0;
10
11  }
12
```

```
09:     int orderNum = 0;
```

1 フィールドを宣言

2 フィールドの値を変更するメソッドを定義する

フィールドorderNumの値を変更するためのメソッドを定義します**1**。

>>> **Tips**
フィールドの値を変更するメソッドは「セッター(Setter)」と呼ばれます。セッターのメソッド名は、「set＋フィールド名（先頭を大文字にする）」とすることが推奨されています。

```
 1
 2  class Chap11Ex2{
 3      public static void main(String[] args) {
 4
 5      }
 6  }
 7
 8  class Order{
 9      int orderNum = 0;
10
11      void setOrderNum(int oNum) {
12          orderNum = oNum;
13          System.out.println("注文数：" + orderNum + "個");
14      }
15  }
16
```

```
11:     void setOrderNum(int oNum) {
12:         orderNum = oNum;
13:         System.out.println("注文数：" + orderNum + "個");
14:     }
```

1 フィールドの値を変更するメソッドを定義

③ オブジェクトを生成する

Orderクラスからオブジェクトを生成します
1。setOrderNum()メソッドを利用して
フィールドに値を代入します **2**。

```
1
2  class Chap11Ex2{
3    public static void main(String[] args) {
4        Order order1 = new Order();
5        order1.setOrderNum(10);
6    }
7  }
8
9  class Order{
10    int orderNum = 0;
11
12   void setOrderNum(int oNum) {
13       orderNum = oNum;
14       System.out.println("注文数：" + orderNum + "個")
15   }
16 }
17
```

1 オブジェクトを生成

```
04:  Order order1 = new Order();
05:  order1.setOrderNum(10);
```

2 セッターを使ってフィールドに値を代入

④ 直接フィールドに値を代入してみる

この状態では、フィールドorderNumに直接
異なる値を代入できてしまいます **1**。

```
1
2  class Chap11Ex2{
3    public static void main(String[] args) {
4        Order order1 = new Order();
5        order1.setOrderNum(10);
6        order1.orderNum = 20;
7    }
8  }
```

```
06:  order1.orderNum = 20;
```

1 直接フィールドに値を値を代入できてしまう

⑤ 保存して実行する

保存して実行してみます。setOrderNum
()メソッドを実行して画面にテキストが表示
された時点では、フィールドorderNumの値
は10です **1**。しかし、プログラム全体の実
行が終了した時点では、20が代入されてい
ることになります **2**。setOrderNum()メソッ
ドによる正規の値変更だけを想定している
と、後でフィールドorderNumの値を利用す
るときに、注文数の数値が食い違うことにな
るかもしれません。

```
1
2  class Chap11Ex2{
3    public static void main(String[] args) {
4        Order order1 = new Order();
5        order1.setOrderNum(10);
6        order1.orderNum = 20;
7    }
8  }
9
10 class Order{
11    int orderNum = 0;
12
13   void setOrderNum(int oNum) {
14       orderNum = oNum;
15       System.out.println("注文数：" + orderNum + "個")
```

1 正規の手順でフィールド OrderNumの値を10に変更

🔲 問題　@ Javadoc　🔲 宣言　🔲 コンソール ⌧　✳ デバッグ　■ ✖
<終了> Chap11Ex2 [Java アプリケーション] C:¥Program Files¥Java¥jre1.8.0_102¥bin¥jav
注文数：10個

2 表示後に20が代入されている

326　第11章 継承

6 フィールドのアクセス権を制限する

値を勝手に変更されることがないようにするため、「private」をつけてフィールドを宣言します **1**。この状態で、setOrderNum()メソッドの呼び出しをコメントアウトします **2**。この状態で保存して実行するとprivateなフィールドに外部から直接値を代入しようとしていることになるため、エラーが表示されます。

>>> Tips

privateなフィールドは、オブジェクト外部から直接利用できなくなります。アクセスを行うには「アクセサー」と呼ばれるメソッドを利用する必要があります。「セッター」はアクセサーの1つです。

```
 3⊖        public static void main(String[] args) {
 4             Order order1 = new Order();
 5             //order1.setOrderNum(10);
 6             order1.orderNum = 20;
 7         }
 8  }
 9
10  class Order{
11        private int orderNum = 0;
12
13⊖        void setOrderNum(int oNum) {
14             orderNum = oNum;
15             System.out.println("注文数：" + orderNum + "個")
16        }
17  }
```

```
11:  private int orderNum = 0;
```

1 private修飾子をつける

```
05:  // order1.setOrderNum(10);
```

2 セッターの呼び出しをコメントアウト

7 セッターを有効にする

setOrderNum()メソッドを有効にして、直接値を代入している行をコメントアウトします **1**。

```
🗍 Chap11Ex2.java ⊠

 1
 2  class Chap11Ex2{
 3⊖    public static void main(String[] args) {
 4             Order order1 = new Order();
 5             order1.setOrderNum(10);
 6             //order1.orderNum = 20;
 7         }
 8  }
 9
10  class Order{
11        private int orderNum = 0;
12
13⊖        void setOrderNum(int oNum) {
14             orderNum = oNum;
15             System.out.println("注文数：" + orderNum + "個")
16        }
17
```

```
05:  order1.setOrderNum(10);
06:  // order1.orderNum = 20;
```

1 セッターの呼び出しを有効にして、直接代入している行をコメントアウト

8 保存して実行する

保存して実行します。setOrderNum()メソッドが実行され、privateなフィールドの値を変更することができました **1**。

```
🗍 問題 @ Javadoc 🗟 宣言 🖵 コンソール ⊠ 🐞 デバッグ
<終了> Chap11Ex2 [Java アプリケーション] C:¥Program Files¥Java¥jre1.8.
注文数：10個
```

1 privateなフィールドの値が表示される

11-2 private修飾子 327

理解 **アクセス修飾子によるアクセス制限**

>>> メンバの利用を制限する

サンプルプログラムで確認したように、オブジェクトのフィールドの値が外部から自由にに変更できるようになっていると、最終的な処理結果が本来意図しているものとは異なってしまうことがあります。このような問題を防ぐため、private修飾子を使ってフィールドへの外部からのアクセスを制限します。

private修飾されたフィールドは、それ自身が含まれるオブジェクト以外から直接参照・代入することができなくなります。このフィールドに外部からアクセスが必要な場合は、あらかじめ「**アクセサー**」と呼ばれるメソッドを定義しておくと、アクセサーを利用したときだけ値の参照や代入ができるようになります。

アクセサーのうち、フィールドの値を参照するものを「**ゲッター (Getter)**」、代入するものを「**セッター (Setter)**」といいます。ゲッターには「get＋フィールド名（先頭を大文字にする）」、セッターには「set＋フィールド名（先頭を大文字にする）」というメソッド名を付けることが推奨されています。

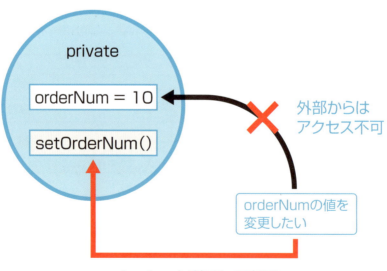

▶▶▶ アクセス修飾子とカプセル化

private修飾子はアクセス修飾子の1つです。アクセス修飾子には、フィールド、メソッド、クラスについてアクセスを許可する範囲を設定する働きがあります。

アクセス修飾子を利用すると、以下の4段階のアクセス権を設定することができます。このうちprivate修飾子による設定は最も強い制限がかかり、自分自身が含まれるオブジェクト以外の場所からのアクセスができなくなります。

反対に、最も制限が弱まるのはpublic修飾子を設定した場合です。public修飾子を利用すると、すべての場所からアクセスが可能になります。

public	protected	設定なし（デフォルト）	private
制限が弱い ◀━━━━━━━━━━━━━━━━━━━━━━━━━━▶ 制限が強い

アクセス権を設定することで、オブジェクト内部の詳しい仕様を無関係の場所からは隠すことができ、プログラムの予期しない動作を防ぐことができるようになります。この仕組みを「カプセル化」といいます。

カプセル化されたオブジェクトは、公開されている正規のアクセス方法さえ知っていれば、内部の詳しい仕様を知らなくても利用することが可能です。これは、オブジェクトの再利用を簡単に行うことに役立ちます。カプセル化は、オブジェクト指向を実現するための重要な特徴と言えます。

まとめ

- private修飾子を使うと、フィールドのオブジェクト外部からの利用を制限できる
- 外部からフィールドにアクセスするには「セッター／ゲッター」を利用する
- アクセス修飾子によりオブジェクト内部を隠蔽することを「カプセル化」という

第11章 継承

3 オーバーライド

完成ファイル | [chap11]→[11-03]→[finished]→[Chap11Ex3.java]

予習 オーバーライドを理解する

スーパークラスのメソッドは継承したサブクラスで処理を上書き（変更）することができます。このことを「**オーバーライド**」と呼びます。サブクラス上で継承したメソッドと同じ名前、同じ引数のメソッドを記述します。

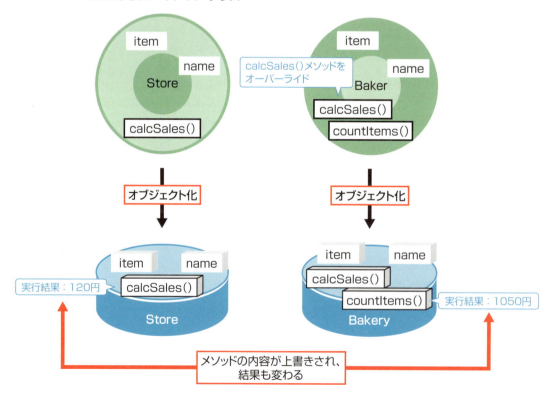

体験 オーバーライドを理解する

1 サンプルファイルを開き、スーパークラスを作る

5-3を参考にサンプルファイルの「Chap11Ex3.java」を開き、保存します。

本の詳細を表示するプログラムを作ってみましょう。まずは親クラスになるBookクラスに、タイトル、著者名を代入するための変数を宣言し❶、それらを表示させるメソッドを定義します❷。

1 変数を宣言

```
03: String title;
04: String author;
05:
06: void printBook() {
07:     System.out.println("タイトル：" + title);
08:     System.out.println("著者：" + author);}
```

2 「タイトル」と「著者名」を表示させるprintBook()メソッド

2 スーパークラスをオブジェクト化して実行してみる

手順❶で作ったクラスオブジェクトを生成し❶、フィールドに値を入れて❷実行します❸。

1 Bookクラスのオブジェクトを生成

```
14: Book book = new Book();
15: book.title = "3StepJava入門";
16: book. author = "アンク";
17: book.printBook();
```

1 Bookクラスのフィールドに値を代入

3 実行結果を表示する

```
タイトル：3StepJava入門
著者：アンク
```

11-3 オーバーライド

3 サブクラスを作成する

Bookクラスを継承したサブクラスを作ります **1**。

```
 2  class Book {
 3      String title;
 4      String author;
 5
 6      void printBook() {
 7          System.out.println("タイトル：" + title);
 8          System.out.println("著者：" + author);
 9      }
10  }
11  class Novel extends Book {
12
13  }
```

1 Bookクラスを継承したNovelクラスを作成

4 サブクラス内に変数とメソッドを定義しオーバーライドする

サブクラスNovelクラスで追加する処理を記述します。

追加で表示させる「分類」を代入するための変数groupを宣言し **1**、スーパークラスと同じメソッド名を使ってオーバーライドします **2**。

```
11  class Novel extends Book {
12      String group;
13
14      void printBook() {
15          super.printBook();
16          System.out.println("分類：" + group );
17      }
18  }
```

1 変数を宣言

>>> Tips

サブクラスの中でsuperを使うと、スーパークラスのフィールドやメソッドをそのまま扱うことができます。

```
12:  String group;
13:
14:  void printbook () {
15:      super.printBook();
16:      System.out.println("分類：" + group );
17:  }
```

2 オーバーライドしてメソッドを定義し、処理を記述

5 オーバーライドしたサブクラスのオブジェクトを生成する

今度はNovelクラスからオブジェクトを作成します **1**。

```
20
21  class Chap11Ex3 {
22      public static void main(String[] args) {
23          Novel novel = new Novel();
24      }
25  }
26
```

```
23:  Novel novel = new Novel( );
```

1 オブジェクトを生成

332 ● 11 ● 継承

6 オブジェクトのフィールドに値を代入してオーバーライドしたprintBook()メソッドを実行する

Novelクラスのオブジェクトのフィールドである「title」「author」「group」にそれぞれ値を入れます❶。さらにオブジェクト内のオーバーライドしたprintBook()メソッドを呼び出して実行します❷。

```
 7          System.out.println("タイトル:" + title);
 8          System.out.println("著者:" + author);
 9      }
10  }
11  class Novel extends Book {
12      String group;
13
14      void printBook() {
15          super.printBook();
16          System.out.println("分類:" + group );
17      }
18  }
19
20
21  class Chap11Ex3 {
22      public static void main(String[] args) {
23          Novel novel = new Novel();
24          novel.title = "3StepJava入門";
25          novel.author = "アンク";
26          novel.group = "専門書";
27          novel.printBook();
28      }
29  }
30
31
```

❶ オブジェクトを生成

```
24: novel.title = "3StepJava入門";
25: novel.author = "アンク";
26: novel.group = "専門書";
27: novel.printBook ();
```

❷ オーバーライドしたメソッドを実行

7 保存して実行する

スーパークラスの「タイトル」「著者」に、サブクラスで追加した「分類」も表示されます❶。

```
<終了> Chap11Ex3 [Javaアプリケーション] C:¥Program Files¥Java¥jre-9.0
タイトル:3StepJava入門
著者:アンク
分類:専門書
```

❶ 結果を表示

11-3 オーバーライド 333

理解 オーバーライド

>>> オーバーライド

オーバーライドは、サブクラスに継承したメソッドと同じ名前、同じ引数のメソッドを指定し、その内容を上書きすることです。オーバーライドするときには、メソッドの修飾子を制限の強いものから弱いものへ変更することができます。

- 単純なクラスの実行

```
class Animal{
    void cry(){
        System.out.println("鳴き声");
    }
}
    ⋮
    Animal animal = new Animal();
    animal.cry();
    ⋮
```

実行結果 → 鳴き声

```
class Dog extends Animal {
    void cry(){
        System.out.println("わんわん");
    }
    ⋮
    Dog dog = new dog();
    dog.cry();
    ⋮
```

cry()メソッドをオーバーライド

実行結果 → わんわん

>>> super

サブクラスの中でsuperを用いることで、継承元のクラスのフィールドやメソッドを参照することができます。スーパークラスのメンバを利用しつつ、サブクラスで新しく機能を追加したいときに用います。

```
    ⋮
class Dog extends Animal{
    void Crying(){
        super.cry();
    }
    ⋮
```

メソッド名

>>> final修飾子

クラスやフィールドにfinalをつけることで、そのフィールドの値の変更やクラスの継承をできなくなります。
変数やクラスに対して、後から手を加えられたくないときに使います。

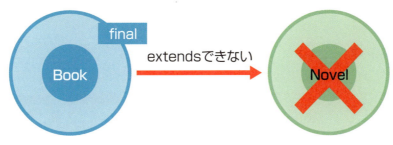

>>> static修飾子

フィールドやメソッドにstaticをつけることで、同じクラスから生成したオブジェクト内で同じ値を保持することができます。どのオブジェクトでも同じ動作をして、決まった結果を返すようなメソッドに使います。

```
class Book{
    static int a;
}
       ⋮
Book book1 = new  book( );
Book book2 = new  book( );

Book.a = 25;
       ⋮
```

オブジェクトbook1、book2の両方でa=50を保持

>>> Tips

static修飾子のついたメンバの指定は「オブジェクト名.メンバ名」だけでなく、「クラス名.メンバ名」でも指定できます。

まとめ

- オーバーライドして、スーパークラスのメソッドをサブクラスで上書きできる
- オーバーライドするには、継承したメソッドと名前や引数を同一にする
- 修飾子を用いることで、スーパークラスの内容をそのまま使ったり、変更に制限を設けることができる

第11章 継承

4 抽象クラス

完成ファイル｜[chap11]→[11-04]→[finished]→[Chap11Ex4.java]

 抽象メソッドと抽象クラスを理解する

「**抽象クラス**」とは、抽象メソッドを持つクラスのことです。抽象メソッドとは、メソッドの内容を記述せずに、呼び出し方だけを定義したメソッドのことをいいます。メソッドで何をするのかは、継承したサブクラス内でオーバーライドして決めます。

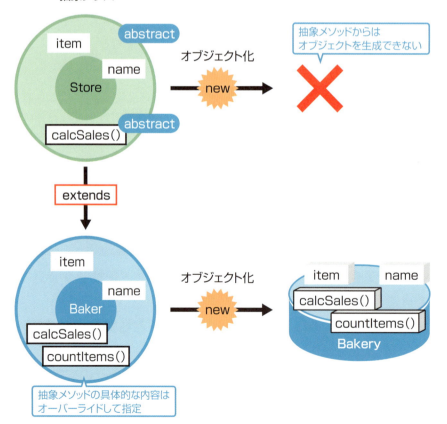

体験 抽象クラスを利用する

① サンプルファイルを開き、抽象メソッドを定義する

抽象クラスAnimalを継承したDogクラスの内の処理の結果を表示するプログラムを作ります。

5-3を参考にサンプルファイルの「Chap11Ex4.java」を開き、保存します。

Animalクラス内のcry()メソッドの先頭にabstractをつけて抽象メソッドにします❶。

```
class Animal {
    abstract void cry(String a);
}

public class Chap11Ex4 {
    public static void main(String[] args) {
    }
}
```

`03:    abstract void cry( );`

❶ メソッドにabstractをつけて抽象メソッドとして定義する

② 抽象クラスを定義する

抽象メソッドを含むクラスは抽象メソッドと同様に先頭にabstractをつけて抽象クラスとして定義し、引数を入れます❶。なお、抽象クラスのオブジェクトは生成できません❷。

```
abstract class Animal {
    abstract void cry(String a);
}

public class Chap11Ex4 {
    public static void main(String[] args) {
    }
}
```

❶ classの先頭にabstractをつけて抽象クラスとして定義する

```
abstract class Animal {
    abstract void cry(String a);
}

public class Chap11Ex4 {
    public static void main(String[] args) {
        Animal animal = new Animal();
    }
}
```

```
public class Chap11Ex4 {
    public static void main(S
        型 Animal のインスタンスを生成できません
    }
```

❷ 抽象クラスのオブジェクトは生成できない

11-4 抽象クラス 337

③ 抽象メソッドをサブクラスで オーバーライドする

抽象クラスAnimalを継承して、サブクラス
Dogを作ります **1**。継承元の抽象メソッドcry
()をサブクラスでオーバーライドします **2**。

```
 1
 2  abstract class Animal {
 3      abstract void cry(String a);
 4
 5  }
 6
 7  class Dog extends Animal {
 8      void cry(String a) {
 9
10      }
11  }
12
13  public class Chap11Ex4 {
14      public static void main(String[] args) {
15
16      }
17
18  }
19
```

1 抽象クラスAnimalを継承して、
サブクラスDogを作る

```
07:  class Dog extends Animal {
08:      void cry(String a) {
09:
10:      }
11:  }
```

2 Animalクラスのcry()メソッドをオーバーライドす
る抽象メソッドとして定義する

④ オーバーライドしたメソッドに 処理を書きこむ

オーバーライドしたcry()メソッドに具体的
な処理を書きこみます **1**。

```
 1
 2  abstract class Animal {
 3      abstract void cry(String a);
 4
 5  }
 6
 7  class Dog extends Animal {
 8      void cry(String a) {
 9          System.out.println("犬の鳴き声:" + a);
10      }
11  }
12
13  public class Chap11Ex4 {
14      public static void main(String[] args) {
15
16      }
17
18  }
19
```

```
09:  System.out.println("犬の鳴き声：" + a);
```

1 オーバーライドしたcry()メソッドに
処理を書きこむ

5 抽象クラスを継承したサブクラスのオブジェクトを生成する

main()メソッドで、抽象クラスAnimalを引き継いだサブクラスDogのオブジェクトを作成します❶。

```java
abstract class Animal {
    abstract void cry(String a);
}
class Dog extends Animal {
    void cry(String a) {
        System.out.println("犬の鳴き声：" + a);
    }
}
public class Chap11Ex4 {
    public static void main(String[] args) {
        Dog dog = new Dog();
    }
}
```

13: `Dog dog = new Dog( );`

❶ サブクラスDogのオブジェクトを作成

6 オブジェクトのメソッドを実行する

Dogオブジェクトのcry()メソッドを呼び出して実行します❶。

```java
abstract class Animal {
    abstract void cry(String a);
}
class Dog extends Animal {
    void cry(String a) {
        System.out.println("犬の鳴き声：" + a);
    }
}
public class Chap11Ex4 {
    public static void main(String[] args) {
        Dog dog = new Dog();
        dog.cry("わん！");
    }
}
```

14: `dog.cry ("わん！");`

❶ 引数を入れ、オブジェクトのメソッドを実行

7 保存して実行する

保存して実行します。オーバーライドした処理の結果が表示されます❶。

❶ 上書きしたメソッドの処理結果を表示

11-4 抽象クラス 339

理解 抽象メソッド

>>> abstract修飾子

抽象メソッド、抽象クラスを作成するときには、それぞれの先頭にabstractをつけて定義します。抽象クラス自体はオブジェクト化できず、抽象メソッドには処理を書きこみません。抽象メソッドを扱う際には、サブクラスでオーバーライドしてどんな処理を行うのかを決めます。

```
abstract class Animal {
    abstract void cry(String a);   ← 抽象メソッドの定義
}
class Dog extends Animal {
    void cry(String a) {
        System.out.println("犬の鳴き声：" + a);   ← 抽象メソッドをオーバーライド
    }
}
```

>>> 抽象クラス

クラスの継承の際にスーパークラスで定義されたメソッドをサブクラスでオーバーライドできます。抽象クラスの利用も一見これとあまり変わらないように見えますが、「抽象クラスはクラスとしては不完全で、そのままでは実体化できない」というところが異なります。
抽象クラスはサブクラスで継承してようやく使えるクラスになるのです。具体的な処理の内容をサブクラスのメソッドに任せることで、スーパークラス全体の汎用性が高まります。

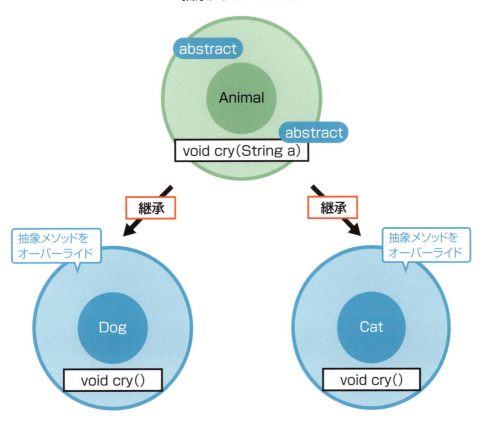

まとめ

- 抽象メソッドとは、メソッドの内容を記述せず、呼び出し方だけを定義したメソッドのこと
- 抽象クラスとは、抽象メソッドを持つクラスのことで、オーバーライドして利用する
- 抽象クラスのオブジェクトを生成することはできない

第11章 練習問題

■ 問題1

次の文章の穴を埋めなさい。

クラスの継承とは、あるクラスが持っている ① を別のクラスに引き継ぎ利用できるようにすることで、継承元のクラスを ② 、継承して作ったクラスを ③ と呼ぶ。 ② のメソッドは ③ で処理を上書きすることができ、このことを ④ という。

ヒント 「11-1 継承」「11-3 オーバーライド」参照

■ 問題2

次のソースコードの穴を埋め、実行したときに画面に表示される内容を答えなさい。

```java
    ①   class Calculation {
    abstract void answer (int x, int y);
}

class Multiply   ②   Calculation {
    void answer(int x, int y) {
        System.out.println(x + " x " + y + " = " + (x * y));
    }
}

public class Chap11Test {
    public static void main(String[] args) {
        Multiply multi = new Multi();
        multi.answer(5, 8);
    }
}
```

ヒント 「11-4 抽象クラス」参照。

練習問題解答

第1章　練習問題解答

■ **問題1**

① ソフトウェア　　② ソースコード　　③ プログラミング言語

➡ 「1-1　プログラムとは」参照

■ **問題2**

(A) ②　　　(B) ③　　　(C) ①

➡ 「1-2　Javaとは何か」「1-3　Javaでの開発手順」参照

■ **問題3**

A：ソースファイル、.java
B：クラスファイル、.class

➡ 「1-3　Javaでの開発手順」参照

第2章　練習問題解答

■ **問題1**

① 基本データ　　② 参照　　③ 変数

➡ 「2-2　データの種類」参照

■ **問題2**

double　float　long　int　short　byte

➡ 「2-4　数値型の変換」参照

■ **問題3**

① String　　② "　　③ int

➡ 「2-3　数値を扱う型」「2-6　文字列と参照型」参照

解説

一般に、整数値はint型として扱われます（範囲内の値の場合）。

第3章　練習問題解答

■ **問題1**

5.5

➡ 「2-4　数値型の変換」「3-2　計算をする（四則演算）」参照

344　練習問題解答

解説

画面上には「(5+4)/2+1.5」の演算結果が表示されますが、整数型と実数型の数値が混ざっている点に注意が必要です。演算処理の順番は次のようになります。

① 5 + 4 → 9 ※「()」で囲まれた範囲が優先される
② 9 / 2 → 4 ※整数型どうしの演算のため、整数値の結果が返る
③ 4 + 1.5 → 5.5 ※実数型が含まれる演算のため、実数値の結果が返る

■**問題2**

```
①  b = a;      a += 1;
②  a -= 1;     b = a;
```

➡ 「3-3 計算をする(代入演算子)」「3-4 計算をする(インクリメント演算子とデクリメント演算子)」参照

解説

①は、変数aを変数bに代入した後で、変数aの値を1増やす処理です。

②は、変数aの値を1減らした後で、変数bに代入する処理です。

■**問題3**

```
b = ((a >= 0) && (a <= 25)) ? 80 : 90;
```

➡ 「3-5 比較する」「3-6 真偽を判断する」参照

第4章 練習問題解答

■**問題1**

① IDE　　② ワークスペース　　③ プロジェクト

➡ 「4-1 プロジェクトを作る」参照

■**問題2**

Eclipse上で以下の操作を行います。

手順① ワークベンチ画面で[新規]アイコンのメニューから[Javaプロジェクト]をクリックします。
手順② [新規Javaプロジェクト]ダイアログボックスで、[プロジェクト名]に「Practice」と入力し、[完了]ボタンをクリックします。

➡ 「4-1 プロジェクトを作る」参照

■**問題3**

Eclipse上で以下の操作を行います。

手順① [新規Javaクラス]アイコンをクリックして、[名前]欄に「Greeting」と入力します。p.35を参考に項目を設定し、[完了]ボタンをクリックします。

練習問題解答 345

手順② エディタ上で、main()メソッド内に次のソースコードを記述します。

```
System.out.println("こんにちは");
System.out.println("さようなら");
```

手順③ ［保存］アイコンをクリックして、「Greeting.java」を保存します。

手順④ ［実行］アイコンをクリックして、テキストを表示されることを確認します。

➡ 「4-2 画面に文字を表示してみる」参照

第5章 練習問題解答

■ 問題1

① オブジェクト ② フィールド ③ メソッド

➡ 「5-1 クラス」参照

■ 問題2

```
01:  /* 足し算を行うメソッドです。
02:      作成者：田中一郎  作成日：2010/04/01 */
03:
04:  int add() {
05:      int a, b;
06:      return a + b;    // 戻り値として、変数aとbの和を返す
07:  }
```

➡ 「5-4 コメント」参照

解説

「/*」と「*/」で囲んだ範囲には、改行を含むコメントを記述することができます。「//」から
その行の行末まではコメントとして扱われます。

■ 問題3

① ステップオーバー ② ブレークポイント ③ ステップイン

➡ 「5-5 ブレークポイント」「5-6 ステップ実行」参照

第6章 練習問題解答

■ 問題1

① 要素 ② 添字

➡ 「6-1 配列を利用する」参照

■問題2

① new　　② int　　表示内容：100+13=113

➡「6-1　配列を利用する」「6-2　複雑な配列」参照

■問題3

```
a.length : 2
a[1].length : 4
```

➡「6-3　配列の要素数」参照

第7章　練習問題解答

■問題1

① String　　② a.equals　　③ else if

➡「7-1　if」「7-3　else」「7-5　文字列を比較する条件式」参照

■問題2

16歳なので女性は結婚できます。

➡「7-4　if文のネスト」参照

解説

まず、変数ageの値により、18以上、16以上18未満、16未満の3通りに分岐します。変数ageの値が16以上18未満のときは、変数sexの値によって2通りに分岐します。

第8章　練習問題解答

■問題1

① (a = 1; a <= 10; a++)

➡「8-2　for」参照

■問題2

誤：「bingo;」　→　正：「bingo:」
誤：「for (int i = 0; i <= hit.length; i++) {」　→　正：「for (int i = 0; i < hit.length; i++) {」

➡「8-2　for」「8-4　break」参照

解説

for文では、変数numの値と配列hitの要素が一致するかどうかを順番に評価するので、繰り返し回数の上限は配列hitの要素数と同一になります。配列の添字は0から始まるので、添字の上限は要素数より1少ない数になります。

練習問題解答　347

第9章 練習問題解答

■ 問題1

① インスタンス（実体）　② new

➡ 「9-2　オブジェクトを作る」参照

■ 問題2

```
Student s1 = new Student("田中", 3);
s1.disp();
```

➡ 「9-3　コンストラクタを使う」参照

第10章 練習問題解答

■ 問題1

① 引数　② 戻り値　③ void

➡ 「10-1　メソッドを作る」参照

■ 問題2

① int　② ("りんご", 100, 3)　③ o1.total

➡ 「10-2　引数」「10-3　メソッドを呼び出す」参照

第11章 練習問題解答

■ 問題1

① メンバ　② スーパークラス（親クラス）　③ サブクラス（子クラス）　④ オーバーライド

➡ 「11-3　オーバーライドとは」参照

■ 問題2

① abstract　② extends

処理の結果　→　5　×　8　＝ 40

➡ 「11-4　抽象クラスとは」参照

索引

■記号

!	110, 115, 197
" (ダブルクォーテーション)	59, 127
&&	110, 197
' (シングルクォーテーション)	68
, (カンマ)	59, 280, 298
.	275, 291
.class	39, 47
.exe	131
.java	39
: (コロン)	109, 255
; (セミコロン)	18, 80
? :	109, 111
||	110
+	76, 88
=	90
==	105, 115, 210
¥n	245
16進数	70
1次元配列	176
2次元配列	176, 180
2重ループ	242

■A

abstract	336, 340
AND (かつ)	107
API	225

■B

BigDecimalクラス	313
boolean	105, 111, 139, 153
break	248, 255
byte	60, 67

■C

catchブロック	221, 229
ceil()	312
char	67
charAtメソッド	310
class	136, 139, 145, 268
continue	139, 256, 260

■D／E

do～while文	234
double	50, 61
Eclipse	19, 41, 118
else if	198, 202
else	198
equalsメソッド	210, 216
extends	319, 323

■F

false	105, 110, 216
final	334
float	61
floorメソッド	312
for	236

■I

IDE	19, 30
if	188
import	219
indexOfメソッド	310
int	48, 60

■J

Java API	225
Java EE	36
Java ME	36
Java SE	36
java.ioパッケージ	218
java.langパッケージ	315
java.math.BigDecimalパッケージ	315
javac	39
JavaVM	35, 131
Java言語	33
Javaプラットフォーム	36
JDK	12, 30
JRE	35
JShell	41, 44

■L／M／N／O

length	182
lengthフィールド	183, 185

349

Index

long 60
main メソッド 137, 145
Math クラス 315
new 115, 139, 274
NOT 110
null 148, 191, 299
OR（または） 110

■P／R

ParseInt メソッド 230
print メソッド 127
println メソッド 127
private 324
public 329
replace メソッド 311
round メソッド 312

■S

setScale メソッド 314
short 60, 67
startWith メソッド 311
static 291, 335
String 型 51, 72, 75
String クラス 76
super 334
System.in 224
System.out 224

■T／U／V／W

true 111
try/catch 221
try 221
Unicode 70
void 145, 290
while 228, 242

■あ行

アクセサー 327
アクセス修飾子 72, 137, 324, 328
入れ子 82
インクリメント 96
インスタンス 270
インスタンス変数 151
インデント 208
演算子 84
オーバーライド 330, 334, 336

オーバーロード 307
オブジェクト 136, 270
オブジェクト指向 34, 37, 136, 329
オブジェクトの生成 270
オペランド 88

■か行

ガーベッジコレクタ 77
カウンタ 236
拡張変換 65
型 48
型変換 62, 67, 76
カプセル化 329
仮引数 298
環境変数 15
機械語 31
基本データ型 54
キャスト 62
キャスト演算子 64
クラス 123, 134, 136
クラス型 76
クラスの定義 135
クラスファイル 39, 128
クラス変数 151
クラス名 134, 268
クラスライブラリ 218
繰り返し 228
継承 318
ゲッター 328
後置 99
コーディング 29
コマンドプロンプト 39
コマンドライン引数 292
コメント 154
コメントアウト 154
コンストラクタ 153, 274
コンパイラ 30, 31, 39

■さ行

サブクラス 318, 322
算術演算子 84, 88, 89, 241
参照型 54, 72, 76, 214
識別子 138
シグネチャ 299

350

四則演算	84
実行ファイル	39, 131
実数型	56, 60
実引数	298
縮小変換	67
条件演算子	106, 111
条件式	102, 105, 168, 192
条件分岐	188, 198, 202
初期化	50, 91, 153
初期値	96, 101
スコープ	152
ステップイン	162
ステップオーバー	162
ステップ実行	162
ステップリターン	162
スーパークラス	318, 322
制御文	188
整数型	56, 60, 67
精度	62, 67
セッター	325, 328
ソースコード	29, 31
ソースファイル	39
添字	172, 175
ソフトウェア	26

■た／な行

代入	93
代入演算子	90
多次元配列	181
多重ループ	242
抽象クラス	336, 340
抽象メソッド	336
定数文字列	213
デクリメント	96, 100
デバッガ	30, 158
デバッグ	158, 166
デフォルトコンストラクタ	276
ネスト	204, 209

■は行

ハードウェア	26
バイトコード	39
配列	170, 174
バグ	30, 158

比較演算子	102, 105
引数	144, 277
引数リスト	298
標準入出力	198
フィールド	136, 144, 146
複合代入演算子	90
プラットフォーム	34
ブレークポイント	158
プログラミング	29
プログラミング言語	29
プログラム	29
プロジェクト	118, 121, 130
ブロック	80, 82, 152
変数	48, 55

■ま行

無限ループ	235
メソッド	284
メソッドの定義	289
メソッドの呼び出し	300
メモリの解放	77
メンバ	136, 146, 151
メンバ変数	146, 151
文字型	71
文字列	71, 72, 75
戻り値	140, 284

■や行

要素	144, 148
要素数	170, 180
予約語	138

■ら行

ラッパークラス	230
ラベル	248, 255
リテラル	83
ループの中断	254
ローカル変数	146, 151

■わ行

論理演算子	106, 197
論理積	110
論理否定	110
論理和	110
ワークスペース	118
ワークベンチ	119

[著者略歴]

株式会社アンク (http://www.ank.co.jp/)

書籍や雑誌記事の執筆のほかに、各種アプリケーションの開発、Webサイトのシステム構築なども手掛ける。

● **執筆**
繰上敬子 (くりがみけいこ)
佐藤悠妃 (さとうゆき)

● **執筆協力**
高橋誠 (たかはしまこと)

主な著書
『ASP.NETの絵本』『Javaの絵本』『Cの絵本』『HTMLタグ辞典』『スタイルシート辞典』など (翔泳社刊)

● **カバーデザイン**
小川純 (オガワデザイン)
● **カバーイラスト**
日暮真理絵
● **DTP**
技術評論社 制作業務部
● **編集**
原田崇靖
● **技術評論社ホームページ**
http://book.gihyo.jp

3ステップでしっかり学ぶ
Java入門 ［改訂2版］

2009年12月5日 初 版 第1刷発行
2018年1月4日 第2版 第1刷発行

著者 **株式会社アンク**
発行者 片岡 巌
発行所 株式会社技術評論社
東京都新宿区市谷左内町21-13
電話 03-3513-6150 販売促進部
03-3513-6160 書籍編集部
印刷／製本 図書印刷株式会社

定価はカバーに表示してあります。

造本には細心の注意を払っておりますが、万一、乱丁 (ページの乱れ) や落丁 (ページの抜け) がございましたら、小社販売促進部までお送りください。送料小社負担にてお取り替えいたします。

本書の一部または全部を著作権法の定める範囲を越え、無断で複写、複製、転載、テープ化、ファイルに落とすことを禁じます。

©2018 株式会社アンク

ISBN978-4-7741-9462-2 C3055
Printed in Japan

● **お問い合わせについて**
本書の内容に関するご質問は、下記の宛先までFAXまたは書面にてお送りください。なお電話によるご質問、および本書に記載されている内容以外の事柄に関するご質問にはお答えできかねます。あらかじめご了承ください。

〒162-0846
東京都新宿区市谷左内町21-13
株式会社技術評論社 書籍編集部
「3ステップでしっかり学ぶ Java入門
［改訂2版］」質問係
FAX番号 03-3513-6167

なお、ご質問の際に記載いただいた個人情報は、ご質問の返答以外の目的には使用いたしません。また、ご質問の返答後は速やかに破棄させていただきます。